联合资助
自然资源部海洋环境探测技术与应用重点实验室开放基金
东华理工大学教材建设基金
东华理工大学一流学科建设基金
江西省重点研发计划

# 测绘程序设计

CEHUI CHENGXU SHEJI

肖根如　刘传杰　王胜平　孙寿保　等编著

**图书在版编目(CIP)数据**

测绘程序设计/肖根如等编著. —武汉：中国地质大学出版社，2022.12
ISBN 978-7-5625-5361-8

Ⅰ.①测…　Ⅱ.①肖…　Ⅲ.①工程测量-高等学校-教材　Ⅳ.①TB33

中国版本图书馆 CIP 数据核字(2022)第 130255 号

**测绘程序设计**　　　　肖根如　**等编著**

责任编辑：龙昭月　　选题策划：马　严　龙昭月　　责任校对：张咏梅

出版发行：中国地质大学出版社(武汉市洪山区鲁磨路 388 号)　　邮编：430074
电　话：(027)67883511　　传　真：(027)67883580　　E-mail：cbb@cug.edu.cn
经　销：全国新华书店　　http://cugp.cug.edu.cn

开本：787 毫米×1092 毫米　1/16　　字数：430 千字　　印张：18
版次：2022 年 12 月第 1 版　　印次：2022 年 12 月第 1 次印刷
印刷：武汉市籍缘印刷厂

ISBN 978-7-5625-5361-8　　定价：48.00 元

# 前　言

随着现代科技的飞速发展，传统测绘逐渐向着现代测绘演变，测绘外业数据获取与采集的手段越来越丰富多样，测绘内业数据处理与分析越来越重要，需要处理的各类测绘数据越来越复杂，对测绘类学生计算机水平和能力的要求越来越高，程序设计已经成为测绘类专业学生所必备的基本能力。测绘类专业知识的理论性和实践性很强，进行测绘程序设计时不仅需要极强的编程能力，同时还必须掌握正确的测绘理论。

许多高等本专科院校都开设了测绘程序设计的相关课程，测绘地理信息专业教育主管部门高度重视测绘程序设计课程，第二轮全国工程认证评估明确要求核心课程中有一定的程序设计与开发内容，测绘程序设计在每两年一次的全国大学生测绘技能大赛中也约占 1/3 的比重。

为加强和提高测绘类学生的测绘程序设计水平，结合编著团体十多年来的教学积累，我们除组织了本院部分从事程序设计与开发的年轻博士外，还与长江水利委员会水文局、长江镇江航道处、南京智绘星图信息科技有限公司等单位共同编撰本书，并针对本书的选题和内容进行了研讨。

本教材共八章，以 C/C＋＋作为主要的代码语言，尽量模块化和脱离具体的集成开发环境。主要内容涵盖了常用基础测绘程序、基本测绘程序、高级测绘程序以及挑战性的测绘程序设计内容。教材选用代码由简入难，逐步提高，确保不同学习能力和学习水平的学生学习。同时还开发在线学习的网络平台，在线课程的每个章节都有一定的练习与答疑，进一步加强学生学习的兴趣和氛围。第一章测绘程序设计基础，简介编程语言和习惯、常用函数、数据文件的设计与读写；第二章常用基础测绘程序，介绍时间计算、角度、坐标、距离和高程处理，并以图根导线计算为例进行说明；第三章程序翻译与移植，让学生了解算法，建立软件工程思想，不同编程语言转换至 C 语言以及 Linux 系统测绘程序的开发；第四章大地测量程序设计，主要从坐标转换、高斯投影计算和大地主题解算等方面进行编程实例讲解；第五章测量平差程序设计，介绍向量与矩阵运算、水准测量平差和经典平面网平差计算；第六章工程测量程序设计，介绍曲线要素计算、面积计算、土石方量计算和纵横断面计算；第七章 3S 程序设计，分别介绍最短路径、GNSS 单点定位和摄影测量空间前方交会；第八章测绘程序设计大赛，介绍大赛规则、选题范围等，并以交会测量为例，介绍代码的编写与文档撰写。本书的第一章和第二章由肖根如、刘羽婷(长江水利委员会水文局长江口水文水资源勘测局)撰写，第三章由刘传杰撰写，第四章由刘传杰、肖根如撰写，第五章由孙寿保、王胜平撰写，第六章由肖根如撰写，第七章和第八章由肖根如、王胜平撰写，肖根如、刘传杰、孙寿保对全书进行了统稿与审核。

本教材能够顺利完成，离不开学院同事和朋友的鼎力支持。本教材中的部分代码是在网络代码的基础上修改和完善的，在此感谢各方给予本教材的各种支持，感谢中国地质大学出版社编辑龙昭月女士的帮助。需要感谢的人还有很多，限于篇幅不详尽列出。本教材涉及的测绘理论算法和代码庞杂，编码和文稿难免存在错误，欢迎读者批评指正。

编著者

2022 年 9 月

本书例程压缩包

本书在线学习网络平台

# 目　录

# 第一章　测绘程序设计基础

## 第一节　C 语言基础

C 语言是大学生通用的、学习计算机开发的入门级语言，具有数据类型丰富、运算符量大、语法简单灵活、易于学习等特点。C 语言可以在不同的操作系统中进行编写、编译、调试和运行，无需大型的集成开发环境，采用通用的函数即可完成需要设计的功能，为测绘程序专业的开发提供了一个非常便利的条件。

C 语言具有常量和变量的区别：常量可以不经过说明而直接引用，变量则需要先定义后使用。C 语言的数据类型主要有基本类型、构造类型、指针类型和空类型四大类(图 1-1)。

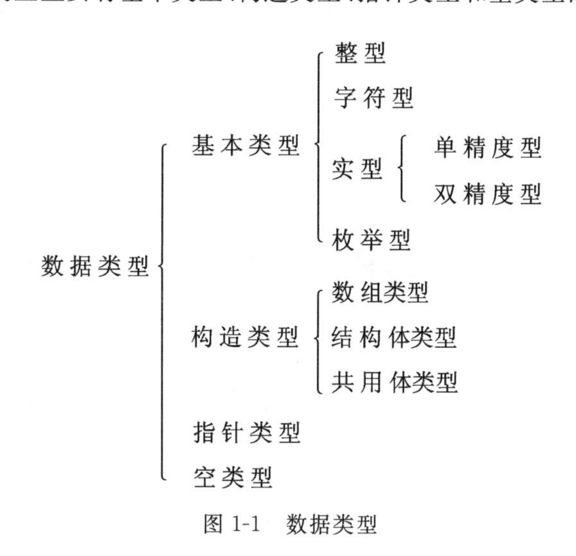


图 1-1　数据类型

C 语言的运算符和表达式多，这也正是 C 语言功能十分完善的原因。其运算符有算术运算符、关系运算符、逻辑运算符、位操作运算符、赋值运算符、条件运算符、逗号运算符、指针运算符、求字节运算符和特殊运算符。

任意 C 程序的结构如图 1-2 所示。C 程序的执行部分是由语句组成的，程序的功能是由执行语句实现的。C 语言的语句可以分为表达式语句、函数调用语句、控制语句、复合语句和空语句五类。

程序可以分为三种基本结构：顺序结构、选择结构和循环结构。这三种基本结构可以组成各种复杂程序。C 语言提供了多种语句功能来实现这些程序结构。

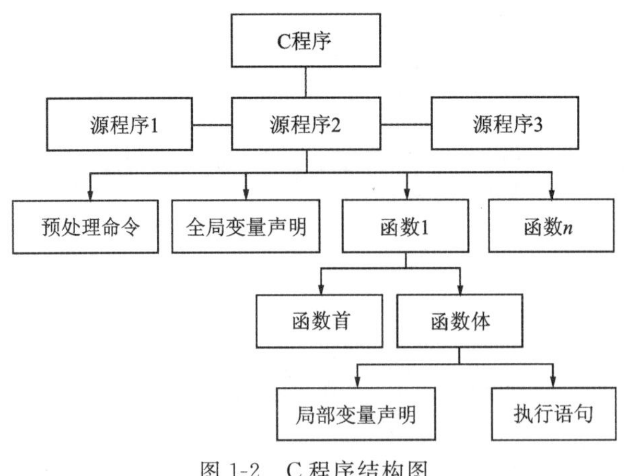


图 1-2　C 程序结构图

C 语言有 break 和 continue 两个控制语句：break 可以用于退出选择结构中的 switch 语句，也可以跳出当前循环；continue 则主要用于循环语句，结束当前循环，直接跳至下一循环。

C 语言中的数组属于构造数据类型，按数组元素的类型不同可以分为数值数组、字符数组、指针数组和结构数组等各种类别。指针数组是 C 语言中广泛使用的一种数据类型，利用指针变量可以表示各种数据结构，尤其方便使用数组和字符串。若操作者对指针不精通，则可利用数组完成指针的功能。

与数组元素要求类型一致不同的是构造体，其元素可以各不相同，且可以嵌套。

当变量的取值被限定为有限范围内时，利用枚举类型变量可以进行处理。

C＋＋在 C 语言的基础上增加了面向对象编程。C＋＋支持面向对象程序设计。类是 C＋＋的核心特性，通常被称为用户定义的类型。类用于指定对象的形式，包含了数据表示法和用于处理数据的方法。类中的数据和方法称为类的成员。函数在一个类中被称为类的成员。

## 第二节　函数参数及带参 main 函数

C 源程序由函数组成，且实用程序往往由多个函数组成。函数是 C 源程序的基本模块，调用函数模块可以实现特定的功能。C 语言不仅提供了极为丰富的库函数，还允许用户建立自己定义的函数。用户可以把自己的算法编成一个个相对独立的函数模块，再通过调用的方法来使用函数。

函数定义的一般形式分为无参函数和有参函数两种。无参函数相当于一个过程函数，有参函数则要求形式参数与实际参数的类型、顺序和数量严格保持一致，形式参数可以为一般变量、数组、结构体和指针等。这里主要介绍引用(&)作为函数参数以及带参数的 main 函数。

### 一、引用(&)参数

引用变量是某个已存在变量的别名，一旦把引用初始化为某个变量，就可以使用该引用名称或变量名称来指向变量。引用通常用于函数参数列表以及函数的返回值。引用作为函数参数进行传递比一般的参数传递更安全。其一般定义形式如下：

返回类型　函数名(数据类型 & 参数名,数据类型 & 参数名……)

**【例 1.1】**求取距离与方位角,代码采用引用作为参数。

```
int disazi (double rearth, double lateq, double loneq, double latst, double lonst,
double &xnorth, double & yeast) {
  // 返回 xnorth,yeast
      int iangle;
      double latb, lonb, latc, lonc, angleb, anglec,dis, a, b, c, s, aa;

      latb = lateq* DEGTORAD;  lonb = loneq* DEGTORAD;
      latc = latst* DEGTORAD;   lonc = lonst* DEGTORAD;

      if (lonb < 0.0) lonb + = PI2;
      if (lonc < 0.0) lonc + = PI2;

      b = 0.50* PI-latb; c = 0.50* PI-latc;
      if (lonc > lonb) {
        aa = lonc-lonb;
        if (aa< = PI)  iangle= 1;
        else { aa= PI2-aa; iangle = - 1; }
      }
      else {
        aa = lonb-lonc;
        if (aa < = PI)  iangle = - 1;
        else { aa = PI2-aa; iangle = 1; }
      }
      s = cos(b)* cos(c) + sin(b)* sin(c)* cos(aa);
      a = acos(sign(min(fabs(s), 1.0), s));  //符号函数
      dis = a* rearth;
      if(a* b* c= = 0.0){ angleb= 0.0; anglec= 0.0; }
      else {
        s = 0.50* (a + b + c);
        a = min(a, s); b = min(b, s); c = min(c, s);
        anglec = 2.0* asin(min(1.0, sqrt(sin(s-a)* sin(s-b) / (sin(a)* sin(b)))));
        angleb = 2.0* asin(min(1.0, sqrt(sin(s-a)* sin(s-c) / (sin(a)* sin(c)))));
        if (iangle = = 1)  angleb = PI2-angleb;
        else          anglec = PI2-anglec;
      }

      //cartesian coordinates of the sation
      xnorth = dis* cos(anglec);
      yeast  = dis* sin(anglec);
      return 0;
  }
```

### 二、带参 main 函数

实际上，main 函数可以带参数，这个参数可以认为是 main 函数的形式参数。C 语言规定 main 函数的参数只能有两个，习惯上这两个参数写为 argc 和 argv。因此，main 函数的函数头可写为：

```
int main(int argc,char * argv[])
```

第一个形式参数 argc 必须是整型变量，第二个形式参数 argv 必须是指向字符串的指针数组。

由于 main 函数不能被其他函数调用，因此不可能在程序内部取得实际值。main 函数的参数值是从操作系统命令行上获得的。当我们要运行一个可执行文件时，在 DOS 或终端提示符下输入文件名，再输入实际参数即可把这些实际参数传送到 main 的形式参数中去。命令行的一般形式为：

C:\> 可执行文件名 参数 1 参数 2 ……

但是应该特别注意的是，main 的两个形式参数和命令行中的参数在位置上不是一一对应的。因为，main 的形式参数只有两个，而原则上，命令行中的参数个数未加限制。

**【例 1.2】**三角高程计算，以带参 main 函数为例。

```
int main(int argc,char * argv[]) { //double dis,alpha,i,v,hgt;
    double outp[5];

    if (argc <  5) {
          printf("% s have not enough parametes\n",argv[0]);
          printf("\nUasage : \n\tTriHeight dist (m) Vangle(deg) Site_hgt(m) Mir-
rorHgt(m)\n");
          printf("Example : \n\tTriHeight 100 45 1.0 2.0\n\n");
          printf("Output    : 99.0000 \n\n");
          return-1;
    }

    for(int i= 1;i< 5;i+ + ) outp[i] =  atof(argv[i]) ;
    outp[0]= outp[1]* tan(outp[2]* PI/180.0)+ outp[3]-outp[4];
    printf("% f\n", outp[0]);
    return 0;
}
运行命令行：
C:\>  TriHeight.exe 100 45 1 2
对应输出 99.000000。
```

## 第三节　动态内存分配

C 语言中不允许有动态数组类型，但是在实际的编程中往往会发生这种情况——所需的内存空间取决于实际输入的数据，而无法预先确定。对于这种问题，用数组的方法很难解决。为了解决上述问题，C 语言提供了一些内存管理函数。这些内存管理函数可以按需要动态地分配内存空间，也可以把不再使用的空间回收让其待用，为有效地利用内存资源提供了方法。在这种情况下，要有效地利用资源，必须在运行时动态地分配所需内存，并在使用完毕后尽早释放不需要的内存，这就是动态内存管理原理。动态内存管理同时还具有一个优点：当程序在具有更多内存的系统上需要处理更多数据时，不需要重写程序。标准库提供 4 个函数用于动态内存管理：分配新的内存区域 malloc 和 calloc，调整已分配的内存区域 realloc，释放已分配的内存区域 free。

上述所有函数都声明在头文件 stdlib. h 中。对象在内存中所占空间的大小是以字节数量为单位计算的。许多头文件(包括 stdlib. h)专门定义了类型 size_t 用来保存这种内存空间的相关信息。

## 一、malloc 函数

函数原型：external void * malloc(size_t size)。

malloc(memory allocation)函数是一种分配长度为“size”字节的内存块函数，可以向系统申请分配指定 size 个字节的内存空间。

其返回类型是 void * 类型。void * 表示未确定类型的指针。C/C++规定，void * 类型可以通过类型转换强制转换为任何其他类型的指针。

malloc 函数分配连续的内存区域，其大小不小于 size。当程序通过 malloc()获得内存区域时，内存中的内容尚未确定。

调用形式：

```
(类型说明符)malloc(size)
```

功能：在内存的动态存储区中分配一块长度为“size”字节的连续区域。函数的返回值为该区域的首地址。“类型说明符”表示把该区域用于何种数据类型，“(类型说明符 * )”表示把返回值强制转换为该类型指针。size 是一个无符号数。例如，pc＝(char * )malloc(100)，表示分配 100 个字节的内存空间，并强制转换为字符数组类型，函数的返回值为指向该字符数组的指针，把该指针赋予指针变量 pc。

malloc 函数只管分配内存，并不能将内存所得的初始化，所以在其分配得到的一片新内存中，其值将是随机的。我们习惯性地将它初始化为 NULL，也可以用 memset 函数进行初始化。

## 二、calloc 函数

函数原型：external void * calloc(size_t count，size_t size)。

calloc(clear allocation)函数分配一块连续的内存区域，其大小至少是 count * size。换句话说，上述语句分配的空间应足够容纳一个具有 count 个元素的数组，每个元素占用 size 个字节。而且，calloc 会把内存中每个字节都初始化为 0。

调用形式：

```
(类型说明符* )calloc(n,size)
```

功能：在内存动态存储区中分配 $n$ 块长度为 size 字节的连续区域。函数的返回值为该区域的首地址。“(类型说明符 * )”用于强制类型转换。

与 malloc 函数的区别仅在于,calloc 函数一次可以分配 $n$ 块区域。例如:

```
ps= (struet stu* )calloc(2,sizeof(struct stu))
```

其中的“sizeof(struct stu)”是求“stu”的结构长度。因此,该语句的意思是,按 stu 的长度分配 2 块连续区域,强制转换为 stu 类型,并把其首地址赋予指针变量 ps。

## 三、realloc 函数

函数原型:void * realloc(void * memblock,size_t size)。

realloc(reset allocation)函数用于修改一个已经分配的内存块的大小。

realloc 函数调用成功存在两种情况:当 size 不为 0 时,函数返回重新分配的内存块首地址;当 size 为 0 时,函数返回 NULL(原来的内存被释放)。当没有足够的空间可供扩展时,原内存空间的大小维持不变。

## 四、free 函数

函数原型:void free(void * $p$)。

使用 alloc. h 库函数,free 函数是将之前用 malloc 函数分配指针 $p$ 所指向的内存空间释放,还给程序或者是操作系统,即释放内存,让这块内存可以重新被利用。需要说明的是,$p$ 所指向的内存空间必须是用 calloc 函数、malloc 函数、realloc 函数分配的内存。如果 $p$ 为 NULL 或指向不存在的内存块,则不做任何操作。

调用形式:

```
free(void* ptr)
```

功能:释放 ptr 所指向的一块内存空间,ptr 是一个任意类型的指针变量,它指向被释放区域的首地址。被释放区应是由 malloc 函数或 calloc 函数分配的区域。

**【例 1.3】**读取 GAMIT 软件的 station. info 格式文件,并生成 TEQC 处理 RINEX 文件的批处理命令。

```
struct Station {
    char site[5];
    char name[17];
    int  st_year,st_doy,st_hour,st_min,st_sec;
    int  end_year,end_doy,end_hour,end_min,end_sec;

    double ant_hgt;
    char HtCod[6];
    double ant_north,ant_east;

    char rec_type[21],rec_type2[21],rec_ver[21],rec_SwVer,rec_sn[21];

    char ant_type[17];
    char ant_dome[6],ant_sn[20];
```

```
    double x,y,z;
};

int main(int argc, char* argv[]) {
    FILE * rnxs, * ctr_par,* fout,* fcmd;
    int i,nPar= 40;
    Station * sta;
    char rnx[15];
    int  yr,doy ;
    char site[5];
    char rec_type[21];
    char ant_dome[6];

    if ((ctr_par =  fopen("station-sx00.info", "rt")) = = NULL) {
        printf("Can not open control parameters file\n");
        return-1;
    }

    if ((rnxs = fopen("data.list", "rt")) = = NULL) {
        printf("Can not open rinex list file\n");
        return-2;
}

    if ((fcmd =  fopen("output_cmd.sh", "wt")) = =  NULL) {
        printf("Can not open rinex list file\n");
        return-3;
    }

    fscanf(ctr_par,"% d",&nPar);
    sta= (Station *  )malloc(sizeof(Station)* nPar);// initiate the sta

    fprintf(fout, "* site   Station Name        Session Start        Session Stop
Ant Ht   HtCod   Ant N     Ant E     Receiver Type          Vers                SwVer  Receiver
SN          Antenna Type       Dome    Antenna SN             x            y            z\n");

    i= 0;
    for(i= 0;i< nPar;i+ + )

f scanf(ctr_par,"% s   % s   % 4d % 3d % 2d % 2d % 2d   % 4d % 3d % 2d % 2d % 2d   % lf   % s
 % lf   % lf   % s % s   % s   % lf   % s   % s   % s   % s % lf % lf % lf", sta[i].site,sta[i].
name,&sta[i].st_year,&sta[i].st_doy, &sta[i].st_hour, &sta[i].st_min, &sta[i].st_sec,
&sta[i].end_year,&sta[i].end_doy, &sta[i].end_hour, &sta[i].end_min, &sta[i].end_sec,
&sta[i].ant_hgt,sta[i].HtCod, &sta[i].ant_north, &sta[i].ant_east, sta[i].rec_type,
sta[i].rec_type2,sta[i].rec_ver,&sta[i].rec_SwVer,sta[i].rec_sn,sta[i].ant_type,
sta[i].ant_dome,sta[i].ant_sn,&sta[i].x,&sta[i].y,&sta[i].z);
```

```
    fclose(ctr_par);

    fprintf(fcmd,"# !/bin/csh-bf\n\n");
    while (! feof(rnxs)) {
        fscanf(rnxs,"% s",rnx);
        sprintf(site,"% s",strupr(substr(rnx,0,4)));
        doy= atoi(substr(rnx,4,3));
        yr=  atoi(substr(rnx,9,3));
        for (i = 0; i < nPar; i+ + ) {
            if (strstr(sta[i].site, site) ){
                if((doy > = sta[i].st_doy && doy < = sta[i].end_doy)){
                    fprintf(fcmd," teqc-O.o xgr541@ 21cn.com-O.ag ECUT ");
                    fprintf(fcmd, "-O.mo % s-O.mn % s ",strupr(site),strupr(site));
                    if (strstr(sta[i].ant_dome, "- - - - "))
                        sprintf(ant_dome,"% 4s","NONE");
                    else
                        sprintf(ant_dome,"% 4s",substr(sta[i].ant_dome,0,4));
                    fprintf(fcmd, "-O.an % -20s -O.at \"% -16s% 4s\" ",sta[i].ant_
sn,sta[i].ant_type,ant_dome);
                    sprintf(rec_type,"% s % s",sta[i].rec_type, sta[i].rec_type2);
                    fprintf(fcmd, " -O.rn % -20s -O.rt \"% -20s\" ",sta[i].rec_sn,
rec_type);

                    fprintf(fcmd, " -O.px % 16.4f % 16.4f % 16.4f ",sta[i].x,sta[i].
y,sta[i].z);

                    fprintf(fcmd, " % s> new/% s\n",rnx,rnx);
                }
            }
        }
    }
    fclose(rnxs);
    fclose(fcmd);
    free(sta);
    printf("Normal Finished\n");
    return 0;
}
```

## 第四节　文件数据结构设计

文件是指一组相关数据的有序集合。这个数据集有一个名称，叫作文件名。测量代码需要有大量的数据文件。使用数据文件的目的在于以下几点。

（1）数据文件的改动不引起程序的改动，有利于程序与数据的分离。

（2）不同程序可以访问同一数据文件中的数据，有利于数据共享。

(3) 能长期保存程序运行的中间数据或结果数据。

在一般软件工程中,为了方便,一系列的软件包在系统设计时都会统一参数和数据的格式,即使后期软件更新与升级,也无须再次编写读取功能模块,且模块间的输入与输出也方便快捷。因此,在设计文件操作时,优先设计控制参数、数据和结果的格式,对不同的控制参数、数据输入和结果输出进行必要的统一,这样在最后编码时便无须考虑格式问题。

## 一、参数驱动文件

参数驱动文件主要是读取必要的控制参数、文件名及列表等信息。一般可以采用同一种关键词控制(keyword controlled)格式,只需要弄懂一个模块的驱动格式,其他的就容易弄明白了。以 QOCA 平差软件文件为例,其驱动参数文件主要包括控制文件的输入输出路径及名称、校正参数表、参考时间等。驱动文件的特征主要有以下几个方面。

(1)格式统一。如都用":"作分隔。

(2)相同的文件采用同一输入格式。如先验文件名记为 itrf2014.net。

(3)参数驱动文件每行行首都先注释。如行首加 c、x、* 或其他非空字符等。

(4)以 exit 或 end 结束。

下列文件为使用 QOCA 软件计算大气质量负载(mload)的驱动文件 mload.drv。

```
=======================================
*            << keyword controlled driving file format >>          *
*  any non-blank character at first column means comment line      *
*  symbol ":" must exist in command lines as index pointor         *
*  symbol "* " represents default                                  *
*  blank after ":" also represents commented line                  *
=======================================
infile          :     mload_data.list
in_style        :     1
log_file        :     mload.log
sitlist file    :     site.list
reffil file     :     grid_pres_ave.80_97
ib_option       :     1
average interval:     1.00
sub_latitude    :     5.00   55.00
sub_longitude   :     60.00  150.00
start epoch     :     1998  1  1  0  0
final epoch     :     2019 12 31  0  0
out_type        :     site
out_format      :     load
out_path        :     sub_directory
end :
```

下列文件为使用 QOCA 软件计算断裂参数的驱动文件 faultview.drv。

```
=======================================
*          << keyword controlled driving file format >>            *
*  any non-blank character at first column means comment line      *
*  symbol ":" must exist in command lines as index pointor         *
*  symbol "* " after index represents default                       *
=======================================
  modeling                              :          forward
  network coordinate file(netfil)       :          itrf93.apr
  network file format(netfmt)           :          *
  network file style(net_style)         :          qoca
  network coordinate system(comode) :              geodetic
  source model (s_model)                :          fault.para
  medium model (m_model)                :          half-space (Okada)
   site selection file(site_list)       :          fault.site
  output data file(outfil)              :          faultview.out
  reference frame                       :          WGS84
  end:
=======================================
```

## 二、数据输入文件

按前文定义好参数名之后，读取数据的输入文件与输出文件，其内容包含具体的数值或结果信息。这里同样以 QOCA 软件的 NET 文件为例进行说明。

```
*************************************
* Datum:  WGS84
* Format:  V30
* Transfered from:   itrf2014.apr.updated
* Time:  2018  6 19  12: 18: 35
* Operator:xgr541
*
*  site    full-name      latitude          longitude           height        u        v
 w    epoch      t1          t2
0376_GPS  itrf_apr  N33  51  24.063271  W117  26  12.518760     397.64245  0.0000
0.0000   0.0000 1994.8550 1900.0000 2500.0000
2353_GPS  itrf_apr  S38  37  58.538024  W183  54  20.686915     408.66835  0.0000
0.0000   0.0000 1997.0000 1900.0000 2500.0000
```

从以上列举的输入文件数据可以看出，前面几行依然是注释信息，之后是相应的具体数据。统一需要的数据格式，让其格式固定。如果不是同类格式，则需要编写必要的代码进行格式转换，如 Unused. list 文件内容所示的文件格式。

```
    2
WU  HN_GPS
XIA N_GPS
    4
PLAT_GPS     1986.9678   1986.9678       ! trex01
AUST_GPS     1986.9678   1987.1234       ! trex01
WSFD_GPS     1987.7680   1988.7654       ! trex09
WORK_GPS     1987.7680   1987.7680       ! trex09
```

Unused. list 列举内容说明两种类型，即全部禁用、时间段内禁用。全部禁用的第一行为个数，后面接着列出站名；时间段内禁用的第一行为个数，下面为站点名、起始时间、结束时间，“!”后面的是注释。

## 三、数据交换文件

不同软件读取不同来源的数据，需要导出与其他软件能够读取的数据交换文件。大部分软件因版权、保密等各种原因，只读取自定义的软件内部格式文件，同时为了交流，也会发布相应的交换文件格式。如在 GPS 原始采集的数据中，不同的硬件厂商有对应的内部格式，如天宝的 T00/T01/T02 格式、徕卡的 M00 文件以及国内厂商中海达的 ZHD/GNS 格式、华测导航的 HCN 格式、南方导航的 STH 格式等。为统一格式，各自都以行业 RINEX 格式作为通用的数据格式形式。

### 1. 南方 CASS 的 DAT 文件

南方 CASS 的 DAT 文件格式：sn，　，x，y，z。

**【例 1.4】** 读取南方 CASS DAT 文件，检测南方 CASS DAT 文件的精度功能。

```
    int File_Rows(char * inp) {
        int c, lines = 0;
        FILE * fp;
        if ((fp = fopen(inp, "rt")) = = NULL) {
            return-1;
        }
        while ((c = fgetc(fp)) ! = EOF)
            if (c = = '\n') lines+ + ;
        fclose(fp);
        return (lines);
    }
    int main(int argc, char * argv[]) {
        FILE * Det, * Sur, * Out;
        double ** DetArr, ** SurArr;
        int i = 0, j = 0;
        int nDet = 0, nSur = 0, nCount = 0;
        int Dummy;
        double dX, dY, dZ;
        int nHori = 0;
        int nVert = 0;
        if (argc ! = 4) {
            printf("Parameter not enough\n");
            printf("\n\tUsage   : detect_point.exe check.dat survey.dat output.dat\n");
            printf("\n\tExample : detect_point.exe chek.dat g02.dat g02_output.txt\n\
n");
            exit(1);
        }
```

```
    if ((Det = fopen(argv[1], "rt")) = = NULL) {
        printf("can not open the control file\n");
        exit(1);
    }
    nDet = File_Rows(argv[1]);
    DetArr = (double ** )calloc(nDet, sizeof(double * ));
    for (i = 0; i< nDet; i+ + ) {
        DetArr[i] = (double * )calloc(3, sizeof(double));
    }
    if ((Sur = fopen(argv[2], "rt")) = = NULL) {
        printf("can not open the survey file\n");
        exit(1);
    }
    nSur = File_Rows(argv[2]);
    SurArr = (double ** )calloc(nSur, sizeof(double * ));
    for (i = 0; i< nSur; i+ + ) {
        SurArr[i] = (double * )calloc(3, sizeof(double));
    }
    if ((Out = fopen(argv[3], "wt")) = = NULL) {
        printf("can not open the output file\n");
        exit(1);
    }
    i = 0;
    while (! feof(Det)) {
         fscanf(Det, "% d,,% lf,% lf,% lf", &Dummy, &DetArr[i][0], &DetArr[i][1],
&DetArr[i][2]);
        i+ + ;
    }
    fclose(Det);
    i = 0;
    while (! feof(Sur)) {
         fscanf(Sur, "% d,,% lf,% lf,% lf", &Dummy, &SurArr[i][0], &SurArr[i][1],
&SurArr[i][2]);
        i+ + ;
    }
    fclose(Sur);
    nCount = 0;
    nHori = 0;
    nVert = 0;
    for (i = 0; i< nDet; i+ + ) {
        for (j = 0; j< nSur; j+ + ) {
            dX = SurArr[j][0]-DetArr[i][0];
            dY = SurArr[j][1]-DetArr[i][1];
            dZ = SurArr[j][2]-DetArr[i][2];
            if ((fabs(dX)< 0.20) && (fabs(dY)< 0.20) && (fabs(dZ)< 0.20)) {
```

```
                    fprintf(Out, "% 3d\t% 6.1lf\t% 6.1lf\t% 6.1lf\n", nCount, dX * 100,
dY * 100, dZ * 100);
                    if ((fabs(dX)> 0.15) || (fabs(dY)> 0.15)) {
                        nHori+ + ;
                    }
                    if (fabs(dZ)> 0.15) {
                        nVert+ + ;
                    }
                    nCount+ + ;
                }
            }
        }

        fprintf(Out, "nDetective points   :  % 3d\n", nDet);
        fprintf(Out, "detected nCount     :  % 3d\n", nCount);
        fprintf(Out, "Missing             :  % 3d\n", nDet-nCount);
        fprintf(Out, "Horizontal Disps    :  % 3d\n", nHori);
        fprintf(Out, "Vertical Disps      :  % 3d\n", nVert);
        fprintf(Out, "Problem Points      :  % 3d\n", nHori +  nVert);
        fprintf(Out, "Total Survey Points :  % 3d\n", nSur);
        printf("\n\tNomal Finished\n\n");
        fclose(Out);
        // clean up
        for (i =  0; i< nDet; + + i) {
            free(* (DetArr +  i));
        }
        for (i =  0; i< nSur; + + i) {
            free(* (SurArr +  i));
        }
        return 0;
    }
```

**2. MapInfo 的 MIF 文件**

MIF(memory initialization file,内存初始化文件)是 MapInfo 用来向外交换数据的一种中间交换文件。当用户在 MapInfo 中将一张 MapInfo 地图 TAB 表以 MIF 文件格式转出后，MapInfo 会同时在用户指定的保存目录下生成两个文件(＊.mif、＊.mid)。其中，＊.mif 文件保存了该 MapInfo 地图 TAB 表的表结构及表中所有空间对象的空间信息(如每个点对象的符号样式、点位坐标，每个线对象的线样式、节点数据、节点坐标，区域对象的填充模式，每个区域包含的子区域个数及每个区域的节点数、节点坐标等)；＊.mid 文件则按记录顺序保存了每个空间对象的所有属性信息。这两个文件都为文本性质的文件，用户可以通过相应的文件读写方法实现对文件内容的读写。

MapInfo 数据保存在两个文件中：图形数据保存在＊.mif 文件中，文本数据保存在＊.mid文件中。MIF 文件有两个区域，即文件头区域和数据节。文本数据是分界数据，每行记录一个数据。

```
Version n
Charset"characterSetName"
COLUMNS n
< name> < type>
< name> < type>
...
DATA
Version 子句说明所使用的是 VERSION 格式。
Charset 子句指定在表中创建文本时使用的字符集。
COLUMNS(列)指定列数。
MIF 文件的数据节在文件头之后,且必须由 DATA 以单独的一行引入。
DATA
```

MIF 文件的数据节可以有任意多个图形初值,每个初值代表一个图形对象。MapInfo 使 MIF 文件和 MID 文件中的条目相互匹配,即 MIF 文件中的第一个对象与 MID 文件中的第一行关联,MIF 文件中的第二个对象与 MID 文件中的第二行关联,以此类推。MIF 文件可以指定的图形对象为 point、line、polyline、region、arc、text、rectangle、rounded rectangle、ellipse;MID 文件存放表格数据,项目数和类型要与 MIF 文件中的定义相对应。

**【例 1.5】**将 xyz 格式数据读写成 MIF 格式数据。

```
void llh2mif(double* x, double * y, double * z, int n, char * FileName) {
    FILE * fmid, * fmif;
    int i;
    char mid[80], mif[80];
    ssprintf(mif, "% s.mid", FileName);
    if ((fmif = =  fopen(mif)) = = NULL) {
        printf("Can not write the mif file\n");
        exit(1);
    }
    ssprintf(mid, "% s.mif", FileName);
    if ((fmid = =  fopen(mid)) = = NULL) {
        printf("Can not write the mid file\n");
        exit(1);
    }
    fprintf(fmif, "Version   300\n");
    fprintf(fmif, "Charset \"WindowsSimpChinese\"\n");
    fprintf(fmif, "Delimiter \",\"\n");
    fprintf(fmif, "CoordSys Earth Projection 1, 0\n");
    fprintf(fmif, "Columns 5\n");
    fprintf(fmif, "  name Char(10)\n");
    fprintf(fmif, "  code Smallint\n");
    fprintf(fmif, "  lon Float\n");
    fprintf(fmif, "  lat Float\n");
    fprintf(fmif, "  hgt Float\n");
    fprintf(fmif, "Data\n\n");
```

```
    for (i = 0; i< n; i+ + ) {
        fprintf(fmif, "Point % 15.6f % 15.6f\n", x[i], y[i]);
        fprintf(fmif, "    Symbol (35,0,12)\n");
        fprintf(fmid, "\"% d\",% d,% lf,% lf,% lf\n", i, i, x[i], y[i], z[i]);
    }
    fclose(fmid);
    fclose(fmif);
}
```

**3. AutoCAD 的 DXF 文件**

DXF(drawing exchange file,图形交换文件)广泛应用于工程制图领域。掌握 DXF 文件的读写对编写 CAD 软件图形信息的交换有重要意义。它有两种格式:一种是 ASCII DXF 格式,另一种是二进制 DXF 格式。ASCII DXF 文件格式是 ASCII 文字格式的 AutoCAD 图形的完整表示,这种文件格式易于被其他程序处理。二进制格式的 DXF 文件与 ASCII DXF 文件包含的信息相同,但二进制 DXF 格式比 ASCII DXF 格式更精简,能够节省 25%的文件存储空间,从而使 AutoCAD 能够更快地对文件执行读写操作。

**【例 1.6】**读取 ASCII DXF 格式文件的版本号。

```
int readdxf_ver(int argc, char * argv[]){
    int  code;
    char codevalue[80];
    FILE * fdxf;
    char filename[80];
    ssprintf(filename,"% .dxf",argv[1]);
    if((fdxf = fopen(filename,"rt")= = NULL){
        printf("can not open file to read\n");
        exit(1);
    }

    while(! feof(fdxf)) {
        fscanf(fdxf,"% d",&code);
        fscanf(fdxf,"% s",codevalue);
        if(code = = 2 && strcmp(codevalue,"HEADER")= = 0) {
            fscanf(dxf,"% d",&code);
            fscanf(dxf,"% s",codevalue);
            if(strcmp(codevalue,"$ ACADVER")= = 0) {
                fscanf(dxf,"% d",&code);
                fscanf(dxf,"% s",codevalue);
                if(strcmp(codevalue,"AC1018")= = 0) {
                    printf("AutoCAD 版本为 AutoCAD 2004.");
                    return 2004;
                }
                else {
                    printf("other versions or unrecognized\n");
```

```
                break;
            }
        }
    }
  }
  fclose(fdxf);
  return - 1;
}
```

具体版本信息可参考 AutoCAD 帮助文件 DXF 参考中的 HEADER 段→HEADER 段组码部分。

#### 4. Google Earth 的 KML 文件

KML(Keyhole markup language,Keyhole 标记语言)最初为 Google 定义的文件格式,用以描述地图中的关键数据,如路径、标记位置、叠加图层等信息。KML 文件不包含高程、地形地貌等复杂信息,可以作为仅记录街道、路径、多边形、标记位置等信息的简单地图。KML 文件最终被 OGC(Open Geospatial Consortium,开放地理空间信息联盟)采纳为国际通行标准文件。

KML 文件本质上是一个 XML 文件,完全遵循 XML 文件格式,但是,KML 文件定义了几个特殊的元素标签,常用标签如下。

(1)Placemark,标记或路径。

(2)Linestring,路径的坐标点。

(3)Point,标记位置的坐标。

(4)Coordinates,经纬度坐标。

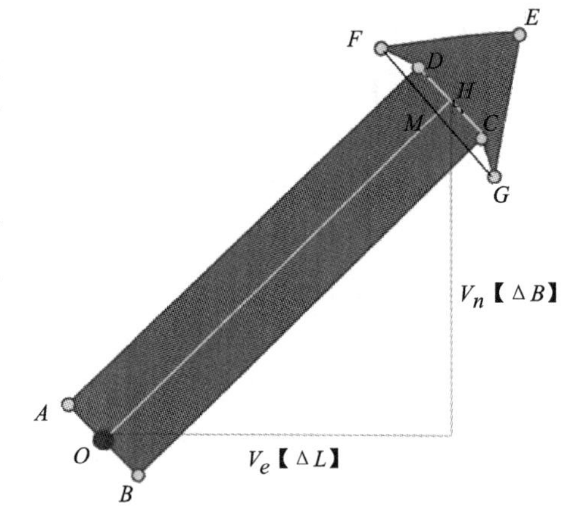

图 1-3　箭头符号各参量

箭头的特征数据如图 1-3 所示。设 $O$ 点坐标为 $(0,0)$,线长 $OH$ 为 $l$,线宽 $AB$ 为 $d$,箭头角度 $\angle FEG$ 为 $2\alpha$,箭头宽度 $FG$ 为 $w$,箭头长度 $EH$ 为 $h$,则 $A$ 点坐标为 $\left[-\frac{d}{2}\cdot\frac{V_n}{l},\frac{d}{2}\cdot\frac{V_e}{l}\right]$,$B$ 点坐标为 $\left[\frac{d}{2}\cdot\frac{V_n}{l},-\frac{d}{2}\cdot\frac{V_e}{l}\right]$,$H$ 点坐标为 $[V_e,V_n]$,$C$ 点坐标为 $\left[V_e+\frac{d}{2}\cdot\frac{V_n}{l},V_n-\frac{d}{2}\cdot\frac{V_e}{l}\right]$,$D$ 点坐标为 $\left[V_e-\frac{d}{2}\cdot\frac{V_n}{l},V_n+\frac{d}{2}\cdot\frac{V_e}{l}\right]$,$E$ 点坐标为 $\left[(l+h)\cdot\frac{V_e}{l},(l+h)\cdot\frac{V_n}{l}\right]$,$M$ 点坐标为 $\left[(l+h-\frac{w}{2}\cot\alpha)\cdot\frac{V_e}{l},(l+h-\frac{w}{2}\cot\alpha)\cdot\frac{V_n}{l}\right]$,$F$ 点坐标为 $\left[(l+h-\frac{w}{2}\cot\alpha)\cdot\frac{V_e}{l}-\frac{w}{2}\cdot\frac{V_n}{l},(l+h-\frac{w}{2}\cot\alpha)\cdot\frac{V_n}{l}+\frac{w}{2}\cdot\frac{V_e}{l}\right]$,$G$ 点坐标为 $\left[(l+h-\frac{w}{2}\cot\alpha)\cdot\frac{V_e}{l}+\frac{w}{2}\cdot\frac{V_n}{l},(l+h-\frac{w}{2}\cot\alpha)\cdot\frac{V_n}{l}-\frac{w}{2}\cdot\frac{V_e}{l}\right]$。

【例 1.7】速率箭头的绘制程序。

```
int BesselArr(char * infile, char * outfile, double DistOA, double DistEH, double
DistEF, double Aef, double VeloScale, double ArrowLen) {
    double Lat, Lon, Cen, Ve, Se, Sn, Vn;
    double OutBLA[3], Alpha, Dist;
    char SiteName[10];
    double ArrowWid, ArrowLen, DistScale;
    double Xa, Ya, Xb, Yb, Xc, Yc, Xd, Yd, Xe, Ye;
    double Xf, Yf, Xg, Yg, Xh, Yh;
    double DistAB, DistBC;
    double Aab, Abc, Abe, Aba, Aho, Ahe;
    FILE * finp, * fout;
    if ((finp = fopen(infile, "rt")) = = NULL) {
        printf("Can not open the data file\n");
        return-1;
    }
    if ((fout = fopen(outfile, "wt")) = = NULL) {
        printf("Can not open the output file\n");
        return-1;
    }

    //- - - - - - - - - - - - - - - - - - draw arrows - - - - - - - - - -
    fprintf(fout, "< ? xml version= \"1\" encoding= \"UTF-8\"? > \n");
    fprintf(fout, "< kml xmlns= \"http://www.opengis.net/kml/2.2\" xmlns:gx= \"ht-
tp://www.google.com/kml/ext/2.2\" xmlns:kml = \"http://www.opengis.net/kml/2.2\"
xmlns:atom= \"http://www.w3.org/2005/Atom\"> \n");
    fprintf(fout, "< Document> \n");
    fprintf(fout, "  < name> Output_Velocity201905< /name> \n");
    fprintf(fout, "  < visibility> 0< /visibility> \n");
    fprintf(fout, "  < open> 1< /open> \n");
    fprintf(fout, "  < LookAt id= \"Lookat_Doc\"> \n");
    fprintf(fout, "      < longitude> 105.00< /longitude> \n");
    fprintf(fout, "      < latitude> 34.00< /latitude> \"\n");
    fprintf(fout, "      < altitude> 0< /altitude> \n");
    fprintf(fout, "      < heading> 15< /heading> \n");
    fprintf(fout, "      < tilt> 0< /tilt> \n");
    fprintf(fout, "      < range> 4000000< /range> \n");
    fprintf(fout, "  < /LookAt> \n");

    //- - - - - - - - - - - - - - - - - - - - - loop each velocity- - - -
    fprintf(fout, "  < Style id= \"sh_ylw-pushpin\"> \n");
    fprintf(fout, "    < IconStyle> \n");
    fprintf(fout, "      < scale> 1.5< /scale> \n");
    fprintf(fout, "      < Icon> \n");
    fprintf(fout, "           < href> http://maps.google.com/mapfiles/kml/push-
pin/ylw-pushpin.png< /href> \n");
```

```
        fprintf(fout, "            < /Icon> \n");
        fprintf(fout, "         < hotSpot x= \"20\" y= \"2\" xunits= \"pixels\" yunits = \"
pixels\"/> \n");
        fprintf(fout, "         < /IconStyle> \n");
        fprintf(fout, "         < LineStyle> \n");
        fprintf(fout, "            < color> ff0055ff< /color> \n");
        fprintf(fout, "            < width> 1.5< /width> \n");
        fprintf(fout, "         < /LineStyle> \n");
        fprintf(fout, "         < PolyStyle> \n");
        fprintf(fout, "            < color> ff0000ff< /color> \n");
        fprintf(fout, "         < /PolyStyle> \n");
        fprintf(fout, "      < /Style> \n");
        fprintf(fout, "      < Style id= \"sn_ylw-pushpin\"> \n");
        fprintf(fout, "         < IconStyle> \n");
        fprintf(fout, "            < scale> 1.5< /scale> \n");
        fprintf(fout, "            < Icon> \n");
        fprintf(fout, "                  < href> http://maps.google.com/mapfiles/kml/push-
pin/ylw-pushpin.png< /href> \n");
        fprintf(fout, "            < /Icon> "
        fprintf(fout, "            < hotSpot x= \"20\" y= \"2\" xunits= \"pixels\" yunits =
\"pixels\"/> \n");
        fprintf(fout, "            < /IconStyle> \n");
        fprintf(fout, "            < LineStyle> \n");
        fprintf(fout, "               < color> ff0055ff< /color> \n");
        fprintf(fout, "               < width> 1.5< /width> \n");
        fprintf(fout, "            < /LineStyle> \n");
        fprintf(fout, "            < PolyStyle> \n");
        fprintf(fout, "               < color> ff0000ff< /color> \n");
        fprintf(fout, "            < /PolyStyle> \n");
        fprintf(fout, "      < /Style> \n");
        fprintf(fout, "      < StyleMap id= \"msn_ylw-pushpin\"> \n");
        fprintf(fout, "         < Pair> \n");
        fprintf(fout, "            < key> normal< /key> \n");
        fprintf(fout, "            < styleUrl> # sn_ylw-pushpin< /styleUrl> \n");
        fprintf(fout, "         < /Pair> \n");
        fprintf(fout, "         < Pair> \n");
        fprintf(fout, "            < key> highlight< /key> \n");
        fprintf(fout, "            < styleUrl> # sh_ylw-pushpin< /styleUrl> \n");
        fprintf(fout, "         < /Pair> \n");
        fprintf(fout, "      < /StyleMap> \n");

        while (! feof(finp) {
            fscanf(finp, "% lf % lf % lf % lf % lf % lf % lf % s", &Lon, &Lat, &Vn, &Sn,
&Ve, &Se, &Cen, SiteName);
            Aab = DistAlpha(Ve, Vn, 1);
            DistAB = DistScale * DistAlpha(Ve, Vn, 2) * 1000.000;
```

```
        Alpha = Aab * R2D;
        Dist = DistAB;
        OutBLA = GeodeticProblem_Bessel_DirectSolu(Lat, Lon, Alpha, Dist, 3); //
45.34455957, -121.6727115, 118.03709, 30.4653 * 1000
        Xh = OutBLA[0] * R2D;
        Yh = OutBLA[1] * R2D;
        Aho = OutBLA[2];

        Alpha = (Aab + PI * 1.5) * R2D;
        If(Alpha > 360) Alpha = Alpha-360;
        Dist = DistOA;
        OutBLA = GeodeticProblem_Bessel_DirectSolu(Lat, Lon, Alpha, Dist, 3); //
45.34455957, -121.6727115, 118.03709, 30.4653 * 1000
        Xa = OutBLA[0] * R2D;
        Ya = OutBLA[1] * R2D;
        Alpha = (Aab + PI * 0.5) * R2D;
        If(Alpha > 360) Alpha = Alpha-360;
        Dist = DistOA;
        OutBLA = GeodeticProblem_Bessel_DirectSolu(Lat, Lon, Alpha, Dist, 3); //
45.34455957, -121.6727115, 118.03709, 30.4653 * 1000
        Xb = OutBLA[0] * R2D;
        Yb = OutBLA[1] * R2D;
        Alpha = (Aho + PI * 0.5) * R2D;
        If(Alpha > 360) Alpha = Alpha-360;
        Dist = DistOA;
        OutBLA = GeodeticProblem_Bessel_DirectSolu(Xh, Yh, Alpha, Dist, 3); //
45.34455957, -121.6727115, 118.03709, 30.4653 * 1000
        Xd = OutBLA[0] * R2D;
        Yd = OutBLA[1] * R2D;
        Alpha = (Aho-PI * 0.5) * R2D;
        If(Alpha < 0) Alpha = Alpha + 360;
        Dist = DistOA;
        OutBLA = GeodeticProblem_Bessel_DirectSolu(Xh, Yh, Alpha, Dist, 3);  //
45.34455957, -121.6727115, 118.03709, 30.4653 * 1000
        Xc = OutBLA[0] * R2D;
        Yc = OutBLA[1] * R2D;
        Alpha = Aab * R2D;
        Dist = DistAB + DistEH;
        OutBLA = GeodeticProblem_Bessel_DirectSolu(Lat, Lon, Alpha, Dist, 3); //
45.34455957, -121.6727115, 118.03709, 30.4653 * 1000
        Xe = OutBLA[0] * R2D;
        Ye = OutBLA[1] * R2D;
        Ahe = OutBLA[2];
        Alpha = Ahe * R2D + 18.5;
        If(Alpha > 360) Alpha = Alpha-360;
        Dist = DistEF;
```

```
        OutBLA = GeodeticProblem_Bessel_DirectSolu(Xe, Ye, Alpha, Dist, 3); //
45.34455957,-121.6727115, 118.03709, 30.4653 * 1000
        Xf = OutBLA[0] * R2D;
        Yf = OutBLA[1] * R2D;
        Alpha = Ahe * R2D-18.5;
        If(Alpha < 0) Alpha = Alpha + 360;
        Dist = DistEF;
        OutBLA = GeodeticProblem_Bessel_DirectSolu(Xe, Ye, Alpha, Dist, 3); //
45.34455957,-121.6727115, 118.03709, 30.4653 * 1000
        Xg = OutBLA[0] * R2D;
        Yg = OutBLA[1] * R2D;
        fprintf(fout, " < Placemark> \n");
        fprintf(fout, "   < name> % s< /name> \n", SiteName);
        fprintf(fout, "   < styleUrl> .0000msn_ylw-pushpin< /styleUrl> \n");
        fprintf(fout, "   < Polygon> \n");
        fprintf(fout, "     < tessellate> 1< /tessellate> \n");
        fprintf(fout, "     < outerBoundaryIs> \n");
        fprintf(fout, "        < LinearRing> \n");
        fprintf(fout, "             < coordinates> \n");
        fprintf(fout, "                  % 18.13lf,% 18.13lf,0.0000\n", Lon, Lat);
        fprintf(fout, "                  % 18.13lf,% 18.13lf,0.0000\n", Ya, Xa);
        fprintf(fout, "                  % 18.13lf,% 18.13lf,0.0000\n", Yd, Xd);
        fprintf(fout, "                  % 18.13lf,% 18.13lf,0.0000\n", Yf, Xf);
        fprintf(fout, "                  % 18.13lf,% 18.13lf,0.0000\n", Ye, Xe);
        fprintf(fout, "                  % 18.13lf,% 18.13lf,0.0000\n", Yg, Xg);
        fprintf(fout, "                  % 18.13lf,% 18.13lf,0.0000\n", Yc, Xc);
        fprintf(fout, "                  % 18.13lf,% 18.13lf,0.0000\n", Yb, Xb);
        fprintf(fout, "                  % 18.13lf,% 18.13lf,0.0000\n", Lon, Lat);
        fprintf(fout, "             < /coordinates> \n");
        fprintf(fout, "        < /LinearRing> \n");
        fprintf(fout, "     < /outerBoundaryIs> \n");
        fprintf(fout, "   < /Polygon> \n");
        fprintf(fout, " < /Placemark> \n");
    }
    fclose(finp);
    fprintf(fout, "  < /Document> \n");
    fprintf(fout, "< /kml> \n");
    fclose(fout);
    printf("Nomal Finished\n");
    return 0;
}
```

# 第五节　测绘程序举例

GIPS(一种数据处理软件)生成的 stacov 文件带有时间、坐标和方差等信息,我们习惯上将它输出为只有一行的格式化 xyz 文件。

stacov 单站单天文件示例:

```
3 PARAMETERS ON 14OCT30.
1  JX71 STA X        -0.243808151023238E+ 07  + -  0.131770526217218E-01
2  JX71 STA Y         0.503876629113408E+ 07  + -  0.181111146279931E-01
3  JX71 STA Z         0.304711848954919E+ 07  + -  0.114562366483264E-01
2     1  -0.933586457802123E+ 00
3     1  -0.900592890788432E+ 00
3     2   0.911156047910405E+ 00
JX71 ANTENNA LC     1.0821       0.0000       0.0000       ! up north east (m)
```

stacov 文件格式说明如下。

(1)第一行给出了参数的个数和时间(JPL 时间格式)。读取格式为:

```
" % 4d% 15* % 7s"//1X,I4,15x,A7
```

(2)每个参数都在下面列出。每行包含参数序列号、名称、值以及误差。读取格式为:

```
" % 4d  % 16s  % 22.15E    % 21.15E" //1X,I4,2X,A16,2X,E22.15,6X,E21.15
```

(3)然后是相关系数矩阵。每一行两个整数,对应前面的参数序列号,之后是参数值,采用上三角矩阵方式存储。读取格式为:

```
" % 4d  % 4d  % 22.15E"   // 1X,I4,2X,I4,2X,E22.15
```

(4)最后是天线高值。名称后面跟“ANTENNA”,之后是数据类型,再是垂向、北向、东向的天线偏移值(单位:m)。读取格式为:

```
" % 16c  % 7.4f  % 10.4f % 10.4f"  //1X,A16,2X,F7.4,2X,F10.4,2X,F10.4
```

**【例 1.8】**读取 stacov 文件,并输出格式化 xyz 文件。

```
// read_single_stacov.cpp
   int main(int argc, char * argv[]) {
      char   para[11], onDum[3], jpl[9], sta[4], flag[3], ymd[9];
      char   ant[8], lc[3], commU[4], commN[6], commE[5], commM[4];
      int    i, j, nPar, id[3], id1[3];
      char   site[5];
      double xyz[3][2], rxyz[3], antNEU[3];
      char staFile[80], outFile[80];
      FILE * fin, * fout;

      if (argc < 5) {
         printf("\n\tUsage :\n\t\t % s -i bjfs.stacov.point -o output_bjfs.xyz \n", 
argv[0]);
         printf("\n\tWhere :\n\t\t stacov file generated by gd2p.pl \n\n");
         return -1;
```

```
    }
    for (i = 1; i< argc; i+ + ) {
        if (! strcmp(argv[i], "-i")) {
            strcpy(staFile, argv[i + 1]);
            i+ + ;
            continue;
        }
        else if (! strcmp(argv[i], "-o")) {
            strcpy(outFile, argv[i + 1]);
            i+ + ;
            continue;
        }
        else {
            printf("\n\n\tWARNING WARNING: please naked run the program [ % s ] first\
n\n", argv[0]);
            return -2;
        }
    }

    if ((fin = fopen(staFile, "rt")) = = NULL) {
        printf("Can not open stacov file [ % s ]\n", staFile);
        return -3;
    }
    if ((fout = fopen(outFile, "at")) = = NULL) {
        printf("Can not open stacov file [ % s ]\n", outFile);
        return -3;
    }
    fscanf(fin, "% d % s % s % s", &nPar, para, onDum, jpl);
    printf("% 5d % s % s % s\n", nPar, para, onDum, jpl);
    strcpy(ymd, jpl2day(jpl));
    for (i= 0;i< 3;i+ + ) {
        id[i] = 0;
        id1[i] = 0;
    }

    for (i = 0; i< 3; i+ + ) {
        rxyz[i]= 0.0000;
        for (j= 0; j< 2; j+ + )
            xyz[i][j] = 0.0000;
        antNEU[i] = 0.0000;
    }
    for (i = 0; i< nPar; i+ + ) {
        fscanf(fin, "% d % s % s % c % lf % s % lf", &id[i], site, sta, &flag[i], &xyz
[i][0], onDum, &xyz[i][1]);
        printf("% 5d  % s % s % c % 23.14E % s % 23.14E\n", id[i], site, sta, flag[i],
xyz[i][0], onDum, xyz[i][1]);
    }
    for (i = 0; i< nPar; i+ + ) {
```

```
        fscanf(fin, "% d % d % lf", &id[i], &id1[i], &rxyz[i]);
        printf("% 5d % 5d % 23.14E \n", id[i], id1[i], rxyz[i]);
    }
    for (i = 0; i< nPar / 3; i+ + ) {
        fscanf(fin, "% s % s % s % lf % lf % lf % s % s % s % s", site, ant, lc, &antNEU
[0], &antNEU[1], &antNEU[2], commU, commN, commE, commM);
        printf(" % s % s % s % 10.4lf % 10.4lf % 10.4lf    % s % s % s % s\n", site,
ant, lc, antNEU[0], antNEU[1], antNEU[2], commU, commN, commE, commM);
    }

    fprintf(fout, "% 8s \t  F \t % 9.4f \t % 3d \t % 15.4f \t % 7.4f \t % 15.4f \t % 7.4f
\t % 15.4f \t % 7.4f \t ", ymd, ymd2yr(ymd), ymd2doy(ymd), xyz[0][0], xyz[0][1], xyz[1]
[0], xyz[1][1], xyz[2][0], xyz[2][1]);
    fprintf(fout, "% 8.4f \t % 8.4f \t % 8.4f \t Updated:2019/06/01-00:00:00-by-read_
single_stacov from ", rxyz[0], rxyz[1], rxyz[2]);
    fprintf(fout, "% s% 03d0.% sd.Z\n", site, ymd2doy(ymd), substr(ymd, 2, 2));
    fclose(fin);
    fclose(fout);
    return 0;
}

char * jpl2day(char * jpl) {
    int i, yr = atoi(substr(jpl, 0, 2));
    char * mon = substr(jpl, 2, 3);
    int dat = atoi(substr(jpl, 5, 2));
    char months[][4] = { "JAN","FEB","MAR","APR","MAY","JUN","JUL","AUG","SEP",
"OCT","NOV","DEC" };
    char * ymd = (char* )malloc(sizeof(char) * 9);
    if (yr > 80)          yr + = 1900;
    else                  yr + = 2000;
    for (i = 0; i< 12; i+ + )
        if (strcmp(mon, months[i]) = = 0) break;
    sprintf(ymd, "% 4d% 02d% 02d", yr, i + 1, dat);
    return ymd;
}
double ymd2yr(char * ymd) {
    int year = atoi(substr(ymd, 0, 4));
    int mon = atoi(substr(ymd, 4, 2));
    int day = atoi(substr(ymd, 6, 2));
    int Doy;
    Doy = doy(year, mon, day);
    return (year + Doy / 365.25);
}
int ymd2doy(char * ymd) {
    int year = atoi(substr(ymd, 0, 4));
    int mon = atoi(substr(ymd, 4, 2));
    int day = atoi(substr(ymd, 6, 2));
    return doy(year, mon, day);
}
```

# 第二章　常用基础测绘程序设计

## 第一节　时间计算

通常时间的表示方法有通用的年月日表示方法、长周期的历法以及不涉及年月日的计算方法。如 2022 年 5 月 9 日，可以用 20220509、22MAY09 这些通用的方法表示，也可以表示为 2022 年第 129 天等。

### 一、通用时间表示计算

#### 1. 周内天计算

判断某天是这周的第几天，周日为第 0 天，周一为第 1 天，以此类推。一般采用基姆拉尔森计算公式：

$$DoW = [day + 1 + 2 \times month + 3 \times (month + 1)/5 + year + year/4 - year/100 + year/400]mod7 \tag{2-1}$$

**【例 2.1】**参照式(2-1)实现 DoW 功能的主要函数。

```
int dow(int year, int mon, int day) {
    int WkDay = -1;
    if (mon = = 1 || mon = = 2) {
        mon + = 12;
        year-;
    }
    WkDay = (day + 1 + 2 * mon + 3 * (mon + 1) / 5 + year + year / 4-year / 100 +
year / 400) % 7;
    return WkDay;
}
```

#### 2. 常用年月日格式输出

**【例 2.2】**生成常见时间格式，并输出至文件。

```
void ymd2obs(int year, int mon, int day, char * FileName) {
    FILE * fout;
    int yr = year-1900;
    char mons[][4] = { "JAN","FEB","MAR","APR","MAY","JUN","JUL","AUG","SEP","
OCT","NOV","DEC" };
```

```
    if ((fout =  fopen(FileName, "wt")) = = NULL) {
        printf("Can not open file\n");
        exit(1);
    }
    printf("datelong    % 04d% 02d% 02d\n", year, mon, day);
    if (yr> 80) yr-= 100;
    printf("dateshort    % 02d% 02d% 02d\n", yr, mon, day);
    printf("datejpl      % 02d% 3s% 02d\n", yr, mons[mon-1], day);
    printf("yrobs        % 02d\n", yr);
    printf("longyr       % 04d\n", year);
    printf("yymm         % 02d% 02d\n", yr, mon);
    printf("moobs        % 02d\n", mon);
    printf("monthobs     % 3s\n", mons[mon-1]);
    printf("dayobs       % 02d\n", day);
    printf("ymdobs       % 04d-% 02d-% 02d\n", year, mon, day);
    printf("dmyobs       % 02d-% 3s-04d\n", day, mons[mon-1], year);
    printf("doy          % 03d\n", doy(year, mon, day));
    printf("decyr        % 9.4f\n", year +  doy(year, mon, day) / 365.25);
    printf("sec          % 12.6f\n", Date2Julian(year, mon, day, 0, 0, 0));
    printf("gpsweekobs   % 04d\n", gpsw(year, mon, day));
    printf("dayofweekobs % 1d\n", dow(year, mon, day));
}
```

输出：

```
datelong      20190901
dateshort     190901
datejpl       19sep01
yrobs         19
longyr        2019
yymm          1909
moobs         09
monthobs      sep
dayobs        01
hour          00
minute        00
ymdobs        2019-09-01
dmyobs        01-sep-2019
doy           244
decyr         2019.6671
sec           620568000.00000
gpsweekobs    2069
dayofweekobs  0
```

## 二、GPS 时计算

以 1980 年 1 月 6 日子夜为起点，用周数和周内秒数来表示，为 GPS 系统内部计时法。

#### 1. 通用时转换为 GPS 时

将通用时转换为 GPS 时，计算 GPS 周：

$$GPSweek = int[(JulianDay - 2\ 444\ 244.5)/7] \tag{2-2}$$

然后计算一周内的秒数：

$$GPSsecond = (JulianDay - 2\ 444\ 244.5 - GPSweek \times 7) \times 86\ 400 \tag{2-3}$$

**【例 2.3】** 据式(2-2)、式(2-3)计算 GPS 秒的功能。

```
double GPS_Second(int year, int mon, int day, int hour, int min, double sec) {
        double JD= Date2Julian(year,mon,day,hour,min,sec);
        int GPSw= gpsw(year,mon,day);
        return (JD-2444244.5-GPSw* 7)* 86400;
}
```

#### 2. GPS 时转换为通用时

利用式(2-1)～式(2-3)，首先将 GPS 时转换到儒略日，然后将儒略日转换到通用时。

**【例 2.4】** GPS 时转通用时间。

```
double julier(int year, int month, int day, int hour, int min, double sec) {
    if (month < = 2) {
        year = year-1;
        month = month + 12;
    }
    return floor(365.25* year) + floor(30.6001* (month + 1)) + day + 1.0* hour / 24
+ 1.0* min / 60 / 24 + 1.0* sec / 3600 / 24 + 1720981.5;
}
double GPS_Sec(int yr, int month, int day, int hour, int min, double sec) {
    return (julier(yr + 2000, month, day, hour, min, sec)-julier (2000, 1, 1, 12, 0,
0)) * 86400;
}
double sec2jd(double sec) {
    return sec / 86400.00 + 2451545.00;
}
```

## 三、年积日计算

年积日(day of year，DOY)，表示该天在当年的第多少天，GPS 测量中常用记数方法，多用于 RINEX 文件命名，如 bjfs1050.20o(表示 bjfs 站 2020 年第 105 天的第 1 个观测文件，即 2020 年 4 月 14 日)。其计算规则如下：1 月 1 日为 001，1 月 31 日为 031，2 月 1 日为 032，2 月28 日为 059，3 月 1 日为 060(如果当年为闰年，则 3 月 1 日为 61)，以此类推，12 月 31 日相应为 365(或为 366)。

【例 2.5】DOY 计算。

```
int leap(int year) {
    return (year % 4 = = 0 && year % 100 ! = 0) || (year % 100 = = 0 && year % 400 = = 0);
}
int doy(int year, int month, int day) {
    int i, doy = 0, months[13] = { 0,31,28,31,30,31,30,31,31,30,31,30,31 };
    if (leap(year)) months[2] + = 1;
    for (i = 1; i < = month; i+ + )
        doy + = months[i-1];
    return (doy + day);
}
```

## 四、儒略日及简化儒略日计算

儒略日是指从公元前 4713 年(天文学上记为－4712)1 月 1 日正午开始的天数，由 J. J. Scaliger在 1583 年提出。它的特点是连续且利于数学表达，但是不直观，转换时一般采用通用时进行处理。

### 1. 通用时转换到儒略日

$$JD = INT[365.25y] + INT[30.6001(m+1)] + D + UT/24 + 1\,720\,981.5 \quad (2\text{-}4)$$

其中：

$$\begin{cases} y=Y-1, m=M+12 & M\leqslant 2 \\ y=Y, m=M & M>2 \end{cases}$$

式中，JD 为儒略日；$Y$ 为年；$M$ 为月；$D$ 为日；UT 为世界时；INT[]表示取实数的整数部分。

【例 2.6】通用时转儒略日。

```
double Date2Julian(int year, int month, int day, int hour, int min, double sec) {
    if (month < = 2) {
        year = year-1;
        month = month + 12;
    }
    return floor(365.25* year) + floor(30.6001* (month + 1)) + day + 1.0* hour / 24
+ 1.0* min / 60 / 24 + 1.0* sec / 3600 / 24 + 1720981.5;
}
```

### 2. 儒略日转换到通用时

$$\begin{cases} D = b - d - INT[30.6001e] + FRAC[JD + 0.5] \\ M = e - 1 - 12 \times INT[e/14] \\ Y = c - 4715 - INT[(7+M)/10] \\ N = \mathrm{mod}\{INT[JD+0.5], 7\} \end{cases} \quad (2\text{-}5)$$

其中：

$$\begin{cases} a = \mathrm{INT}[\mathrm{JD} + 0.5] \\ b = a + 1537 \\ c = \mathrm{INT}[(b - 122.1)/365.25] \\ d = \mathrm{INT}[365.25 \times c] \\ e = \mathrm{INT}[(b - d)/30.6001] \end{cases}$$

式中，$N$ 为 GPS 因数，$N=0$，则对应星期一，$N=1$，则对应星期二，以此类推；$M$ 为月；$D$ 为日；$Y$ 为年；$a$、$b$、$c$、$d$ 为系数。

**【例 2.7】**由儒略日计算通用的年月日及 GPS 周。

```
int JD2ymd(double JD, int ymd[4]) {
    int a= (int)(JD+ 0.5);
    int b= a+ 1537;
    int c= (int)((b-122.1)/365.25);
    int d= (int)(365.25* c);
    int e= (int)((b-d)/30.60001);
    int D= b-d-(int)(30.60001* e)+ (int)(JD+ 0.5-((int)(JD+ 0.5)));
    int M= e-1-12* ((int)(e/14));
    int Y= c-4715-(int)((7+ M)/10);
    int N= ((int)(JD+ 0.5))% 7;
    ymd[0]= Y;
    ymd[1]= M;
    ymd[2]= D;
    ymd[3]= N;
    return 0 ;
}
```

## 五、GPS 周计算

GPS 周(GPS week)是 GPS 系统内部所采用的时间系统。时间零点的定义为：1980-01-06 00:00。最大时间单位是周(1 周：604 800s)。每 1024 周(即 7168d)为一循环周期。第一个 GPS 周循环点为 1999 年 8 月 22 日 0 时 0 分 0 秒，即从这一刻起，秒数重新从 0 开始算起。星期记数规则：Sunday 为 0，Monday 为 1，以此类推，依次记作 0～6，GPS 周记数(GPS week number)为“GPS 周星期记数”。例如，1980 年 1 月 6 日 0 时 0 分 0 秒的 GPS 周记作第 0 周，第 0 秒，2004 年 5 月 1 日 10 时 5 分 15 秒的 GPS 周记作第 1268 周，第 554 715 秒，GPS 周记数为 12 686，第 554 715 秒。

**【例 2.8】**由年月日计算 GPS 周。

```
int gpsw(int year, int mon, int day) {
    int i;
    int SumYr =  0;
    for (i =  1980; i< year; i+ + )
        SumYr + =  (365 +  leap(i));
    SumYr + =  doy(year, mon, day)-6;
    SumYr /=  7;
    return SumYr;
}
```

## JPL 格式转换

JPL 采用 YYMMMDD 的时间表示格式，其中 YY 表示两位的年，可以利用年份对 100 取模得到，MMM 为月份对应英文的前三位字母，DD 为日期。

**【例 2.9】** 年月日的时间表示格式与 JPL 的时间表示格式互换。

```
int jpl2ymd(char * jpl,int ymd[3]) {
    int yr     = atoi(substr(jpl, 0, 2));
    char * mon =  substr(jpl, 2, 3);
    int month = 0;
    int  day =  atoi(substr(jpl, 5, 2));
    int year =  1900 +  yr;
    if (yr< 80)  year =  year +  100;
    if(strstr(strupr(mon),"JAN")) month = 1 ;
    else if (strstr(strupr(mon),"FEB")) month =  2;
    else if (strstr(strupr(mon),"MAR")) month =  3;
    else if (strstr(strupr(mon),"APR")) month =  4;
    else if (strstr(strupr(mon),"MAY")) month =  5;
    else if (strstr(strupr(mon),"JUN")) month =  6;
    else if (strstr(strupr(mon),"JUL")) month =  7;
    else if (strstr(strupr(mon),"AUT")) month =  8;
    else if (strstr(strupr(mon),"SEP")) month =  9;
    else if (strstr(strupr(mon),"OCT")) month =  10;
    else if (strstr(strupr(mon),"NOV")) month =  11;
    else if (strstr(strupr(mon),"DEC")) month =  12;
    ymd[0]= year;
    ymd[1]= month ;
    ymd[2]= day;
    return 0;
}

int ymd2jpl(int year,int mon,int day,char jpl[8]) {
    char months[][4] =  { "JAN","FEB","MAR","APR","MAY","JUN","JUL","AGU","SEP",
"OCT","NOV","DEC" };
    int yr =  year % 100 ;
    sprintf(jpl, "% 02d% 3s% 02d", yr, months[mon-1], day);
    return 0;
}

char * substr(char * ch, int pos, int len) {...//字符串截取函数
    int i;
    char * pch =  ch;
    char * subch =  (char * )calloc(sizeof(char), len +  1);
    pch =  pch +  pos;
    for (i =  0; i< len; i+ + ) {
```

```
        subch[i] = * (pch+ + );
    }
    subch[len] = '\0';
    return subch;
}
```

# 第二节　角度计算

传统测量中经常进行测角，不可避免地涉及角度计算。角度分为60进制以及弧度制，如123°45′36″，可以表示为123.453 6，也可以表示为123.76°，其弧度值为2.160 019。因此，在程序设计时，输入输出可以采用多种方法。

## 一、角度转换成弧度

角度向弧度转换的公式为：

$$\text{rad} = \frac{\text{deg} \times \text{PI}}{180^{\circ}} \tag{2-6}$$

**【例2.10】**根据式(2-6)，实现角度(分别采用度、度分秒、度.分分秒秒三种格式)向弧度的转换。

```
# define PI 3.141592659
double deg2rad(double deg) {
    return deg* PI / 180.0;
}

double deg2rad(int deg, int min, double sec) {
    return(deg + min / 60.0 + sec / 3600.0)* PI / 180;
}

double Deg2Rad(doubledms) {//将度.分秒形式化为弧度:输入度.分秒形式,输出弧度
    int deg,min;
    double sec;
    double angle;
    deg = (int)(dms);
    dms = (dms-deg) * 100;
    min = (int)(dms);
    sec = (dms-min) * 100;
    angle = du + min / 60.0 + sec / 3600;
    return angle * PI / 180;
}
```

## 二、弧度转换成角度

弧度向角度转换的公式：

$$\text{deg} = \frac{\text{rad} \times 180^{\circ}}{\text{PI}} \tag{2-7}$$

**【例 2.11】**根据式(2-7),实现弧度向角度的转换。

```
double rad2deg(double rad) {//输出为度
    return rad * 180 / PI;
}

int Rad2Deg(double rad, int * deg, int * min, double * sec) {
    double ddd = rad* R2D;
    * deg = (int)(ddd);
    * min = (int)((ddd-* deg) * 60);
    * sec = (ddd-* deg-* min / 60.0) * 3600;
    return 0;
}

double Rad2Deg(double rad) {//弧度化为度.分秒的形式:输入弧度值,输出度.分秒(各占两位)
    int deg, min;
    double sec;
    rad = rad * 180/PI;
    deg = (int)(rad);
    rad = (rad-deg) * 60;
    min = (int)(rad);
    sec = (rad-min) * 60;
    return deg + min/100.0 + sec/10000.0;
}
```

## 三、方位角计算

坐标方位角的转化和计算如表 2-1 所示。

**表 2-1　坐标方位角的转化和计算**

| $\Delta y_{AB}$ | $\Delta x_{AB}$ | 坐标方位角 |
|---|---|---|
| + | + | $\alpha_{AB}$ |
| + | − | $180-\alpha_{AB}$ |
| − | − | $180+\alpha_{AB}$ |
| − | + | $360-\alpha_{AB}$ |

**【例 2.12】**参照表 1-2,采用两种方式(一种是输入 $x$、$y$ 坐标的 4 个参数,另一种是输入坐标差)实现坐标方位角的计算。

```
double azimuth(double x1, double y1, double x2, double y2) {
    double dx = x2-x1;
    double dy = y2-y1;
    double quad;
    if (dx = = 0 && dy> 0) return 90;
    if (dx = = 0 && dy< 0) return 270;
```

```
    quad = atan(fabs(dy / dx));
    if (dx> 0 && dy> 0) quad = quad;
    if (dx> 0 && dy< 0) quad = 2 * PI-quad;
    if (dx< 0 && dy> 0) quad = PI-quad;
    if (dx< 0 && dy< 0) quad = PI + quad;
    return quad * 180 /PI;
}
double angle(double dx, double dy) {
    double alpha = atan(dy/dx);
    if(dy> 0) {
        if(dx> 0) return alpha;
        else    return 180-alpha;
    }
    else{
        if(dx> 0) return 360-alpha;
        else return 180 + alpha;
    }
}
```

# 第三节　坐标计算

在测量中，一般主要采用交会的方式进行坐标计算，交会主要有前方交会、后方交会和测边交会。

## 一、交会定点

### 1. 前方交会

前方交会一般采用变形的戎格公式进行计算：

$$\begin{cases} x_3 = \dfrac{x_1 \cot 2 + x_2 \cot 1 - y_1 + y_2}{\cot 1 + \cot 2} \\ y_3 = \dfrac{y_1 \cot 2 + y_2 \cot 1 + x_1 - x_2}{\cot 1 + \cot 2} \end{cases} \tag{2-8}$$

**【例 2.13】**参照式(2-8)，采用两种方法实现前方交会的计算。

```
Point ForeIntersecPos(Point a, Point b, double A, double B) {//利用结构体作为参数，返回结构体
    double ctgA = 1.0 / tan(A* PI / 180.0);
    double ctgB = 1.0 / tan(B* PI / 180.0);
    double ctgAB = (ctgA + ctgB);
    Point p = { 0 , 0 };
    p.x = (a.x* ctgB + b.x* ctgA + b.y-a.y) / ctgAB;
    p.y = (a.y* ctgB + b.y* ctgA + a.x-b.x) / ctgAB;
    return p;
```

```
}
int ForeIntersecPos(Point a, Point b, double A, double B, Point * p) {//以结构体为参数,通过结构体指针参数返回结果
    double ctgA = 1.0 / tan(A* PI / 180.0);
    double ctgB = 1.0 / tan(B* PI / 180.0);
    double ctgAB = (ctgA + ctgB);
    p-> x = (a.x* ctgB + b.x* ctgA + b.y-a.y) / ctgAB;
    p-> y = (a.y* ctgB + b.y* ctgA + a.x-b.x) / ctgAB;
    return 0;
}
```

**2. 后方交会**

后方交会一般采用仿戎格公式进行计算：

$$\begin{cases} x_P = \dfrac{P_A \cdot x_A + P_B \cdot x_B + P_C \cdot x_C}{P_A + P_B + P_C} \\ y_P = \dfrac{P_A \cdot y_A + P_B \cdot y_B + P_C \cdot y_C}{P_A + P_B + P_C} \end{cases} \tag{2-9}$$

而：

$$\begin{cases} P_A = \dfrac{1}{\cot A - \cot\alpha} \\ P_B = \dfrac{1}{\cot B - \cot\beta} \\ P_C = \dfrac{1}{\cot C - \cot\gamma} \end{cases} \tag{2-10}$$

$$\begin{cases} \cot A = \dfrac{(x_B - x_A)(x_C - x_A) + (y_B - y_A)(y_C - y_A)}{(x_B - x_A)(y_C - y_A) - (y_B - y_A)(x_C - x_A)} \\ \cot B = \dfrac{(x_C - x_B)(x_A - x_B) + (y_C - y_B)(y_A - y_B)}{(x_C - x_B)(y_A - y_B) - (y_C - y_B)(x_A - x_B)} \\ \cot C = \dfrac{(x_A - x_C)(x_B - x_C) + (y_A - y_C)(y_B - y_C)}{(x_A - x_C)(y_B - y_C) - (y_A - y_C)(x_B - x_C)} \end{cases} \tag{2-11}$$

$$\begin{cases} \alpha = d_{PC} - d_{PB} \\ \beta = d_{PA} - d_{PC} \\ \gamma = d_{PB} - d_{PA} \end{cases} \tag{2-12}$$

式中，$d_{PC}$表示点 $P$ 到点 $C$ 的方向角。

**【例 2.14】**依据上述公式计算后方交会，函数返回结构体。

```
Point RearIntersecPos(Point a, Point b, Point c, double ABC[3]) {
    double xba = b.x-a.x;
    double xca = c.x-a.x;
    double xcb = c.x-b.x;
    double yba = b.y-a.y;
    double yca = c.y-a.y;
    double ycb = c.y-b.y;
    double cots[3], ps[3], sp = 0.0;
```

```
    Point p = { 0,0 };
    cots[0] = (xba* xca + yba* yca) / (xba* yca-yba* xca);
    cots[1] = (xcb* xba + ycb* yba) / (xcb* yba-ycb* xba);
    cots[2] = (xca* xcb + yca* ycb) / (xca* ycb-yca* xcb);
    for (i = 0; i< 3; i+ + ) {
        ps[i] = 1.0 / (cots[i]-1.0 / (ABC[i]));
        sp + = ps[i];
    }
    p.x = (ps[0] * a.x + ps[1] * b.x + ps[2] * c.x) / sp;
    p.y = (ps[0] * a.y + ps[1] * b.y + ps[2] * c.y) / sp;
    return p;
}
```

**3. 测边交会**

如图 2-1 所示，已知 $A$ 点、$B$ 点的坐标，通过测量 $AP$ 及 $BP$ 之间的距离（水平面内）即可求出点 $P$ 的坐标。这种定位方法就是测边交会。

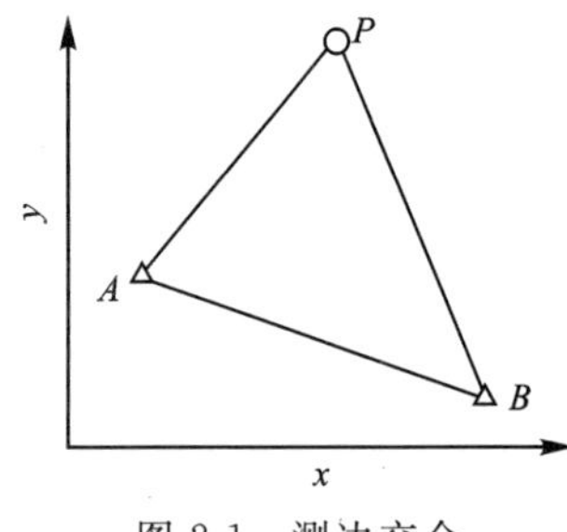


图 2-1　测边交会

测边交会计算公式：

$$AB = \sqrt{(x_B - x_A)^2 + (y_B - y_A)^2} \tag{2-13}$$

$$S = \sqrt{(AB + AP + BP)(-AB + AP + BP)(AB - AP + BP)(AB + AP - BP)} \tag{2-14}$$

$$\begin{cases} x_P = \dfrac{x_A(AB^2 + BP^2 - AP^2) + x_B(AB^2 + AP^2 - BP^2) + \mathrm{sign}n \cdot S \cdot (y_A - y_B)}{2 \cdot AB^2} \\ y_P = \dfrac{y_A(AB^2 + BP^2 - AP^2) + y_B(AB^2 + AP^2 - BP^2) + \mathrm{sign}n \cdot S \cdot (x_B - x_A)}{2 \cdot AB^2} \end{cases} \tag{2-15}$$

ABP 顺时针排序，sign$n$=1；反之，sign$n$=－1。

**【例 2.15】**测边交会计算：结构体为参数，考虑点号顺时针、逆时针排序的情况，返回结构体值。

```
Point EdgeIntersecPos(Point a, Point b, double ap,double bp,int sign) {
    Point p = { 0,0 };
    double ab= sqrt((a.x-b.x)* (a.x-b.x)+ (a.y-b.y)* (a.y-b.y));
    double S= sqrt((ab+ ap+ bp)* (-ab + ap + bp)* (ab-ap + bp)* (ab + ap-bp));
```

```
    p.x = 0.5* (a.x* (ab* ab + bp* bp-ap* ap) + b.x* (ab* ab + ap* ap-bp* bp) + sign* S* (a.y-b.y)) / (ab* ab);
    p.y = 0.5* (a.y* (ab* ab + bp* bp-ap* ap) + b.y* (ab* ab + ap* ap-bp* bp) + sign* S* (b.x-a.x)) / (ab* ab);
    return p;
}
```

## 二、坐标正反算

坐标反算是指根据直线的起点和终点的坐标计算直线水平距离和坐标方位角的过程。坐标反算一般主要应用于测绘工程、建设工程之中，具体在建筑设计、工程测量、测绘制图等领域。坐标正反算计算分为坐标正算和坐标反算两种。坐标正算已知一个点、点间的坐标方位角和距离，求取另外一个点的坐标；坐标反算为已知两个点坐标，求取坐标方位角和距离。

### 1. 坐标正算

坐标正算：已知一个点的坐标，且它至计算点的坐标方位角和距离已知，求计算点的坐标，主要是计算坐标的增量。

$$\begin{cases} x_2 = x_1 + \Delta x_{12} = x_1 + D_{12}\cos T_{12} \\ y_2 = y_1 + \Delta y_{12} = y_1 + D_{12}\sin T_{12} \end{cases} \tag{2-16}$$

**【例 2.16】**坐标增量计算，返回值为数值。

```
double * coord_incr(double xa, double ya, double dis, double a) {
    double xy[2]= {0,0};
    xy[0]= xa+ dis* cos(PI* a/180);
    xy[1]= ya+ dis* sin(PI* a/180);
    return xy;
}
```

### 2. 坐标反算

坐标反算：已知两个点的坐标，计算其坐标方位角和距离。

$$\begin{cases} \alpha_{AB} = \arctan\dfrac{y_B - y_A}{x_B - x_A} \\ S_{AB} = \sqrt{(x_B - x_A)^2 + (y_B - y_A)^2} \end{cases} \tag{2-17}$$

**【例 2.17】**坐标反算，增加 opt 参数，选择输出结果是距离还是角度。

```
double CoordInv(double xa, double ya, double xb, double yb, int opt) {
    switch(opt) {
        case 0: return atan((yb-ya)/( xb-xa));
        case 1: return sqrt((yb-ya)* (yb-ya) + (xb-xa)* (xb-xa));
    }
}
```

# 第四节　距离计算

在平面坐标系中，两点间的距离为平面距离；在测量中，两点间的距离为空间距离，即几何距离。也有其他的距离方式，如球面距离、出租车距离等。球面距离涉及大地测量知识，在后面的代码中有具体介绍。

## 一、几何距离计算

几何距离是指空间上两点之间的距离，计算公式如式(2-18)所示。

$$S_{ij} = \sqrt{(X_j - X_i)^2 + (Y_j - Y_i)^2 + (Z_j - Z_i)^2} \tag{2-18}$$

**【例 2.18】**参照式(2-18)进行几何距离计算。

```
double dist(double x1, double y1, double x2, double y2) {
    double dx =  x1-x2;
    double dy =  y1-y2;
    return sqrt(dx* dx +  dy* dy );
}
double dist(double x1, double y1, double x2, double y2, double z1, double z2) {
    double dx =  x1-x2;
    double dy =  y1-y2;
    double dz =  z1-z2;
    return sqrt(dx* dx +  dy* dy +  dz* dz);
}
```

## 二、其他距离计算

出租车行进的距离一般称为曼哈顿距离，即其行进路线为折线形式，计算公式如式(2-19)所示。

$$D(i,j) = |x_i - x_j| + |y_i - y_j| \tag{2-19}$$

参照式(2-19)进行曼哈顿距离计算。

```
double manhadist(double x1, double y1, double x2, double y2) {
    return abs(x1-x2) +  fabs(y1-y2);
}
```

# 第五节　高程计算

高程计算分为水准高差测量和三角高程测量。水准高差测量采用水准仪进行外业数据采集，只测量高差。三角高程测量需要采集距离和角度，计算高差。

## 一、水准高差高计算

水准高差测量分为野外数据采集处理以及室内的高程配赋。野外数据采集主要采用如表 2-2 所示的水准记录表格。

**表 2-2　水准记录表格**

| 测站编号 | 视准点 | 后尺 上丝 | 前尺 上丝 | 方向及尺号 | 水准尺读数 | | 黑＋$K$－红 | 平均高差 |
|---|---|---|---|---|---|---|---|---|
| | | 下丝 | 下丝 | | 黑面尺 | 红面尺 | | |
| | | 后视距 | 前视距 | | | | | |
| | | 视距差 $d_1$/m | 视距差 $d_2$/m | | | | | |
| 1 | | (1) | (4) | 后 | (3) | (8) | (14) | (18) |
| | | (2) | (5) | 前 | (6) | (7) | (13) | |
| | | (9) | (10) | 后－前 | (15) | (16) | (17) | |
| | | (11) | (12) | | | | | |
| | 点 $A$ | 1402 | 1343 | 后 103 | 1289 | 6073 | ＋3 | ＋0.066 |
| | ↓ | 1173 | 1100 | 前 104 | 1221 | 6010 | －2 | |
| | TP.1 | 22.9 | 24.3 | 后－前 | ＋0.068 | ＋0.063 | ＋5 | |
| | （测站编号） | －1.4 | －1.4 | ＋0.066 | | | | |

**【例 2.19】** 测站水准数据采集：参照表 2-2，依据野外作业流程，设计测站上的观测量的结构体。一个测站上结果输出的结构体，结构体包含的变量实现了表 2-2 中所有计算量的计算。

```
struct Obs_Level {
    int RBtop;  //  Rear_Back_top          1
    int RBbot;  //  Rear_Back_bottom       2
    int RBcen;  //  Rear_Back_center       3
    int FBtop;  //  Front_Back_top         4
    int FBbot;  //  Front_Back_bottom      5
    int FBcen;  //  Front_Back_center      6
    int FRcen;  //  Front_Red_center       7
    int RRcen;  //  Rear_Red_center        8
};
struct Calc_Level {
    double  RVdis ;    //  Rear_view_distance            9
    double  FVdis ;      //  Front_view_distance         10
    double  RmF   ;    //  RearDist-FrontDist            11
    double  Acc   ;    //  Accumulate RmF                12
    int   FBKmR   ;    //  6 +  4687/4787-7              13
    int   RBKmR   ;    //  8 +  4687/4787-3              14
    int   BHdiff  ;    //  3-6                           15
    int   RHdiff  ;    //  8-7                           16
    int   Chk17   ;  //   14-13 =  15-16                 17
    double Hdiff  ;    //  Height Difference             18
};
int  Stalevel(Obs_Level sta,int K,Calc_Level * Seg){
    int RBtop =  sta.RBtop;
```

```
    int RBbot =  sta.RBbot;
    int RBcen =  sta.RBcen;
    int FBtop =  sta.FBtop;
    int FBbot =  sta.FBbot;
    int FBcen =  sta.FBcen;
    int RRcen =  sta.RRcen;
    int FRcen =  sta.FRcen;
    int i =  0;
    if (fabs(RBtop +  RBbot-2 *  RBcen)> 5) {
        printf("view read error\n");
        return 1;
    }
    if (fabs(FBtop +  FBbot-2 *  FBcen)> 5) {
        printf("view read error\n");
        return 2;
    }
    int RVdis =  RBtop-RBbot; // 9
    int FVdis =  FBtop-FBbot; // 10
    double RmF =  (RVdis-FVdis) / 10.0; // 11
    double Acc =  Seg-> Acc ;
    if (fabs(RmF-5.00)< 0.0001) {
        printf("view distance outflow\n");
        return 3;
    }
    Acc + =  RmF;  //12
    if (fabs(Acc-10)< 0.0001) {
        printf("accumlative view distance outflow\n");
        return 4;
    }
    int RBKmR =  RBcen +  K-RRcen; //14
    int FBKmR =  FBcen +  K-FRcen; //13
    int BHdiff =  RBcen-FBcen; //15;
    int RHdiff =  RRcen-FRcen; //16;
    int Chk17 =  BHdiff-RHdiff; //17
    if (fabs(RBKmR)> 5 || fabs(RBKmR)> 5 || fabs(Chk17)> 5)   return 5;
    double Hdiff =  (BHdiff +  RHdiff) / 2.0; //18
    Seg-> RVdis =  RVdis* 0.1;
    Seg-> FVdis =  FVdis* 0.1;
    Seg-> RmF =  RmF;
    Seg-> Acc =  Acc;
    Seg-> FBKmR =  FBKmR ;
    Seg-> RBKmR =  RBKmR ;
    Seg-> BHdiff =  BHdiff ;
    Seg-> RHdiff =  RHdiff ;
    Seg-> Chk17 =  Chk17 ;
    Seg-> Hdiff =  Hdiff / 1000.0;
    return 0;
}
```

## 二、三角高程计算

一般三角高程计算需要进行往返对向观测，精密三角高程测量还要考虑地球折光影响。三角高程计算流程如图 2-2 所示。

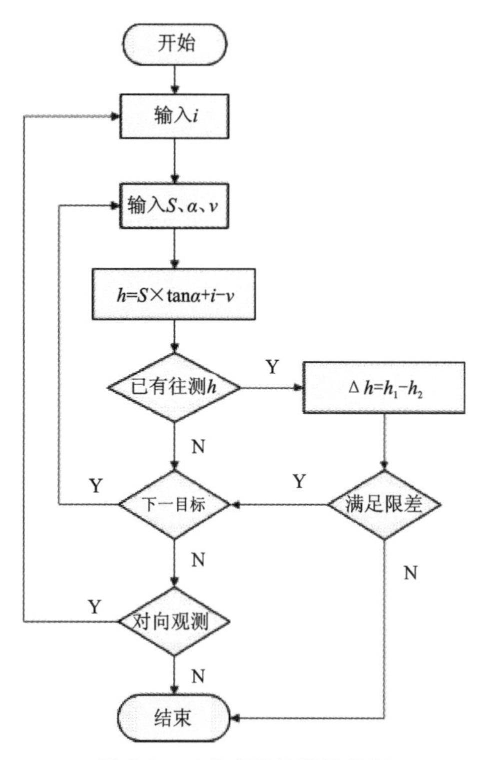


图 2-2　三角高程计算流程图

三角高程测量：

$$h = S \cdot \tan\alpha + i - v \tag{2-20}$$

精密三角高程：

$$h = \frac{1}{2}[(D_{12} \cdot \sin\alpha_{12} - D_{21} \cdot \sin\alpha_{21}) + i_1 - v_1 - i_2 + v_2] \tag{2-21}$$

**【例 2.20】**三角高程测量计算(精密三角高程计算需要在此基础上再增加一个往返观测)。

```
double TriHgt(double dis, double alphaV, double i, double v) {
    return dis* tan(alphaV* PI / 180.0) + i-v;
}
```

# 第六节　图根导线计算

根据直线起点的坐标、直线长度及其坐标方位角计算直线终点坐标的过程被称为坐标正算。

已知直线 $AB$ 起点 $A$ 的坐标为 $(x_A, y_A)$，$AB$ 的边长及坐标方位角分别为 $D_{AB}$ 和 $\alpha_{AB}$，需计算直线终点 $B$ 的坐标 $(x_B, y_B)$（图 2-3）。直线两端点 $A$、$B$ 的坐标值之差被称为坐标增量，用 $\Delta x_{AB}$、$\Delta y_{AB}$ 表示。

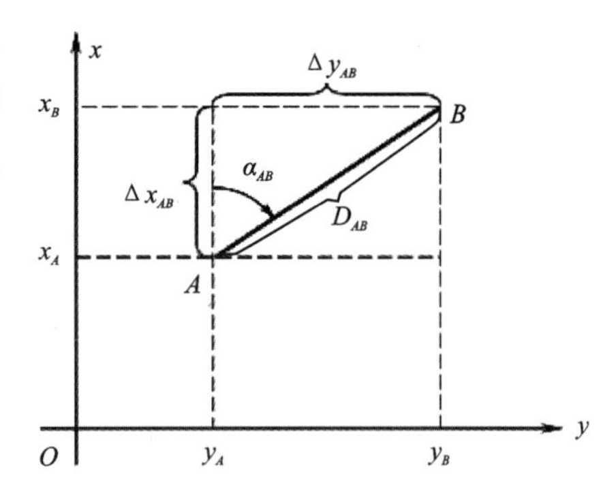

图 2-3　坐标正算与反算

坐标正算：

$$\begin{cases} x_B = x_A + \Delta x_{AB} \\ y_B = y_A + \Delta y_{AB} \end{cases} \tag{2-22}$$

坐标增量：

$$\begin{cases} \Delta x_{AB} = x_B - x_A = D_{AB} \cdot \cos\alpha_{AB} \\ \Delta y_{AB} = y_B - y_A = D_{AB} \cdot \sin\alpha_{AB} \end{cases} \tag{2-23}$$

坐标反算：

$$\begin{cases} D_{AB} = \sqrt{\Delta x_{AB}^2 + \Delta y_{AB}^2} \\ \alpha_{AB} = \tan^{-1}\left(\dfrac{\Delta y_{AB}}{\Delta x_{AB}}\right) \end{cases} \tag{2-24}$$

**【例 2.21】**图根导线计算：该程序设计了角度的结构体、控制点和观测点结构体，设计了角度计算子函数。

```
# define MaxSurvPoints 20
# define MaxCtrlPoints 4
# define PI (atan(1.0)* 4.0)
struct DMS {
    int deg;
    int min;
    int sec;
};
struct CtrlPoint {
    int id;
    double x;
    double y;
    int dd;
    int mm;
    int ss;
}cpts[MaxCtrlPoints];
struct SurvPoint {
    int id;
    double x;
    double y;
    int dd;
    int mm;
    int ss;
    double dist;
}spts[MaxSurvPoints], cspts[MaxSurvPoints], lspts[MaxSurvPoints];
int main() {
```

```
    FILE * fp, * fp1;
    int i, SumAng, NumSurv;
    int NumCtrl, Method;
    double fBeta;
    int id;
    double tmpx, tmpy;
    int tmpdd, tmpmm, tmpss;
    double Xab, Yab, fAllocBeta, fAllowBeta;
    double SumDists, fx, fy, fs, K, SumDeltaX, SumDeltaY;
    struct DMS TempDMS, SumSurvAng, TempSumSurvAng;
    double DeltaX[MaxSurvPoints], DeltaY[MaxSurvPoints];
    SumDists = 0;
    TempDMS.deg = 0;
    TempDMS.min = 0;
    TempDMS.sec = 0;
    SumDeltaX = 0;
    SumDeltaY = 0;
    if ((fp = fopen("DXdataA.txt", "rt")) = = NULL) {
        printf("cant open the file");
        exit(0);
    }
    if ((fp1 = fopen("TraverseOutput.txt", "wt")) = = NULL) {
        printf("cant open the file");
        exit(0);
    }
    fscanf(fp, "% d % d % d", &NumSurv, &NumCtrl, &Method);
    fprintf(fp1, "\n= = = = = = = = Control parameters = = = = = = = = \n");
    fprintf(fp1, "Surv points : % d \nCtrl points : % d \nMethod is   : % d\n\n", Num-
Surv, NumCtrl, Method);
    printf("Surv points : % d \nCtrl points : % d \nMethod is   : % d\n\n", NumSurv,
NumCtrl, Method);
    fprintf(fp1, "\n= = = = = = = = Origin Observation Lists = = = = = = = = \n");
    fprintf(fp1, "\n= = = = = = = = = =  Control Point Lists = = = = = = = = = =  \n");
    fprintf(fp1, "Name   CoordinateX    CoordinateY         Angle\n");
    for (i = 0; i< NumCtrl; i+ + ) {
         fscanf(fp, "% d % lf % lf % d % d % d", &id, &tmpx, &tmpy, &tmpdd, &tmpmm,
&tmpss);
        cpts[i].x = tmpx;
        cpts[i].y = tmpy;
        cpts[i].dd = tmpdd;
        cpts[i].mm = tmpmm;
        cpts[i].ss = tmpss;
        cpts[i].id = id;
        fprintf(fp1, "% 4.4d\t% 7.3f\t% 7.3f\t% 3.3d-% 2.2d-% 2.2d\n", cpts[i].id,
cpts[i].x, cpts[i].y, cpts[i].dd, cpts[i].mm, cpts[i].ss);
        printf("% 4.4d\t% 7.3f\t% 7.3f\t% 3.3d-% 2.2d-% 2.2d\n", cpts[i].id, cpts
[i].x, cpts[i].y, cpts[i].dd, cpts[i].mm, cpts[i].ss);
```

```
    }
    Xab = cpts[1].x-cpts[0].x;
    Yab = cpts[1].y-cpts[0].y;
    fprintf(fp1, "\n= = = = = = = = Delta XY of Control Points = = = = = = = = \n");
    fprintf(fp1, "\nDeltaXAB : % 10.3f\tDeltaYAB : % 10.3f\n\n", Xab, Yab);
    printf("\nDeltaXAB : % 10.3f\tDeltaYAB : % 10.3f\n\n", Xab, Yab);
    SumSurvAng.deg = 0;
    SumSurvAng.min = 0;
    SumSurvAng.sec = 0;
    fprintf(fp1, "\n= = = = = = = = = Observation Point Lists = = = = = = = = \n");
    fprintf(fp1, "Name      Angle        Distance\n");
    for (i = 0; i< NumSurv; i+ + ) {
        fscanf(fp, "% d% d% d% d% lf\n", &spts[i].id, &spts[i].dd, &spts[i].mm,
&spts[i].ss, &spts[i].dist);
        fprintf(fp1, "% 4.4d\t% 3.3d-% 2.2d-% 2.2d\t% 7.3f\n", spts[i].id, spts[i].
dd, spts[i].mm, spts[i].ss, spts[i].dist);
        printf("% 4.4d\t% 3.3d-% 2.2d-% 2.2d\t% 7.3f\n", spts[i].id, spts[i].dd,
spts[i].mm, spts[i].ss, spts[i].dist);
        DMSAdd(SumSurvAng.deg, SumSurvAng.min, SumSurvAng.sec, spts[i].dd, spts
[i].mm, spts[i].ss, &TempSumSurvAng);
        SumSurvAng.deg = TempSumSurvAng.deg;
        SumSurvAng.min = TempSumSurvAng.min;
        SumSurvAng.sec = TempSumSurvAng.sec;
        SumDists + = spts[i].dist;
    }
    fprintf(fp1, "\n= = = = = = = = = Summary Information = = = = = = = = = \n");
    fprintf(fp1, "Summary Dist : % 10.3f\n", SumDists);
    fprintf(fp1, "Summary Angl : % 3.3d-% 2.2d-% 2.2d\n", SumSurvAng.deg, SumSur-
vAng.min, SumSurvAng.sec);
    printf("Summary Dist : % 10.3f(m)\n", SumDists);
    printf("Summary Angl : % 3.3d-% 2.2d-% 2.2d\n", SumSurvAng.deg, SumSurvAng.min,
SumSurvAng.sec);
    DMSAdd(SumSurvAng.deg, SumSurvAng.min, SumSurvAng.sec, cpts[0].dd, cpts[0].mm,
cpts[0].ss, &TempSumSurvAng);
    DMSMinus(TempSumSurvAng.deg, TempSumSurvAng.min, TempSumSurvAng.sec, cpts[1].
dd, cpts[1].mm, cpts[1].ss, &TempDMS);
    fBeta = TempDMS.min * 60 + TempDMS.sec;
    if (TempDMS.deg = = 359) {
        fBeta -= 3600;
    }
    fAllowBeta = 40 * sqrt(NumSurv);
    fprintf(fp1, "\n= = = = = = = = = = Error Calculation = = = = = = = = = = \n");
    fprintf(fp1, "Survey ClosalAngle : % f\n", fBeta);
    fprintf(fp1, "Allow  ClosalAngle : % 5.1f\n", fAllowBeta);
    printf("ClosalAngle : % f(s)\n", fBeta);
    printf("Allow Value : % 5.1f(s)\n", fAllowBeta);
```

```
    if (fabs(fBeta) > =  fAllowBeta) {
        printf("Error exceed the allowed error\n");
        exit(1);
    }
    fAllocBeta =  -fBeta / NumSurv;
    fprintf(fp1, "\n= = = = = = = = = =  Angle Corrections = = = = = = = = = =  \n");
    fprintf(fp1, "\nEach angle alloc corr value : % 3.1f\n", fAllocBeta);
    fprintf(fp1, "\nName     Before             After  % f\n", fAllocBeta);
    for (i =  0; i< NumSurv; i+ + ) {
        DMSAdd(spts[i].dd, spts[i].mm, spts[i].ss, 0, 0, fAllocBeta, &TempDMS);
        cspts[i].dd =  TempDMS.deg;
        cspts[i].mm =  TempDMS.min;
        cspts[i].ss =  TempDMS.sec;
        fprintf(fp1, "% 4.4d\t% 3.3d-% 2.2d-% 2.2d\t", spts[i].id, spts[i].dd, spts
[i].mm, spts[i].ss);
        fprintf(fp1, "% 3.3d-% 2.2d-% 2.2d\n", cspts[i].dd, cspts[i].mm, cspts[i].ss);
        printf("% 4.4d\t% 3.3d-% 2.2d-% 2.2d\t", spts[i].id, spts[i].dd, spts[i].mm,
spts[i].ss);
        printf("% 3.3d-% 2.2d-% 2.2d\n", cspts[i].dd, cspts[i].mm, cspts[i].ss);
    }
    fprintf(fp1, "\n= = = = = = = = =  Coordinate Delta Lists = = = = = = = = =  \n");
    fprintf(fp1, "\nName      Angle           Dx            Dy \n");
    for (i =  0; i< NumSurv; i+ + ) {
        if (i = =  0) {
            DMSAdd(cpts[0].dd +  180, cpts[0].mm, cpts[0].ss, cspts[i].dd, cspts[i].
mm, cspts[i].ss, &TempDMS);
        }
        else {
            DMSAdd(lspts[i-1].dd +  180, lspts[i-1].mm, lspts[i-1].ss, cspts[i].dd,
cspts[i].mm, cspts[i].ss, &TempDMS);
        }
        lspts[i].dd =  TempDMS.deg;
        lspts[i].mm =  TempDMS.min;
        lspts[i].ss =  TempDMS.sec;
        DeltaX[i] =  spts[i].dist* cos(Deg2Rad(lspts[i].dd, lspts[i].mm, lspts[i].ss));
        DeltaY[i] =  spts[i].dist* sin(Deg2Rad(lspts[i].dd, lspts[i].mm, lspts[i].ss));
        SumDeltaX + =  DeltaX[i];
        SumDeltaY + =  DeltaY[i];
        fprintf(fp1, "% 4.4d\t% 3.3d-% 2.2d-% 2.2d\t% 7.3f\t% 7.3f\n", spts[i].id,
lspts[i].dd, lspts[i].mm, lspts[i].ss, DeltaX[i], DeltaY[i]);
        printf("% 4.4d\t% 3.3d-% 2.2d-% 2.2d\t% 7.3f\t% 7.3f\n", spts[i].id, lspts
[i].dd, lspts[i].mm, lspts[i].ss, DeltaX[i], DeltaY[i]);
    }
    fx =  SumDeltaX-Xab;
    fy =  SumDeltaY-Yab;
    fs =  sqrt(fx* fx +  fy* fy);
```

```
    K = SumDists / fs;
    fprintf(fp1, "\n= = = = = = Coordinate Summary Information = = = = = = \n");
    fprintf(fp1, "\n    fx          fy              fs              CalcK  AllowedK\n");
    fprintf(fp1, "% 8.3f\t% 8.3f\t% 8.3f\t% 10.1f\t% d\n", fx, fy, fs, K, 4000);
    printf("Surveyd K : % .1f\nAllowed K : % d\n", K, 4000);
    if (K< 4000) {
        printf("K exceed the error\n");
        exit(3);
    }
    fprintf(fp1, "\n= = = = = = = = Coordinate Supp Correct = = = = = = = = \n");
    fprintf(fp1, "\nName       Deltax            DeltaY\n");
    for (i = 0; i< NumSurv; i+ + ) {
        fprintf(fp1, "% 4.4d\t% 8.3f\t% 8.3f\n", spts[i].id, -fx* spts[i].dist /
SumDists, -fy* spts[i].dist / SumDists);
        printf("% 4.4d\t% 8.3f\t% 8.3f\n", spts[i].id, -fx* spts[i].dist / SumDists,
-fy* spts[i].dist / SumDists);
    }
    fprintf(fp1, "\n= = = = = = = = = = Coordinate Supp = = = = = = = = = = \n");
    fprintf(fp1, "\nName     Deltax           DeltaY \n");
    for (i = 0; i< NumSurv; i+ + ) {
        lspts[i].x = DeltaX[i]-fx* spts[i].dist / SumDists;
        lspts[i].y = DeltaY[i]-fy* spts[i].dist / SumDists;
        fprintf(fp1, "% 4.4d\t% 8.3f\t% 8.3f\n", spts[i].id, lspts[i].x, lspts[i].y);
        printf("% 4.4d\t% 8.3f\t% 8.3f\n", spts[i].id, lspts[i].x, lspts[i].y);
    }
    for (i = 0; i< NumSurv; i+ + ) {
        if (i = = 0) {
            lspts[i].x + = cpts[0].x;
            lspts[i].y + = cpts[0].y;
        }
        else {
            lspts[i].x + = lspts[i-1].x;
            lspts[i].y + = lspts[i-1].y;
        }
    }
    if ((fabs(fabs(lspts[i-1].x)-cpts[1].x)< 0.001) && (fabs(fabs(lspts[i-1].x)-
cpts[1].x)< 0.001)) {
        printf("\n\tSuccess Solutions\n");
    }
    else {
        printf("\n\tFailed  Solutions\n");
    }
    fprintf(fp1, "\n = = = = = = = = Trans Coordinate (Result) = = = = = = = = \n");
    fprintf(fp1, "\nName          X           Y \n");
    fprintf(fp1, "% 4.4d % 10.3f % 10.3f\n", cpts[0].id, cpts[0].x, cpts[0].y);
    for (i = 0; i< NumSurv; i+ + ) {
```

```
        fprintf(fp1, "% 4.4d % 10.3f % 10.3f\n", spts[i].id, lspts[i].x, lspts[i].y);
        printf("% 4.4d % 10.3f % 10.3f\n", spts[i].id, lspts[i].x, lspts[i].y);
    }
    fprintf(fp1, "% 4.4d % 10.3f % 10.3f\n", cpts[1].id, cpts[1].x, cpts[1].y);
    fclose(fp);
    fclose(fp1);
    printf("\n\tNormal exit\n");
}
struct DMS * DMSMinus (int degsA, int minsA, int secsA, int degsB, int minsB, int
secsB, struct DMS * tdms){
    int sec1, min1, deg1, flag;
    degsA + = 359;
    minsA + = 59;
    secsA + = 60;
    flag = 0;
    sec1 = secsA-secsB;
    if (sec1 > = 60) {
        sec1-= 60;
        flag = 1;
    }
    min1 = minsA-minsB + flag;
    if (min1 > = 60) {
        min1-= 60;
        flag = 1;
    }
    else flag = 0;
    deg1 = degsA-degsB + flag;
    if (deg1 > = 360) deg1-= 360;
    (* tdms).deg = deg1;
    (* tdms).min = min1;
    (* tdms).sec = sec1;
    return tdms;
}

struct DMS * DMSAdd(int degsA, int minsA, int secsA, int degsB, int minsB, int secsB,
struct DMS * tdms){
    int sec1, min1, deg1, flag;
    flag = 0;
    sec1 = secsA + secsB;
    if (sec1 > = 60) {
        sec1 -= 60;
        flag = 1;
    }
    if (sec1< 0) {
        sec1 + = 60;
        flag = -1;
```

```
    }
    min1 = minsA + minsB + flag;
    if (min1 > = 60) {
        min1 -= 60;
        flag = 1;
    }
    else  flag = 0;
    deg1 = degsA + degsB + flag;
    if (deg1 > = 360) {
      deg1 -= 360;
    }
    (* tdms).deg = deg1;
    (* tdms).min = min1;
    (* tdms).sec = sec1;
    return tdms;
}
```

# 第三章　程序翻译与移植

测绘人员主要采用的开发语言有 C/C++语言、Visual Basic 语言、FORTRAN 语言、Java语言、MATLAB 语言等，开发系统以 Windows、Unix/Linux 为主，少量为 Andriod。

## 第一节　算　法

为解决一个测绘问题而采取的方法和步骤，可称之为算法。一个问题的解决，可以有不同的方法和步骤，一般希望采用过程简单、步骤少、效率高的方法。

用三种基本结构组成的程序必然是结构化的，强调程序设计风格和程序结构的规范化。结构化程序设计方法的基本思路是把一个复杂问题分阶段、分步骤求解，每个阶段或步骤都能很细化，使人们或计算机能够理解和处理。一般我们采用以下几个原则来保证程序的结构化和清晰化：①自顶向下；②逐步细化；③模块化设计；④结构化编码。

## 第二节　Visual Basic 程序移植成 C 程序

在解决专业编码问题时，编写代码的测绘人员一般会根据自身的编写习惯选择编程语言以实现所需要的功能，因此，我们会碰到各类编程语言编写的专业测绘代码。为使风格统一，可将它们转换成统一格式的 C/C++语法。

### 一、Visual Basic 简介

Visual Basic（简称 VB）是由 Microsoft 公司开发的、一种通用的、基于对象的程序设计语言，以结构化的、模块化的、面向对象的、包含协助开发环境的事件驱动为机制的可视化程序设计语言，是一种可用于微软自家产品开发的语言。Visual Basic 源自于 BASIC 编程语言。VB 拥有图形用户界面（graphical user interface，GUI）和快速应用程序开发（rapid application development，RAD）系统，可以轻易地使用 DAO、RDO、ADO 连接数据库，或者轻松地创建 Active X 控件，用于高效生成类型安全和面向对象的应用程序。程序员可以轻松地使用 VB 提供的组件快速建立一个应用程序。其基本语法介绍参见相应教材。

### 二、从 Visual Basic 到 C 程序

为实现高斯投影的相关计算功能，我们采用 Visual Basic 语言编写了北京 54 投影、西安

80 投影等函数，并将它们转换成 C 代码。

**【例 3.1】** 高斯投影计算 VB 代码

```
Const PI = 3.14159265358979

Public Sub Pro54()
    Dim l1# , N# , a0# , a4# , a6# , a3# , a5# , cosB#

    cosB = Cos(B)
    l1 = L-DoToHu(L0)
    N = 6399698.902-(21562.267-(108.973-0.612 * cosB * cosB) * cosB * cosB) * cosB
* cosB
    a0 = 32140.404-(135.3302-(0.7092-0.004 * cosB * cosB) * cosB * cosB) * cosB
* cosB
    a4 = (0.25 + 0.00252 * cosB * cosB) * cosB * cosB-0.04166
    a6 = (0.166 * cosB * cosB-0.084) * cosB * cosB
    a3 = (0.3333333 + 0.001123 * cosB * cosB) * cosB * cosB-0.1666667
    a5 = 0.0083-(0.1667-(0.1968 + 0.004 * cosB * cosB) * cosB * cosB) * cosB * cosB

    X = 6367558.4969 * B-(a0-(0.5 + (a4 + a6 * l1 * l1) * l1 * l1) * l1 * l1 * N) *
sin(B) * cosB
    Y = (1 + (a3 + a5 * l1 * l1) * l1 * l1) * l1 * N * cosB
End Sub

Public Sub ConPro80()
    Dim Bf# , bet# , Z# , Nf# , b2# , b3# , b4# , b5# , cos2B# , cos2Bf#

    bet = X * 206265 / 6367558.4969
    cos2B = Cos(B) * Cos(B)
    Bf = bet + (50221746 + (293622 + (2350 + 22 * cos2B) * cos2B) * cos2B) *
0.0000000001 * Sin(bet) * Cos(bet)
    cos2Bf = Cos(Bf) * Cos(Bf)

    Nf = 6399698.902-(21562.267-(108.973-0.612 * cos2Bf) * cos2Bf) * cos2Bf
    Z = Y / (Nf * Cos(Bf))
    b2 = (0.5 + 0.00336975 * cos2Bf) * Sin(Bf) * Cos(Bf)
    b3 = 0.333333-(0.166667-0.001123 * cos2Bf) * cos2Bf
    b4 = 0.25 + (0.161612 + 0.005617 * cos2Bf) * cos2Bf
    b5 = 0.2-(0.16667-0.00878 * cos2Bf) * cos2Bf

    B = Bf / 206265-(1-(b4-0.147 * Z * Z) * Z * Z) * Z * Z * b2
    L = DoToHu(L0) + (1-(b3-b5 * Z * Z) * Z * Z) * Z
End Sub
'将度.分秒形式化为弧度:输入度.分秒,输出弧度
Public Function DoToHu(ByVal DoFenMiao As Double) As Single
    Dim du% , fen% , miao% , angle#
```

```
        du = Fix(DoFenMiao)
        DoFenMiao = (DoFenMiao-du) * 100
        fen = Fix(DoFenMiao)
        miao = (DoFenMiao-fen) * 100
        angle = du + fen / 60 + miao / 3600
        DoToHu = angle * PI / 180
    End Function
    '弧度化为度.分秒的形式:输入弧度值,输出度.分秒(各占两位)
    Public Function HuToDo(ByVal Hu As Double) As Single
        Dim du% , fen% , miao%

        Hu = Hu * 180 / PI
        du = Fix(Hu)
        Hu = (Hu-du) * 60
        fen = Fix(Hu)
        Hu = (Hu-fen) * 60
        miao = Fix(Hu + 0.5)
        If miao = 60 Then
            fen = fen + 1
            miao = 0
        End If
        If fen = 60 Then
            du = du + 1
            fen = 0
        End If
        HuToDo = du + fen / 100 + miao / 10000
    End Function
```

上述 Visual Basic 代码主要实现了北京 54、西安 80 的高斯投影计算功能。该代码采用了指令、简化的变量定义、数学函数 Cos()调用两个自定义的 Function,并将 $X$、$Y$ 和 $L$、$B$ 返回。这里需要注意的是,Visual Basic 语言不区分字母大小写。

**【例 3.2】**高斯投影计算 C 代码:利用 C 语法的 # define、math. h 库函数,并将结果以参数形式返回,将 VB 代码转化为 C 代码。

```
    # define PI 3.14159265358979
    # define D2R ( PI/180.0 )
    # define R2D ( 180.0/PI )
    void Pro54(double L0,double B, double * X, double * Y) {
        double l1, N, a0, a4, a6, a3, a5, cosB;
        double L;
        cosB = cos(B);
        l1 = L-Deg2Rad(L0);
        N = 6399698.902-(21562.267-(108.973-0.612 * cosB * cosB) * cosB * cosB) * cosB
* cosB;
        a0 = 32140.404-(135.3302-(0.7092-0.004 * cosB * cosB) * cosB * cosB) * cosB *
cosB;
        a4 = (0.25 + 0.00252 * cosB * cosB) * cosB * cosB-0.04166;
```

```
        a6 =  (0.166 * cosB * cosB-0.084) * cosB * cosB;
        a3 =  (0.3333333 + 0.001123 * cosB * cosB) * cosB * cosB-0.1666667;
        a5 =  0.0083-(0.1667-(0.1968 + 0.004 * cosB * cosB) * cosB * cosB) * cosB * 
cosB;
        * X =  6367558.4969 * B-(a0-(0.5 +  (a4 + a6 * ll * ll) * ll * ll) * ll * ll * N) 
* sin(B) * cosB;
        * Y =  (1 +  (a3 + a5 * ll * ll) * ll * ll) * ll * N * cosB;
    }
    void ConPro80(double X,double Y,double L0,double* B, double * L) {
        double Bf, bet, Z, Nf, b2, b3, b4, b5, cos2B, cos2Bf;
        bet =  X * 206265 / 6367558.4969;
        cos2B =  cos(Deg2Rad(B)) * cos(Deg2Rad(B));
        Bf =  bet +  (50221746 +  (293622 +  (2350 +  22 * cos2B) * cos2B) * cos2B) * 
0.0000000001* sin(bet) * cos(bet);
        cos2Bf =  cos(Bf) * cos(Bf);
        Nf =  6399698.902-(21562.267-(108.973-0.612 * cos2Bf) * cos2Bf) * cos2Bf;
        Z =  Y / (Nf * cos(Bf));
        b2 =  (0.5 +  0.00336975 * cos2Bf) * sin(Bf) * cos(Bf);
        b3 =  0.333333-(0.166667-0.001123 * cos2Bf) * cos2Bf;
        b4 =  0.25 +  (0.161612 +  0.005617 * cos2Bf) * cos2Bf;
        b5 =  0.2-(0.16667-0.00878 * cos2Bf) * cos2Bf;
        * B =  Bf / 206265-(1-(b4-0.147 * Z * Z) * Z * Z) * Z * Z * b2;
        * L =  DMS2Rad(L0) +  (1-(b3-b5 * Z * Z) * Z * Z) * Z;
    }
```

## 第三节　FORTRAN 程序移植成 C 程序

### 一、FORTRAN 简介

FORTRAN 语言来自公式翻译系统，是一种通用的命令式编程语言。FORTRAN 语言最初是 IBM 公司在 20 世纪 50 年代的科学和工程应用开发，因其高性能计算能力而很受欢迎。它支持数值分析和科学计算、结构化程序设计、数组编程、模块化编程、泛型编程、超级计算机高性能计算、面向对象编程、并行编程等。其基本语法介绍参见相应教材。

### 二、FORTRAN 程序转 C 程序

以下程序是使用 FORTRAN 语言编写的，能实现将经纬度大地坐标转换为 $xy$ 高斯平面坐标的代码。它采用的是固定的格式，以“ * ”起始的行为注释行，“IMPLICIT”表示未标明的按实型变量定义和使用。

**【例 3.3】**将经纬度大地坐标转换 $xy$ 高斯平面坐标计算的 Fortran 代码。

```
      SUBROUTINE LLXY(SLATM,SLONM,SLAT,SLON,M)
*     Subroutine to transfer latitude and longitude into local x y.
*
*     Input:
*        SLATM: Latitude of reference point for local coordinates, in degree.
*        SLONM: Longitude of reference point for local coordinates, in degree.
*        SLAT : Array coordinate of latitude to be transferred, in degree.
*        SLON : Array coordinate of longitude to be transferred, in degree.
*        M    : Number of points to be transferred.
*     Output:
*        SLAT : Y array after transformation in km.
*        SLON : X array after transformation in km.
*
      IMPLICIT REAL* 8 (A-H,O-Z)
      DIMENSION T(3,3),VP(3),V(3)
      DIMENSION SLAT(M),SLON(M)
*
      PI = 3.1415926
      RLATC =  SLATM* PI/180.0
      RLONC =  SLONM* PI/180.0
*
*      CALCULATE THE LOCAL RADIUS OF CURVATURE (R) USING REFERENCE EARTH NAD
*      1983 (SEMI-MAJOR AXIS IS 6378.137,FLATTENING FACTOR IS 1/298.2572)
*
      FLAT = 1.0/298.2572
      ESQ = 2.0* FLAT-FLAT** 2
      Q = 1.0-ESQ* DSIN(RLATC)* DSIN(RLATC)
      R = 6378.137* SQRT(1.0-ESQ)/Q
*
*      CONSTRUCT TRANSFORMATION MATRIX
*
      T(1,1) =  DSIN(RLATC)* DCOS(RLONC)
      T(1,2) =  DSIN(RLATC)* DSIN(RLONC)
      T(1,3) = -DCOS(RLATC)
      T(2,1) = -DSIN(RLONC)
      T(2,2) =  DCOS(RLONC)
      T(2,3) =  0.0D0
      T(3,1) =  DCOS(RLATC)* DCOS(RLONC)
      T(3,2) =  DCOS(RLATC)* DSIN(RLONC)
      T(3,3) =  DSIN(RLATC)
*
*      CALCULATE XL,YL,DIS (VECTOR IN LOCAL COORDINATE)
*
      DO 9 I = 1,M
        SLAT(I) = SLAT(I)* PI/180.0
        SLON(I) = SLON(I)* PI/180.0
        V(1) = DCOS(SLAT(I))* DCOS(SLON(I))
        V(2) = DCOS(SLAT(I))* DSIN(SLON(I))
```

```
      V(3) = DSIN(SLAT(I))
      DO J = 1,2
        VP(J) = 0.0
        DO K = 1,3
          VP(J) = VP(J) + T(J,K)* V(K)
        END DO
      END DO
      SLON(I)  =  R* VP(2)
      SLAT(I)  =  -R* VP(1)
*
    9 CONTINUE
*
      RETURN
      END
```

**【例 3.4】**将经纬度大地坐标转换成 $xy$。计算高斯平面坐标的 C 代码:采用 C 语言编写，考虑到 FORTRAN 语言是采用地址传递的方式进行编写的，可采用数组的形式将需要计算的结果返回。

```
void LLXY(double SLATM, double SLONM, double* SLAT, double * SLON, int M) {
    //  Subroutine to transfer latitude and longitude into local x y.
    //
    //  Input:
    //      SLATM: Latitude of reference point for local coordinates, in degree.
    //      SLONM: Longitude of reference point for local coordinates, in degree.
    //      SLAT : Array coordinate of latitude to be transferred, in degree.
    //      SLON : Array coordinate of longitude to be transferred, in degree.
    //      M    : Number of points to be transferred.
    //  Output:
    //      SLAT : Y array after transformation in km.
    //      SLON : X array after transformation in km.
    //
    double T[3][3], VP[3], V[3];
    double PI = 3.1415926;
    double RLATC = SLATM* PI / 180.0;
    double RLONC = SLONM* PI / 180.0;

    //     CALCULATE THE LOCAL RADIUS OF CURVATURE (R) USING REFERENCE EARTH NAD
    //     1983 (SEMI-MAJOR AXIS IS 6378.137,FLATTENING FACTOR IS 1/298.2572)
    //
    double FLAT = 1.0 / 298.2572;
    double ESQ = 2.0* FLAT-FLAT* FLAT;
    double Q = 1.0-ESQ* sin(RLATC)* sin(RLATC);
    double R = 6378.137* sqrt(1.0-ESQ) / Q;
    int I, J, K;

    //     CONSTRUCT TRANSFORMATION MATRIX
```

```
T[0][0] = sin(RLATC)* cos(RLONC);
T[0][1] = sin(RLATC)* sin(RLONC);
T[0][2] = -cos(RLATC);
T[1][0] = -sin(RLONC);
T[1][1] = cos(RLONC);
T[1][2] = 0.0E0;
T[2][0] = cos(RLATC)* cos(RLONC);
T[2][1] = cos(RLATC)* sin(RLONC);
T[2][2] = sin(RLATC);
//
//     CALCULATE XL,YL,DIS (VECTOR IN LOCAL COORDINATE)
//
for (I = 0; I< M; i+ + ) { //DO 9 I = 1,M
      SLAT[I] = SLAT[I] * PI / 180.0;
      SLON[I] = SLON[I] * PI / 180.0;
      V[0] = cos(SLAT[I])* cos(SLON[I]);
      V[1] = cos(SLAT[I])* sin(SLON[I]);
      V[2] = sin(SLAT[I]);
      for (J = 0; J< 2; J+ + ) { // DO J = 1,2
              VP[J] = 0.0;
              for(K = 0; K< 3; K+ + ) // DO K = 1,3
                    VP[J] = VP[J] + T[J][K] * V[K];
      }
SLON[I] = R* VP[1];
SLAT[I] = -R* VP[0];
      }
}
```

FORTRAN 所有的变量采用地址的方式进行传递，有些未定义的变量采用 IMPLICIT 声明，需要注意变量首字母的形式。

# 第四节　Java 程序移植成 C＋＋程序

## 一、Java 简介

Java 几乎是所有网络应用程序的基础，也是开发与提供嵌入式和移动应用程序、游戏、基于 Web 内容和企业软件的全球标准。Java 旨在竭尽所能地为最广泛的计算平台开发可移植的高性能应用程序。

Java 的主要功能体现在以下几点。

(1)在任一平台上编写的软件可在几乎所有的平台上运行。

(2)创建可在 Web 浏览器中运行并可访问可用 Web 服务的程序。

(3)开发适用于在线论坛、存储、HTML 格式处理及其他用途的服务器端应用程序。

(4)将采用 Java 语言的应用程序或服务组合在一起，构成高度定制的应用程序或服务。

(5)为移动电话、远程处理器、微控制器、无线模块、传感器、网关、消费产品及几乎其他任何电子设备编写强大且高效的应用程序。

Java 基本语法介绍参见相应教材。

## 二、Java 程序转 C 程序

以下 Java 代码可以实现 GPS 站点的速率计算，该部分代码可以实现常量类的计算为常量类的实现。

**【例 3.5】**速度计算的常量类 Java。

```
// Constants
package commonmode;
import java.io.* ;

public class Constants {
// Dimension limits
    static public int  maxNumSta =  5000;
    static public int  maxNumPositions =  90000;
    static public int  maxNumSegments =  7 ;
    static public int  maxNumCorrections =  maxNumPositions;
    static public int  maxNumStacovs =  150000;
    static public int  maxNumStacovPositions =  67000;
    static public int  maxNumStacovLines =  2200000;
    static public double[]  FormalToReal =  {3.0,4.0,3.0};
    static public double[]  FormalToRealQoca =  {1.0,1.0,1.0};
    static public double[]  FormalToRealOrig =  {3.0,4.0,3.0};
    static public double[]  nominalRMS =  {0.003, 0.005, 0.010};
    static public double  nominalRW =  0.001;
    static public double  nominalXSigma =  0.002;
    static public double  nominalVSigma =  1.0;
    static public double  minTimeSpan =  0.001;
    static public float  commModThresh =  0.015f;
// Paths
    static public String  pathXYZ =  "/GPSdata/postprocess/xyz/";
    static public String  pathOffsets =  "/GPSdata/postprocess/offsets/";
    static public String  pathBadPts =  "/GPSdata/postprocess/badpts/";
    static public String  pathItrf =  "/GPSdata/postprocess/itrf/";
    static public String  pathCampaign =  "/attic/CampaignList";
    static public String  pathProcessFlags =  "/GPSdata/intermediate";

// Ellipsoid parameters (WGS84 ellipsoid)
    static public double  earthRadius =  6378137.0d;
    static public double  earthFlattening =  298.257223563d;
// Pole Position
    static public double poleLatitude  =  55.64;
```

```
    static public double poleLongitude =  -103.17;
    static public double poleRate      =   -0.2483;
    static public double poleLatitudeSig  =   1.43;
    static public double poleLongitudeSig =   1.87;
    static public double poleRateSig      =   0.0046;
// Degrees, Minutes, and seconds from decimal radians.
    public int      degrees;
    public int      minutes;
    public double   seconds;
    public Constants(double decRadians){
       double   decDegrees;
       double   decMinutes;
       int      sign;
       double   absDecRads;
       absDecRads =  Math.abs(decRadians);
       sign =  (int)Math.round(absDecRads/decRadians);
       decDegrees =  absDecRads* 180.0/Math.PI;
       degrees =  (int)decDegrees;
       decMinutes =  (decDegrees-degrees)* 60.0;
       minutes =  (int)decMinutes;
       seconds =  (decMinutes-minutes)* 60.0;
       degrees =  degrees *  sign;
    }

    public Constants(String type) {
       if (type.equals("qocaObs")){
         for (int i =  0; i <  3; + + i) {
            FormalToReal[i] =  FormalToRealOrig[i];
         }
       }
       else if (type.equals("qocaProc"))      {
         for (int i =  0; i <  3; + + i)         {
            FormalToReal[i] =  FormalToRealQoca[i];
         }
       }
       else{
         for (int i =  0; i <  3; + + i) {
            FormalToReal[i] =  FormalToRealOrig[i];
         }
       }
    }
}
```

**【例 3.6】**速度计算常量类 C 代码：编程采用 C 语言，可分为 h 文件和 cpp 文件，也可采用 C＋＋语言，设计成常量类。

```
// Constants.h 文件
# ifndef COMMON_H
# define COMMON_H
# include < stdio.h>
# include < stdlib.h>
# include < stdarg.h>
# include < string.h>
# include < math.h>
# include < time.h>
# include < ctype.h>
# ifdef WIN32
# include < winsock2.h>
# include < windows.h>
# endif
/*  constants - - - - - - - - - - - - - - - - - - - - - - - - - - - - - - - - - - - - - * /
# define PROGNAME      "CommonMode"            /*  program name * /
# define VER_KINPOS   "2.0"                  /*  library version * /
# define M_PI 3.14159265358979323846
# define D2R          (M_PI/180.0)   /*  deg to rad * /
# define R2D          (180.0/M_PI)   /*  rad to deg * /
# define maxNumSta                 6000
# define maxNumPositions            36500  // 36500
# define maxNumSegments             7
# define maxNumCorrections          maxNumPositions
# define maxNumStacovs             150000
# define maxNumStacovPositions      67000
# define maxNumStacovLines          2200000
# define start_year                1998
# define nominalRW           0.00100
# define nominalXSigma       0.00200
# define nominalVSigma       1.00000
# define minTimeSpan         0.00100
# define commModThresh       0.01500
# define earthRadius            6378137.000000
# define earthFlattening         298.2572235631
# define poleLatitude              55.640
# define poleLongitude          -103.170
# define poleRate               -0.24830
# define poleLatitudeSig         1.430
# define poleLongitudeSig         1.870
# define poleRateSig            0.00460
# define pathXYZ          "/GPSdata/postprocess/xyz/"
# define pathOffsets       "/GPSdata/postprocess/offsets/"
# define pathBadPts        "/GPSdata/postprocess/badpts/"
# define pathCampaign     "/attic/CampaignList"
// type definition - - - - - - - - - - - - - - - - - - - - - - - - -
```

```
typedef struct LLHDMS {
    int deg;
    int min;
    double sec;
}LLDMS_t;
extern const double FormalToReal[];
extern const double FormalToRealQoca[];
extern const double FormalToRealOrig[];
extern const double nominalRMS[];
extern LLDMS_t radToDeg(double decRadians);
extern void vecCross(double x[], double y[], double z[3]);
extern void transpose(double x[][3], double z[][3]);
extern char * sub_string(char * ch, int pos, int len);
extern void lower2Upper(const char * src, char * dest);
extern void upper2Lower(const char * src, char * dest);
extern int leap(int year);
extern int doy(int year, int month, int day);
extern int gpsw(int year, int mon, int day);
# endif

//Constants.cpp文件
# include "Constants.h"
extern const double FormalToReal[] = { 3.00,  4.00,  3.00 };
extern const double FormalToRealQoca[] = { 1.00,  1.00,  1.00 };
extern const double FormalToRealOrig[] = { 3.00,  4.00,  3.00 };
extern const double nominalRMS[] = { 0.0030,0.0050, 0.0100 };

extern void vecCross(double x[], double y[], double z[3]) {
    z[0] = x[1] * y[2]-x[2] * y[1];
    z[1] = x[2] * y[0]-x[0] * y[2];
    z[2] = x[0] * y[1]-x[1] * y[0];
}

extern LLDMS_t radToDeg(double decRadians) {
    double decDegrees, decMinutes, absDecRads;
    int sign;
    LLDMS_t tmp;
    int      degrees;
    int      minutes;
    double   seconds;
    absDecRads = fabs(decRadians);
    sign = (int)(floor(absDecRads / decRadians + 0.5000)); //round
    decDegrees = absDecRads* R2D;
    degrees = (int)decDegrees;
    decMinutes = (decDegrees-degrees)* 60.00000;
    minutes = (int)decMinutes;
```

```
    seconds = (decMinutes-minutes)* 60.00000;
    degrees = degrees * sign;
    tmp.deg = degrees;
    tmp.min = minutes;
    tmp.sec = seconds;
    return (tmp);
}
extern void lower2Upper(const char * src, char * dest) {
    char tmp[1024] = { 0 };
    int  dlen = strlen(src);
    for (int i = 0; i < dlen; i+ + )
        tmp[i] = (char)(toupper(src[i]));
    strcpy(dest, tmp);
}
extern void upper2Lower(const char * src, char * dest) {
    char tmp[1024] = { 0 };
    int  dlen = strlen(src);
    for (int i = 0; i < dlen; i+ + )
        tmp[i] = (char)(tolower(src[i]));
    strcpy(dest, tmp);
}
```

这里的程序若采用C++语言编写,其类的方式应与Java语言的严格一致,但都需要实现其功能。

# 第五节 MATLAB程序移植成C程序

## 一、MATLAB简介

MATLAB(matrix laboratory,矩阵实验室)是由美国MathWorks公司开发的第四代高层次的编程语言,它能够进行交互式环境数值计算、可视化和编程。它允许矩阵操作、函数和数据绘制、算法实现、用户界面创建;能和采用其他语言(包括C语言、C++语言、Java语言和FORTRAN语言)编写的程序接口;可以分析数据、开发算法、建立模型和应用程序;拥有众多的内置命令和数学函数,可以帮助学习者进行数学计算、绘图,执行数值计算方法。MATLAB基本语法介绍参见相应教材。

## 二、MATLAB程序转C程序

**【例3.7】**欧拉极计算MATLAB代码:输入GPS的速度,输出欧拉极参数,“%”表示注释语句。

```
earth_radius    = 6.378e6; % The Earth radius in meter

[file_id, openMessage] = fopen('sample.neu','r');
```

```
[stn_names, crdns, velos, covars] = read_input_file(file_id);
fclose(file_id);

des_mat =  earth_radius * topo2dm(deg2rad( crdns));
vel_vec_t =  velos';
vel_vec  = vel_vec_t(:);
wwt_mat = covarvec2wtmat( covars);

% Calculate the omega vector
nrm_mat     = des_mat' * wwt_mat * des_mat;
nrm_mat_inv = nrm_mat\eye(size(nrm_mat));
omg_vec     = nrm_mat_inv * (des_mat' * wwt_mat * vel_vec);

% Calculate velocities in topocentric system ( 174* 3* 3* 1  87 * 2 ;  87 * 2 )
estm_vel      = des_mat * omg_vec;
estm_vel      = [estm_vel(1:2:end), estm_vel(2:2:end)];
estm_vel_diff = velos-estm_vel;

% dV_topo: 2* 87  then 174* 1
dV_topo       = estm_vel_diff';
dV_topo       = dV_topo(:); % will be used to estimate s0_2

% Calculate the variance-covariance matrix for the omega in the topocentric system
df_value = length(dV_topo)-3;

s0_2    = (dV_topo' * wwt_mat * dV_topo) / df_value;
c_ww    = s0_2 * nrm_mat_inv;

% Calculate the variance-covariance matrix for velocities
% c_vv : 174* 174 ; qq 174* 2
c_vv = des_mat * c_ww * des_mat';
qq(size(c_vv, 1) , 2) = 0;

for idx = 1:2:length(c_vv)
    qq(idx, 1)     = c_vv(idx, idx);
    qq(idx, 2)     = c_vv(idx, idx + 1);
    qq(idx + 1, 1) = c_vv(idx + 1, idx);
    qq(idx + 1, 2) = c_vv(idx + 1, idx + 1);
end

% Calculate WRMSE_TEXT
wrmse_value = sqrt(dV_topo' * wwt_mat * dV_topo / length(dV_topo));

% Calculate accuracy of the Euler parameters
% H 3 * 3
omega_length = sqrt(omg_vec' * omg_vec);
```

```
    H =  [omg _vec (1)/omega _length, omg _vec (2)/omega _length, omg _vec (3)/omega _
length; ...
        -omg_vec(1) * omg_vec(3) / (omega_length^2 * sqrt(omg_vec(1)^2 + omg_vec(2)^
2)),...
        -omg_vec(2) * omg_vec(3) / (omega_length^2 * sqrt(omg_vec(1)^2 + omg_vec(2)^
2)), ...
        -sqrt(omg_vec(1)^2 + omg_vec(2)^2) / omega_length^2;
        -omg_vec(2)/(omg_vec(1)^2 + omg_vec(2)^2), omg_vec(1)/(omg_vec(1)^2 + omg_vec
(2)^2), 0];
    c_ww_latlong = H * c_ww * H';  % 3* 3
    sigma_ww     = sqrt(diag(c_ww_latlong)); % 3 * 1

    % Put the Euler parameters and their accuracies in the uitable
    phi    = rad2deg(atan2(omg_vec(3), sqrt(omg_vec(1).^2 + omg_vec(2).^2)));
    lambda = rad2deg(atan2(omg_vec(2), omg_vec(1)));
    omega  = rad2deg(sqrt(omg_vec'* omg_vec)) * 10.^6;

   o outputstr_ep_1 = sprintf('Euler Pole Parameters Both LLH and XYZ \n');
    outputstr_ep_2 = sprintf('\n\n- - - - - - - - - - - lat long omega - - - - - - - -  \n');
    outputstr_ep_3 = sprintf('\tlatitude  and error is \t\t % 0.5f  \t+ /- \t % 0.5f \n',
phi,rad2deg(sigma_ww(2)));
    outputstr_ep_4 = sprintf('\tlongitude and error is \t\t % 0.5f  \t+ /- \t % 0.5f \n',
lambda,rad2deg(sigma_ww(3)));
    outputstr_ep_5 = sprintf('\tomega     and error is \t\t % 0.5f  \t+ /- \t % 0.5f \n',
omega,rad2deg(sigma_ww(1))* 10^6);
    outputstr_ep_6 = sprintf('\n\n- - - - - - - - - - - - - x     y     z  - - - - - - - -  \n');
    outputstr_ep_7 = sprintf('\t x  and error is \t\t % 0.7f  \t+ /- \t % 0.7f \n',rad2deg
(omg_vec(1))* 10^6,rad2deg(sqrt(c_ww(1, 1)))* 10^6);
    outputstr_ep_8 = sprintf('\t y  and error is \t\t % 0.7f  \t+ /- \t % 0.7f \n',rad2deg
(omg_vec(2))* 10^6,rad2deg(sqrt(c_ww(2, 2)))* 10^6);
    outputstr_ep_9 = sprintf('\t z  and error is \t\t % 0.7f  \t+ /- \t % 0.7f \n',rad2deg
(omg_vec(3))* 10^6,rad2deg(sqrt(c_ww(3, 3)))* 10^6);
    outputstr_ep =
    [outputstr_ep_1,outputstr_ep_2,outputstr_ep_3,outputstr_ep_4,outputstr_ep_5,out-
putstr_ep_6,outputstr_ep_7,outputstr_ep_8,outputstr_ep_9];
    msgbox(outputstr_ep,'Euler Pole Parameter...');  % drawnow; pause(0.05);

    f unction wtmat = covarvec2wtmat(covars)
    wtmat = [];
    % Form the covariance matrix
          cc = zeros(size(covars, 1) * 2);
          for idx = 1:2:size(cc, 1)
              cc(idx, idx)          = covars((idx + 1) / 2, 1).^2;
              cc(idx + 1, idx + 1) = covars((idx + 1) / 2, 2).^2;
              cc(idx, idx + 1)      = covars((idx + 1) / 2, 3);
              cc(idx + 1, idx)      = covars((idx + 1) / 2, 3);
```

```
        end

    % Substitute NaNs in the covariance matrix with 0
    cc(isnan(cc)) = 0;
    % Check if the covariance matrix is singular
    if issingular(cc)
        errordlg('The covariance matrix is singular. Results may be inaccurate.', 'Warn-
ing ...', 'Modal'); drawnow;
    pause(0.05);
        wtmat = eye(size(cc));
    else
        wtmat = cc \ eye(size(cc));
    end
    end

    function rad = deg2rad(deg)
        rad = (pi/180) .* deg;
    end

    function dm = topo2dm(crds)
        n = length(crds);
        dm = zeros(2 * n, 3);
        for index = 1 : 2 : 2 * n-1
            dm(index, 1)   =  sin(crds((index+ 1)/2, 2));
            dm(index, 2)   =  -cos(crds((index+ 1)/2, 2));
            dm(index+ 1, 1) =  -sin(crds((index+ 1)/2, 1)) * cos(crds((index+ 1)/2, 2));
            dm(index+ 1, 2) =  -sin(crds((index+ 1)/2, 1)) * sin(crds((index+ 1)/2, 2));
            dm(index+ 1, 3) =   cos(crds((index+ 1)/2, 1));
        end
    end
    function a = issingular(A)
        [n_row, n_col] = size(A);
        if ~ isequal(n_row, n_col)
            error('Matrix must be square.');
        end
        a = any(eig(A) = = 0);
    end

    function deg = rad2deg(rad)
        deg = (180/pi) .* rad;
    end

    function [names, crdns, velos, covars] = read_input_file(file_id)
        [names, crdns, velos, covars] = deal([]);

            fmtString = '% s % f % f % f % f % f % f % f';
```

```
        crdns_idx  = 1:2;
        velos_idx  = 3:4;
        covars_idx = 5:7;
        stdev_idx  = 5:6;
    try
        frewind(file_id);
        fileCtx = textscan(file_id, fmtString, ...
            'Delimiter', ',: \b\t', ...
            'MultipleDelimsAsOne', 1, ...
            'EmptyValue', NaN, ...
            'CommentStyle', '#');
        names  = fileCtx{1};
        numCtx = cell2mat(fileCtx(2:end));

    catch readError
        errordlg(sprintf('%s', readError.message), 'Error ...', 'Modal'); drawnow; pause
(0.05);
        return;
    end
    warningMsg = '';
    % Checks for NaN values and remove the whole record if at least one is found
    nan_idx = isnan(numCtx(:, [crdns_idx, velos_idx, stdev_idx]));
    if any(nan_idx(:))
        [nan_row_idx, ~ ] = find(nan_idx);
        nan_row_idx      = unique(nan_row_idx);

        names_nan_list   = char(names(nan_row_idx(1)));
        for idx = 2:length(nan_row_idx)
            names_nan_list = sprintf('%s, %s', names_nan_list, char(names(nan_row_idx
(idx))));
        end

        names(nan_row_idx, :)  = [];
        numCtx(nan_row_idx, :) = [];

        warningMsg = sprintf('NaN values were detected in: %s.', names_nan_list);
    end
    % Checks for zero stdev and remove the whole record if at least one is found
    zero_stdev_idx = numCtx(:, stdev_idx) == 0;
    if any(zero_stdev_idx(:))
        [zero_row_idx, ~ ] = find(zero_stdev_idx);
        zero_row_idx = unique(zero_row_idx);
        names(zero_row_idx, :)  = [];
        numCtx(zero_row_idx, :) = [];
        warningMsg = [warningMsg, 'Zero values for standard deviations were detected in
the selected file.'];
```

```
    end

    if ~ isempty(warningMsg)
        uiwait(warndlg([warningMsg, 'Corresponding records were removed.'], 'Warning ...'));
drawnow; pause(0.05);
    end
    if isempty(names)
        errordlg(sprintf('The input file is empty.'), 'Error ...', 'Modal'); drawnow; pause
(0.05);
        return;
    end
    crdns  = numCtx(:, crdns_idx);
    velos  = numCtx(:, velos_idx);
    covars = numCtx(:, covars_idx);
    end
```

**【例 3.8】**欧拉极计算 C 代码:为调用方便,C 代码使用头文件进行函数说明,实现欧拉极的计算。

```
    # ifndef EULER_POLE_CALC_H_
    # define EULER_POLE_CALC_H_
    # define PI  3.14159265
    # define earth_radius    6.378e6

    # endif /*  EULER_POLE_CALC_H_ * /
    //ch08_06.cpp 文件
    # include "Euler_Pole_Calc.h"

    int main(int argc, char * argv[]) {
        char data_file[] = " sample.neu";
        char out_file[] = " sample_output.txt";
        FILE * fp;
        int i, j, n = 0, n2, ndata = 0;
        double * lon, * lat, * vn, * ve, * sn, * se, * cne, * vel_vec;
        char ** site;
        double ** des_mat, ** des_matT, ** wwt_mat, ** nrm_mat, ** nrm_mat_inv;
        double ** desXwwt, ** dm, ** crds, ** velos, ** crds1, ** covars, ** vel_vec_t;
        double * des_wwt_vel, * omg_vec, * estm_vel;
        double ** estm_vel_diff, ** estm_vel_diffT;
        double * dV_topo;
        double df_value, s0_2, wrmse_value, omega_length, omega_length2;
        double Somg_vec12, omg_vec12;
        double ** c_ww, ** c_vv, ** qq, ** desXcww;
        double ** HH, ** c_ww_latlong, * sigma_ww, ** HHXcww, ** HHT;
        double phi, lambda, omega;
        // Get the data rows
        n = file_Rows(data_file);
```

```
    n = n + 1;
    n2 = 2 * n;
    // initialize the vector
    site = (char ** )malloc(sizeof(char * )* n);
    crds = matrix_create(n,5, 0);
    velos = matrix_create(n,2, 0);
    crds1 = matrix_create(n,2, 0);
    covars = matrix_create(n,3, 0);
    estm_vel_diff = matrix_create(n,2, 0);
    lon = vector_create(n,0);
    lat = vector_create(n,0);
    vn = vector_create(n,0);
    sn = vector_create(n,0);
    ve = vector_create(n,0);
    se = vector_create(n,0);
    cne = vector_create(n,0);
    vel_vec = vector_create(n,0);
    des_wwt_vel = vector_create(3,0);
    omg_vec = vector_create(3,0);
    estm_vel = vector_create(n2,0);
    dV_topo = vector_create(n2,0);
    sigma_ww = vector_create(3,0);
    vel_vec_t = matrix_create(2,n, 0);
    estm_vel_diffT = matrix_create(2,n, 0);
    nrm_mat_inv = matrix_create(3,3, 0);
    nrm_mat = matrix_create(3,3, 0);
    desXwwt = matrix_create(3,n2, 0);
    des_matT = matrix_create(3,n2, 0);
    c_ww = matrix_create(3,3, 0);
    HH = matrix_create(3,3, 0);
    c_ww_latlong = matrix_create(3,3, 0);
    HHT = matrix_create(3,3, 0);
    HHXcww = matrix_create(3,3, 0);

    des_mat = matrix_create(n2,3, 0);
    wwt_mat = matrix_create(n2,n2, 0);
    dm = matrix_create(n2,3, 0);
    c_vv = matrix_create(n2,n2, 0);
    desXcww = matrix_create(n2,3, 0);

    for (i = 0; i< n; i+ + )
    strcpy(site[i], "_GPS");

// read the neu file
read_neu(data_file, site, lat, lon, vn, ve, sn, se, cne, &ndata);
n2 = 2 * ndata;
```

```
for (i = 0; i< n; i+ + ) {
    crds[i][0] = lat[i];
    crds[i][1] = lon[i];
    crds1[i][0] = deg2rad(lat[i]);
    crds1[i][1] = deg2rad(lon[i]);
    velos[i][0] = vn[i];
    velos[i][1] = ve[i];
    vel_vec_t[0][i] = velos[i][0];
    vel_vec_t[1][i] = velos[i][1];
    vel_vec[2 * i + 0] = vn[i];
    vel_vec[2 * i + 1] = ve[i];
    covars[i][0] = sn[i];
    covars[i][1] = se[i];
    covars[i][2] = cne[i];
}
// Form the design matrix
topo2dm(crds1, n, dm);
for (i = 0; i< n2; i+ + ) {
    for (j = 0; j< 3; j+ + ) {
        des_mat[i][j] = earth_radius* dm[i][j];
    }
}
// Form the weight vector
covarvec2wtmat(covars, n, wwt_mat);
// Calculate the omega vector
transMatrix(des_mat, n2, 3, des_matT);
multiMatrix(des_matT, wwt_mat, 3, n2, n2, desXwwt);
multiMatrix(desXwwt, des_mat, 3, n2, 3, nrm_mat);
for (i = 0; i< 3; i+ + )
    for (j = 0; j< 3; j+ + )
        nrm_mat_inv[i][j] = nrm_mat[i][j];
matrix_inv(nrm_mat_inv, 3);
multiVector(desXwwt, vel_vec, 3, n2, des_wwt_vel);
multiVector(nrm_mat_inv, des_wwt_vel, 3, 3, omg_vec);
multiVector(des_mat, omg_vec, n2, 3, estm_vel);
for (i = 0; i< n; i+ + ) {
    estm_vel_diff[i][0] = velos[i][0]-estm_vel[i * 2];
    estm_vel_diff[i][1] = velos[i][1]-estm_vel[i * 2 + 1];
    dV_topo[i * 2] = estm_vel_diff[i][0];
    dV_topo[i * 2 + 1] = estm_vel_diff[i][1];
}
df_value = n2-3;
s0_2 = 0.0;
for (i = 0; i< n2; i+ + )
    for (j = 0; j< n2; j+ + )
        s0_2 + = dV_topo[i] * wwt_mat[i][j] * dV_topo[j];
```

```
    wrmse_value = sqrt(s0_2 / n2);
    s0_2 /= df_value;
    for (i = 0; i< 3; i+ + )
        for (j = 0; j< 3; j+ + )
            c_ww[i][j] = s0_2* nrm_mat_inv[i][j];
    multiMatrix(des_mat, c_ww, n2, 3, 3, desXcww);
    multiMatrix(desXcww, des_matT, n2, 3, n2, c_vv);
    for (i = 0; i< n2;) {
        qq[i][0] = c_vv[i][i];
        qq[i][1] = c_vv[i][i + 1];
        qq[i + 1][0] = c_vv[i + 1][i];
        qq[i + 1][1] = c_vv[i + 1][i + 1];
        i + = 2;
    }
    omega_length = 0.0;
    for (i = 0; i< 3; i+ + )
        omega_length + = omg_vec[i] * omg_vec[i];
    omega_length2 = omega_length;
    omega_length = sqrt(omega_length);
    omg_vec12 = omg_vec[0] * omg_vec[0] + omg_vec[1] * omg_vec[1];
    Somg_vec12 = sqrt(omg_vec12);
    HH[0][0] = omg_vec[0] / omega_length;
    HH[0][1] = omg_vec[1] / omega_length;
    HH[0][2] = omg_vec[2] / omega_length;
    HH[1][0] = - omg_vec[0] * omg_vec[2] / (omega_length2 * Somg_vec12);
    HH[1][1] = - omg_vec[1] * omg_vec[2] / (omega_length2 * Somg_vec12);
    HH[1][2] = - Somg_vec12 / omega_length2;
    HH[2][0] = - omg_vec[1] / omg_vec12;
    HH[2][1] = omg_vec[0] / omg_vec12;
    HH[2][2] = 0.0;
    transMatrix(HH, 3, 3, HHT);
    multiMatrix(HH, c_ww, 3, 3, 3, HHXcww);
    multiMatrix(HHXcww, HHT, 3, 3, 3, c_ww_latlong);
    for (i = 0; i< 3; i+ + )
        sigma_ww[i] = sqrt(c_ww_latlong[i][i]);
    phi = rad2deg(atan2(omg_vec[2], Somg_vec12));
    lambda = rad2deg(atan2(omg_vec[1], omg_vec[0]));
    omega = rad2deg(omega_length) * 1.0e6;
    printf("\n\nEuler Pole Parameters Both LLH and XYZ \n");
    printf("\n\n- - - - - - - - - - - - - - lat long omega - - - - - - - - - - \n");
    printf("\tlatitude  and error : % 10.5lf + /-% 10.5lf \n", phi, rad2deg(sigma_ww
[1]));
    printf("\tlongitude and error : % 10.5lf + /-% 10.5lf \n", lambda, rad2deg(sigma_ww
[2]));
    printf("\tomega     and error : % 10.5lf + /-% 10.5lf \n", omega, rad2deg(sigma_ww
[0])* 1.0e6);
```

```
    printf("\n\n- - - - - - - - - - - - - - - - - - x    y    z  - - - - - - - - - - \n");
    printf("\t x  and error : % 12.7lf + /-% 12.7lf \n", rad2deg(omg_vec[0])* 1.0e6,
rad2deg(sqrt(c_ww[0][0]))* 1.0e6);
    printf("\t y  and error : % 12.7lf + /-% 12.7lf \n", rad2deg(omg_vec[1])* 1.0e6,
rad2deg(sqrt(c_ww[1][1]))* 1.0e6);
    printf("\t z  and error : % 12.7lf + /-% 12.7lf \n\n\n", rad2deg(omg_vec[2])* 1.0e6,
rad2deg(sqrt(c_ww[2][2]))* 1.0e6);

    // output the calculation
    if ((fp = fopen(out_file, "wt")) = = NULL) {
        printf("Can not output the file\n");
        exit(3);
    }
    fprintf(fp, "\n\nEuler Pole Parameters Both LLH and XYZ \n");
    fprintf(fp, "\n\n- - - - - - - - - - - - - - - - lat long omega - - - - - - - - - - \n");
    fprintf(fp, "\tlatitude  and error : % 10.5lf + /-% 10.5lf \n", phi, rad2deg(sigma_ww
[1]));
    fprintf(fp, "\tlongitude and error : % 10.5lf + /-% 10.5lf \n", lambda, rad2deg(sigma
_ww[2]));
    fprintf(fp, "\tomega     and error : % 10.5lf + /-% 10.5lf \n", omega, rad2deg(sigma_
ww[0])* 1.0e6);
    fprintf(fp, "\n\n- - - - - - - - - - - - - - - - - - x    y    z  - - - - - - - - - - \n");
    fprintf(fp, "\t x  and error : % 12.7lf + /-% 12.7lf \n", rad2deg(omg_vec[0])* 1.0e6,
rad2deg(sqrt(c_ww[0][0]))* 1.0e6);
    fprintf(fp, "\t y  and error : % 12.7lf + /-% 12.7lf \n", rad2deg(omg_vec[1])* 1.0e6,
rad2deg(sqrt(c_ww[1][1]))* 1.0e6);
    fprintf(fp, "\t z  and error : % 12.7lf + /-% 12.7lf \n", rad2deg(omg_vec[2])* 1.0e6,
rad2deg(sqrt(c_ww[2][2]))* 1.0e6);
    fprintf(fp, "\n\n\n Number of stations : % 5d    \n", n);
    fprintf(fp, " Degree of freedom : % 5d    \n", n2-3);
    fprintf(fp, " A-posteriori sigma value : % 12.4lf    \n", sqrt(s0_2));
    fprintf(fp, " WRMSE_VALUE : % 12.4lf    \n\n\n", wrmse_value);
    fprintf(fp, "site    lat        lon        vn        ve        sn            se
      dn          de            dne\n");
    for (i = 0; i< n; i+ + ) {
        fprintf(fp, "% 4s % 9.4lf % 10.4lf % 9.4lf % 9.4lf % 13.4e % 13.4e % 13.4e % 13.4e
% 13.4e\n", site[i], lat[i], lon[i], estm_vel[i * 2], estm_vel[i * 2 + 1], estm_vel_
diff[i][0], estm_vel_diff[i][1], sqrt(qq[i * 2][0]), sqrt(qq[i * 2 + 1][1]), qq[i * 2
+ 1][0]);
    }

    f close(fp);
    printf("\n Normal Finished \n\n");
    return 0;
}
//= = = = = = = = = = = = = = = = = = = = = = = = = = = = = = = = = = = = = = = = = = = = =
```

```
void read_neu(char * data_file, char ** site, double * lat, double * lon, double * vn,
double * ve, double * sn, double * se, double * cne, int * ndata) {
    FILE * fp;
    char line[100];
    int i = 0;
    int n;
    printf("read_neu: reading velocity neu file % s\n", data_file);
    if ((fp = fopen(data_file, "r")) = = NULL) {
        printf(" Can not open data file : % s \n ", data_file);
        exit(1);
    }
    * ndata = 0;
    // site lat lon vn ve sn se  cne
    while (fgets(line, 100, fp) != NULL) {
        n = sscanf(line, "% s % lf % lf % lf % lf  % lf % lf  % lf", site[i], &lat[i],
&lon[i], &vn[i], &ve[i], &sn[i], &se[i], &cne[i]);
        if (n< 8) {
            printf("line = % s \n", line);
            printf("i= % d n= % d\n", i, n);
            printf("read : station= % 4s_GPS lat= % 9.6f  lon= % 11.6f  Vn= % 7.4f
Ve= % 7.4f Sn= % 15.12f Se= % 15.12f Cne= % 15.12f\n", site[i], lat[i], lon[i], vn[i],
ve[i], sn[i], se[i], cne[i]);
        }
        i+ + ;
    }
    * ndata = i;
    printf("read_neu: found % d data points\n", * ndata);
    fclose(fp);
}

void topo2dm(double ** crds, int n, double ** dm) {
    int i, j;
    int n2 = 2 * n;
    for (i = 0; i< n2; i+ + )
        for (j = 0; j< 3; j+ + )
            dm[i][j] = 0.0;
    for (i = 0; i< n2;) {
            dm[i][0] = sin(crds[(i + 1) / 2][1]);
            dm[i][1] = -cos(crds[(i + 1) / 2][1]);
            dm[i + 1][0] = -sin(crds[(i + 1) / 2][0]) * cos(crds[(i + 1) / 2][1]);
            dm[i + 1][1] = -sin(crds[(i + 1) / 2][0]) *  sin(crds[(i + 1) / 2][1]);
            dm[i + 1][2] = cos(crds[(i + 1) / 2][0]);
            i = i + 2;
    }
}
```

```
void covarvec2wtmat(double ** covars, int n, double ** wtmat) {
    int i, j;
    int n2 = 2 * n;
    double ** cc;
    double detc = 0.0;
    // Form the covariance matrix
    cc = matrix_create(n2,n2, 0);
    // Initiate the matrix
    for (i = 0; i< n2; i+ + )
        for (j = 0; j< n2; j+ + ) {
            wtmat[i][j] = 0.0;
        }
    for (i = 0; i < n2; ) {
        cc[i][i] = covars[(i + 1) / 2][0] * covars[(i + 1) / 2][0];
        cc[i + 1][i + 1] = covars[(i + 1) / 2][1] * covars[(i + 1) / 2][1];
        cc[i][i + 1] = covars[(i + 1) / 2][2];
        cc[i + 1][i] = covars[(i + 1) / 2][2];
        i + = 2;
    }
    // inverse the matrix
    for (i = 0; i< 2 * n;) {
        detc = cc[i][i] * cc[i + 1][i + 1]-cc[i + 1][i] * cc[i][i + 1];
        wtmat[i][i] = cc[i + 1][i + 1] / detc;
        wtmat[i + 1][i + 1] = cc[i][i] / detc;
        wtmat[i][i + 1] = -cc[i + 1][i] / detc;
        wtmat[i + 1][i] = -cc[i][i + 1] / detc;
        i + = 2;
    }
    for (i = 0; i< n2; + + i)
        free(* (cc + i));
}
```

## 三、小结

将 VB、FORTRAN、Java、MATLAB 等代码转换成 C 代码，需要注意的有以下几点。

(1)变量或常量的定义方式。例如，VB 代码的变量定义“Dim a＃，b!，c％”，转换为 C 代码则为“double a；”“float b；”“int c；”。

在 MATLAB 中，变量几乎是随时使用的。这个对程序的翻译有一定的难度，但通过阅读代码，了解输入输出，即可顺利地将 MATLAB 代码转换成 C 代码的语法格式。

(2)数组。结构化程序设计大同小异，数组定义从( )变成[ ]或从( ，)变成[][]，要确定数组下标是从 0 开始的还是从 1 开始的。需要注意的是，在 VB 中，redim 对应的数组需要利用 malloc 函数或 calloc 函数进行处理，而在 MATLAB 中，需要注意其维数的变化，尤其是其强大的矩阵功能。

(3)大小写。每种语言的书写格式可能会略有差别,如 FORTRAN 语言可能会对变量代号的大小写有限制,FORTRAN 代码、VB 代码不区别大小写,MATLAB、C 等语言则对大小写敏感。

(4)注释。注释部分的代码一般不需要进行转换。VB 对应的注释符号是“'”,MATLAB 对应的注释符号是“%”,FORTRAN 对应的注释符号是“*”,只需要将对应的注释符号替换成“//”或“/**/”即可。注释有助于理解代码,建议认真阅读其注释,可以从中找到变量定义、作用及其他一些相关信息。

(5)函数。遇到功能作用不清楚的函数,如内部函数或特有的关键字不清楚的,可以查函数定义,可以测试其功能,也可以从 MSDN、帮助系统等途径查找相关说明。对各种程序编写语言,需要注意其函数是否修改了参数并带回,FORTRAN 语言更是尤其需要小心处理。

(6)调试与测试。待代码全部编写完成后,务必处理同一套或多套测试数据。当采用的参数相同时,只有得出相同的结果方可认为翻译或转换成功,否则需要查找原因。

# 第六节　Linux 编程基础

Linux 是一种自由和开放源码的类 UNIX 操作系统。该操作系统的内核由林纳斯·托瓦兹于 1991 年 10 月 5 日首次发布。内核加上用户空间的应用程序构成了 Linux 操作系统。Linux 是自由软件和开放源代码软件发展中最著名的例子之一。只要遵循 GNU 通用公共许可证(general public license, GPL),任何个人和机构都可以自由地使用 Linux 的所有底层源代码,也可以自由地进行修改和再发布。大多数 Linux 系统还包括像提供 GUI 的 XWindow 程序。严格地说,Linux 仅仅是操作系统的内核,因为操作系统还包含了许多用户图形接口和其他实用工具。如今,Linux 常指基于该内核的完整操作系统,内核则改以 Linux 内核称之。

## 一、Linux 系统介绍

Linux 系统内核与 Linux 发行套件系统的异同如下。

(1)Linux 系统内核是一个由 Linus Torvalds 负责维护,提供硬件抽象层、硬盘和文件系统控制及多任务功能的系统核心程序。

(2)Linux 发行套件系统是我们常说的 Linux 操作系统,即 Linux 内核与各种常用软件的集合产品。

全球有数百个版本的 Linux 系统,每个系统版本都有自己的特性和目标人群。以下从用户角度选出最热门的几款进行介绍。

(1)红帽企业版 Linux(RedHat Enterprise Linux,RHEL)。红帽公司是全球最大的开源技术厂商,RHEL 是在全世界内使用得最广泛的 Linux 系统。RHEL 系统具有极强的性能与稳定性,并且在全球范围内拥有完善的技术支持。

(2)社区企业操作系统(community enterprise operating system,CentOS)。它是将 RHEL 系统重新编译并发布给用户免费使用的 Linux 系统,具有广泛的使用人群。

(3)Fedora。它是由红帽公司发布的桌面版系统套件(目前已不限于桌面版)。用户可免费体验到最新的技术或工具。这些技术或工具在成熟后会被加入到 RHEL 系统中,因此,Fedora也被称为 RHEL 系统的“试验田”。

(4)openSUSE。它是源自德国的著名 Linux 系统,在全球范围内有着不错的声誉及市场占有率。

(5)Gentoo。它具有极高的自定制性,操作复杂,因此适用于有经验的人员。

(6)Debian。它的稳定性、安全性强,提供了免费的基础支持,可以良好地支持各种硬件架构,以及提供近十万种不同的开源软件,在国外拥有很高的认可度和使用率。

(7)Ubuntu。它是一款派生自 Debian 的操作系统,对新款硬件具有极强的兼容能力。Ubuntu 与 Fedora 都是极其出色的 Linux 桌面系统,Ubuntu 也可用于服务器领域。

## 二、Linux 脚本编程

Linux 脚本主要是利用 Bash 或 Csh 集成的各个 Linux 常用命令来进行字符、常量和文件等操作。本部分以下载 IGS 数据和批处理 GPS 数据为例,编写两个功能不同的脚本程序。

### 1. 批量下载 IGS 数据

**【例 3.9】**数据下载 Bash 脚本。

```
  # ! /bin/csh-bf
  #   xgr 20211214

      if ($ # argv <  2) then
          echo " "
           echo "Usage: gp.GetRemoteData.sh yyyymmddd campaign_name UncompressFlag
IGSFlag "
          echo "        flag =  all means fetch data from KASI to CDDIS,SOPAC etc"
           echo "     flag =  CDDIS stands for only fetch data from CDDIS,so as KASI,
SOPAC,BODHI  "
          echo " "
          exit 1
      endif

      set Date =  $ 1
      set Unzipflag =  "NO"
      if ( $ # argv = =  3 ) then
          set Unzipflag = 'echo $ 3 |tr a-z A-Z'
      endif
      set FLAG =  "ALL"
      if ( $ # argv = =  4 ) then
          set FLAG = 'echo $ 4 |tr a-z A-Z'
      endif
```

```
    if (! -e SaveObsDate ) CreateObsDateFile $ 1
    if (! -e GetLog )  CreateGetLog $ 2
    if (! -e NameTrans) then
        echo GetRemoteData: File  NameTrans not found. Script stops.
        exit 2
    endif
#   Set date strings
    set yr      = 'echo $ Date |cut-c3-4'
    set longyr  = 'echo $ Date |cut-c1-4'
    set mm      = 'echo $ Date |cut-c5-6'
    set dd      = 'echo $ Date |cut-c7-8'
    set doy     = 'doy.gipsy $ longyr $ mm $ dd |awk'{print $ 2}''
    set StoreDir= "FetchedRNX"
    if (! -e ../$ StoreDir)  mkdir ../$ StoreDir
    echo "  "
    set time = 'date |awk'{print $ 4}''
    echo "= = = = = =  gp.GetRemoteData.sh [ $ Date ] = =  $ time = =  "
    set LocRemoteDir = 'ap riR $ Date'
    set RemoteRNXs   = 'ls $ LocRemoteDir | cut-c1-4 | sort -u'
    if ( $ # RemoteRNXs> 0 ) then
         foreach RemRNX ( $ RemoteRNXs )
             sed -e "/$ RemRNX/d" GetLog >  tmp.1
             echo $ RemRNX $ Date > >  RemoteRNX.exist.list
             mv tmp.1 GetLog
         end
    endif
# = = = = = = = = = = = = = = = = = = = = = = = = = = = = = = = = = = = = = = = =

    if ( $ FLAG = =  "KASI" ) goto KASI
    if ( $ FLAG = =  "CDDIS" ) goto CDDIS
# = = = = = = = = = = = = = = = = = = = = = = KASI  = = = = = = = = = = = = = = = = = = = =
KASI:
    set stalist = 'grep havenot GetLog | awk'{print $ 1}'
    if ( $ # stalist = =  0 )   goto CleanUp
    if ( -e stalist.$ $  ) rm stalist.$ $
    echo "Retriving data from nfs.kasi.re.kr"
    echo "cd /gps/data/daily/$ {longyr}/$ doy/$ {yr}d" >  kasi.fil
    echo "binary" > >  kasi.fil
    @  i= 1
    while ($ i< = $ # stalist)
        echo get $ stalist[$ i]$ {doy}0.$ {yr}d.Z> > kasi.fil
        @  i= $ i+ 1
    end
    ftp.retrieve kasi.fil nfs.kasi.re.kr
    gp.ChangeHaveStatus.sh > & /dev/null
#   End KASI
```

```
#   - - - - - - - - - - - - - - - - - - - - - - - - - - - - - - - - - - - - - - -
    if ( $ FLAG = =  "KASI" )  goto CleanUp
# = = = = = = = = = = = = = = = CDDIS = = = = = = = = = = = = = = = = = = = = = = = = = =
CDDIS:
    set stalist = 'grep havenot GetLog | awk'{print $ 1}'
    if ( $ # stalist = =  0 )  goto CleanUp
    if (-e stalist.$ $  ) rm stalist.$ $
    echo "Retriving data from CDDIS.GSFC.NASA.GOV ....."
    echo "prompt" >  cddis.fil
    echo "binary" > >  cddis.fil
    echo "cd /pub/gps/data/daily/$ {longyr}/$ {doy}/$ {yr}d" > >  cddis.fil
    @  i =  1
    while ($ i < =  $ # stalist)
        echo get $ stalist[$ i]$ {doy}0.$ {yr}d.Z > >   cddis.fil
        @  i =  $ i +  1
    end
    ftp.retrieve cddis.fil cddis.gsfc.nasa.gov
    gp.ChangeHaveStatus.sh   > & /dev/null
#   End CDDIS
#   - - - - - - - - - - - - - - - - - - - - - - - - - - - - - - - - - - - - - - -
    if ( $ FLAG = =  "CDDIS" )  goto CleanUp

C leanUp:
    set time = 'date |awk'{print $ 4}''
    echo "= = = = =  Finished [ $ Date ] = =  $ time = = "
    cp ???? $ {doy}0.$ {yr}d.Z ../$ StoreDir/.
    if ( $ Unzipflag = =  "YES" ) then
        crz2rnx ???? $ {doy}0.$ {yr}d.Z
        rm ???? $ {doy}0.$ {yr}d.Z
        rm ../$ StoreDir/*
    endif
    rm * .fil*  temp*   stalist*  > & /dev/null
    exit 0
```

**2. 批处理 GPS 数据脚本**

**【例 3.10】** GPS 数据批处理脚本。

```
# ! /bin/csh-bf
#  xgr 20171214
#   - - - - - - - - - - - - - - - - - - - - - - - - - - - - - - - - - - - - - - -
     if ($ # argv ! =  1 ) then
         echo
         echo "Usage : gp.gd2p_zap2022.sh yyyymmdd "
         echo
         exit 1
     endif
```

```
        set Date =  $ 1
        set GPSAMBDir =  "/GPSdata/GPS_Ambizap"
        echo "= = = = = = = = = =  gp.gd2p_zap2022.sh : Running $ Date = = 'date' = =  "
> $ Date.log
   #  prepare the work directories
        if ( ! -d $ Date   ) mkdir $ Date
        if ( ! -d stacovs ) mkdir stacovs

        cd  $ Date
          CreateObsDateFile $ Date
          if ( -e ../CampaignsToInclude ) then
             cp ../CampaignsToInclude .
             set Camps = 'sed-n'/.* /p' CampaignsToInclude'
         else
             echo " * * * * * * * * * *  No Campaigns * * * * * * * * * * *  " > >  ../
$ Date.log
             exit 2
          endif

          if (-e ../ProcessFlags ) then
             cp ../ProcessFlags .
          else
             gp.CreateProcessFlags.sh
          endif
          set Save = 'grep SaveLogs ProcessFlags |awk'{print $ 2}' |tr a-z A-Z'

          set yyyy     = 'echo $ Date | cut-c1-4'
          set yr       = 'echo $ Date | cut-c3-4'
          set ymdobs   = 'grep ymdobs SaveObsDate | awk'{print $ 2}''
          set DateJPL = 'grep datejpl SaveObsDate |awk'{print $ 2}' |tr a-z A-Z'
          set DOY      = 'grep doy SaveObsDate |awk'{print $ 2}''

          set ATXDir     = "$ antenna_cals_xmit"

          set JPLProducts   = 'grep JPLGPSProducts ProcessFlags |awk'{print $ 2}' |tr a-
z A-Z'
          set ORBCLK =  "/GPSdata/JPL_GPS_Products/Final"
          set OrbitType =  "flinnR_nf"
          if ( $ JPLProducts = =  "RAPID" ) then
             set ORBCLK =  "/GPSdata/JPL_GPS_Products/Rapid"
             set OrbitType =  "qlR"
          endif
          if ( $ JPLProducts = =  "ULTRA" ) then
             set ORBCLK =  "/GPSdata/JPL_GPS_Products/Ultra"
             set OrbitType =  "ultra"
          endif
```

```
# # IGS IONEX Files
        set Agency = 'grep Ionex_Agency ProcessFlags |awk'{print $ 2}' |tr A-Z a-z'
        set IONEXDir = "/GPSdata/Ionex/$ yyyy/$ DOY"
        if (-e $ IONEXDir/$ {Agency}g$ {DOY}0.$ {yr}i.Z ) then
           cp $ IONEXDir/$ {Agency}g$ {DOY}0.$ {yr}i.Z .
           uncompress $ {Agency}g$ {DOY}0.$ {yr}i.Z
           set ionexFile = $ {Agency}g$ {DOY}0.$ {yr}i
        else
           echo " NO $ IONEXDir/$ {Agency}g$ {DOY}0.$ {yr}i.Z "
           exit 5
        endif
# create GetLog
        CreateGetLog $ Camps
# get the rinexs from different places
        echo "= = = = = Get rinexs from local|IGS = = = = = " > > ../$ Date.log
        set rnxflag1 = 'grep FetchLocalRINEX ProcessFlags |awk'{print $ 2}' | tr a-z A-Z'
        if ( $ rnxflag1 = = "YES" ) then
           echo "= = = = = Get rinexs from local   = = = = = " > > ../$ Date.log
           gp.GetLocalRNX.sh > > ../$ Date.log
        endif

        set TropMdel   = 'grep TropsphereModel ProcessFlags |awk'{print $ 2}''
        set SQRTSIN    = 'grep Elev_Depend_Weight ProcessFlags |awk'{print $ 2}''
# list all the rinexs
        set rnxs = 'ls ???? [0-3][0-9][0-9]0.[0-9][0-9]o'
        set i  = 1
        while ( $ i < = $ # rnxs )
           set rnx   = $ rnxs[$ i]
           set site  = 'echo $ rnx  | cut-c1-4 |tr'A-Z''a-z' '
           set Usite = 'echo $ site | tr'a-z''A-Z''
           echo "= = = = = processing  $ site'date'= = = = =  "  > > ../$ Date.log
           echo "= = = = = Antenna Calibration  $ site  "  > > ../$ Date.log
           gp.CreateAntCalXYZ.sh -jpl $ JPLProducts -rnx $ rnx > >  ../$ Date.log
           set GeoXYZ =  'grep "APPROX POSITION XYZ"  $ rnx |awk'{printf("% 16.7f %
16.7f % 16.7f\n",$ 1/1000.0,$ 2/1000.0,$ 3/1000.0)}''
           set GeoENU =  'grep "ANTENNA: DELTA H/E/N" $ rnx |awk'{printf("% 16.7f %
16.7f % 16.7f\n",$ 1/1000.0,$ 2/1000.0,$ 3/1000.0)}''

#          echo "= = = = = Running gd2p.pl for PPP $ site = = = = = "

        set leapsec = 'grep "LEAP SECONDS" $ rnx | awk'{print $ 1}''
        set AppXYZ  = 'grep "APPROX POSITION XYZ" $ rnx | head-1 |awk'{print $ 1/1000
, $ 2/1000 , $ 3/1000 }''
        set StaLLH   = 'xyz2llh.pl -xyz $ AppXYZ[1] $ AppXYZ[2] $ AppXYZ[3]  -stnd
IERS2000 |awk'{ print $ 1,$ 2,$ 3* 1000 }''
        set Tropstsec  =  'gp.yyyymmdd2jpl.sh $ Date | char2sec'
```

```
        set Tropstsec  =   'echo $ Tropstsec $ leapsec | awk'{print $ 1-$ 2 }''
        set TropendSec =   'echo $ Tropstsec 86100 | awk'{print $ 1+ $ 2 }
        tropnominal -n $ Usite -m $ TropMdel -latdeg $ StaLLH[1] -londeg $ StaLLH[2] -h
_m $ StaLLH[3] -stsec $ Tropstsec -endsec $ TropendSec -samp 30
        cat $ Usite.TDPdry $ Usite.TDPwet >  $ Usite.TDPdryandwet
        (gd2p.pl -i $ rnx -n $ Usite -d $ ymdobs -r 300 -type s -stacov -w_elmin 7 -eldep-
wght $ SQRTSIN -e " -a 20 -LC -PC -F " -p $ GeoXYZ [1] $ GeoXYZ [2] $ GeoXYZ [3] -env _km
$ GeoENU[2] $ GeoENU[3] $ GeoENU[1]-amb_res 2 -trop_map $ TropMdel -tides WahrK1 FreqDe-
pLove OctTid PolTid -add_ocnld -OcnldCpn -add_ocnldpoltid -ion_2nd -shell_height 600 -tec_
mdl ionex -ionex _ file $ ionexFile -orb _ clk  " $ OrbitType  $ ORBCLK/$ yyyy "   -AntCal
$ site.xyz -tdp _ in $ Usite. TDPdryandwet -edtpnt _max 12  -flag _qm  -flag _brks _qm   >
$ site.gd2p.LOG ) |&  sed'/^Skipping namelist/d' > & $ site.gd2p.err
    # check the status of gd2p.pl
         if ( $ status ) then
             echo "= = = = =  GD2P ERROR : gd2p.pl Failed [ $ rnx ] = = = = = "
             echo "= = = = =  GD2P ERROR : gd2p.pl Failed [ $ rnx ] = = = = =  Check
[ $ rnx ] from [ANT|REC|APPROX|INT|DELTA] etc. " > >  ../$ Date.log
             goto CleanUp
         endif
         cp run_again $ site.run_again

    # clean up = = = = = = = = = = = = = = = = = = = = = = = = = = = = = = = = = = = =
    CleanUp:
          gp.CleanUp4GD2P.sh   $ site   > > ../$ Date.log
          echo "  " > > ../$ Date.log
          @ i= $ i + 1
    # finished and loop another site
        end

        echo "= = = = = = = = = = =  Finished PPP for all sites = = = = = = = = = = = " > >
../$ Date.log

        cd ..
        if ( $ Save = =  "NO" ) rm-fr $ Date
        echo "= = = = =  Finished'date'= = = = =  "   > >  $ Date.log
        exit 0
```

## 三、Linux 系统下的 C/C++语言编程

Linux 下的简单 C/C++语言程序编写和运行主要分为编辑、预处理、编译、汇编、链接和运行几个步骤。

(1)编辑。利用工具 Vim 或其他文本编辑软件编写,保存为 *.c。

(2)预处理。生成预处理文件 *.i 文件。

(3)编译。生成汇编 *.s 文件。

(4)汇编。将汇编源代码生成目标 *.o 文件。

(5)链接。将目标文件生成可执行文件。

(6)运行。将生成的可执行文件在当前目录下通过“./可执行文件名”运行,在终端即可看到输出结果。

Linux下的C语言编程常使用Vim工具或emacs编辑器、GCC编译器、使用make工具编译和链接程序。当程序代码量较小时,它采用GCC编译;当代码量较大且包含多个源程序时,一般采用makefile文件进行项目管理,然后使用make进行编译处理。

**1. GCC**

目前Linux下最常用的C语言编译器是GCC(GNU compiler collection)。它是GNU项目中符合ANSI C标准的编译系统,能够编译使用C、C++和Object C等语言编写的程序。Linux程序员可以根据自己的需要让GCC在编译的任何阶段结束,检查或使用编译器在该阶段的输出信息,或者对最后生成的二进制文件进行控制,以便通过加入不同数量和种类的调试代码为今后的调试作准备。

**【例3.11】**带号计算中夹子午线经度。

```
int main(int argc, char ** argv) {
    int n =  atoi(argv[1]);
    printf("% d\n", 6 *  n-3);
    return 0;
}
```

要编译这个程序,只需在命令行下执行如下命令:

```
[xgr541@ Galaxy ~ /work]$  gcc zon2lon.c-o zon2lon.e
[xgr541@ Galaxy ~ /work]$  ./zon2lon.e 20
117
```

这样,GCC编译器会生成一个名为“zon2lon.e”的可执行文件,执行“./zon2lon.e”文件就可以看到程序的输出结果了。在命令行中,“GCC”表示用GCC来编译源程序,“-o”选项表示要求编译器输出的可执行文件名为“zon2lon.e”,而“zon2lon.c”是源程序文件名。在编译一个包含许多源文件的工程时,若只用一条GCC命令来完成编译是非常浪费时间的。

**2. make**

在Linux环境下使用GNU的make工具能够比较容易地构建一个属于自己的工程,整个工程只需要一个命令就可以完成编译、链接甚至是最后的执行。不过,这需要我们投入一些时间去完成一个或者多个称为makefile文件的编写。此文件是make正常工作的基础。make是一个命令工具,用于解释makefile文件中的指令。makefile文件描述了整个工程所有文件的编译顺序、编译规则。

**【例3.12】**在Linux环境下的角度转弧度。

要编辑C源程序,应首先利用文本编辑工具编辑,如打开vim或emacs编辑器,然后编辑源代码。

使用 main 函数调用 deg2rad、rad2deg 函数：

```
//ch08_08
# include "deg2rad.h"
# include "rad2deg.h"
# include < stdio.h>
int main(int argc, char ** argv) {
    printf("% f\n", deg2rad(45));
    printf("% f\n", rad2deg(3.1415926/ 4.0));
}
```

在 deg2rad. h 中定义 deg2rad. c 的头文件：

```
/*  deg2rad.h * /
# ifndef _DEG2RAD_H
# define _DEG2RAD_H
double deg2rad(double deg);
# endif
```

使用 deg2rad. c 文件实现度向弧度的转换功能：

```
/* deg2rad* /
# include "deg2rad.h"
double deg2rad(double deg) {
    return deg* 3.1415926/ 180.0;
}
```

在 rad2deg. h 文件中定义 rad2deg. c 的头文件：

```
/* rad2deg.h * /
# ifndef _RAD2DEG_H
# define _RAD2DEG_H
double rad2deg(double rad);
# endif
```

使用 rad2deg. c 文件实现弧度向度的转换功能：

```
  /*  rad2deg.c * /
# include "rad2deg.h"
double rad2deg(double rad) {
    return rad *  180 / 3.1415926;
}
```

使用 makefile 文件进行项目管理。makefile 文件内容如下：

```
main:main.o deg2rad.o rad2deg.o
        gcc -o main main.o deg2rad.o rad2deg.o
        main.o:main.c deg2rad.h rad2deg.h
        gcc -c main.c
        deg2rad.o:deg2rad.c deg2rad.h
        gcc -c deg2rad.c
        rad2deg.o:rad2deg.c rad2deg.h
        gcc -c rad2deg.c
```

将源程序文件和 makefile 文件保存在 Linux 的同一个文件夹下。运行 make 工具编译、链接程序如下：

```
[xgr541@Galaxy ~ /work/angle]$make
[xgr541@Galaxy ~ /work/angle]$ ./main
0.78539815
45.0000000
```

至此，Linux 代码完成了度分秒的转换。

# 第四章　大地测量程序设计

## 第一节　坐标转换

将一套坐标系转换到另一套坐标系时需要进行坐标系统的转换，一般分为不同参考框架下的坐标转换和相同参考框架下的坐标转换，通常采用布尔莎七参数模型或布尔莎十四参数模型。

### 一、不同参考框架下的坐标转换

#### 1. 布尔莎七参数模型

从参考框架 $A$ 到参考框架 $B$ 的站点 Helmert 变换可以表示为：

$$\begin{bmatrix} X_B \\ Y_B \\ Z_B \end{bmatrix} = \begin{bmatrix} T_x \\ T_y \\ T_z \end{bmatrix} + (1+s) \times \begin{bmatrix} 1 & -R_z & R_y \\ R_z & 1 & -R_x \\ R_y & R_x & 1 \end{bmatrix} \times \begin{bmatrix} X_A \\ Y_A \\ Z_A \end{bmatrix} \tag{4-1}$$

式中，$X_B$、$Y_B$、$Z_B$ 为相对于新参考框架 $B$ 转换后的 $XYZ$ 坐标；$X_A$、$Y_A$、$Z_A$ 为相对于原始参考框架 $A$ 的 $XYZ$ 坐标；$T_x$、$T_y$、$T_z$ 是两个参考框架之间分别沿 $x$、$y$、$z$ 坐标轴的三个平移；$R_x$、$R_y$、$R_z$ 分别围绕 $x$、$y$ 和 $z$ 坐标轴进行三次旋转；$S$ 是尺度参数。

**【例 4.1】** Helmert 7 参数转换。

```
int helmert7(double xyz[], double her[],double newXYZ[3]) {
    newXYZ[0] = her[0] + (1 + her[6])* (xyz[0]-her[5] * xyz[1] + her[4] * xyz[2]);
    newXYZ[1] = her[1] + (1 + her[6])* (xyz[1] + her[5] * xyz[0]-her[3] * xyz[2]);
    newXYZ[2] = her[2] + (1 + her[6])* (xyz[2]-her[4] * xyz[0] + her[3] * xyz[1]);
    return 0;
}
```

#### 2. 参数转换

从布尔莎十四参数模型转换至旧版框架下的转换参数如表 4-1 所示。

表 4-1　转换参数表（ITRF2014→ITRF$xx$）

| ITRF 名称 | $T_x$ | | $T_y$ | | $T_z$ | | 放缩比例 | | $R_x$ | | $R_y$ | | $R_z$ | | 历元 |
|---|---|---|---|---|---|---|---|---|---|---|---|---|---|---|---|
| | 解/mm | 变化率/（mm·$d^{-1}$） | 解/mm | 变化率/（mm·$d^{-1}$） | 解/mm | 变化率/（mm·$d^{-1}$） | 解/$\times 10^{-9}$ | 变化率/（$\times 10^{-9}$·年$^{-1}$） | 解/$\times 10^{-9}$ | 变化率/（$\times 10^{-9}$·年$^{-1}$） | 解/$\times 10^{-9}$ | 变化率/（$\times 10^{-9}$·年$^{-1}$） | 解/$\times 10^{-9}$ | 变化率/（$\times 10^{-9}$·年$^{-1}$） | |
| ITRF2008 | 1.6 | 0.0 | 1.9 | 0.0 | 2.4 | −0.1 | −0.02 | 0.03 | 0.00 | 0.00 | 0.00 | 0.00 | 0.00 | 0.00 | 2010.0 |
| ITRF2005 | 2.6 | 0.3 | 1.0 | 0.0 | −2.3 | −0.1 | 0.92 | 0.03 | 0.00 | 0.00 | 0.00 | 0.00 | 0.00 | 0.00 | 2010.0 |
| ITRF2000 | 0.7 | 0.1 | 1.2 | 0.1 | −26.1 | −1.9 | 2.12 | 0.11 | 0.00 | 0.00 | 0.00 | 0.00 | 0.00 | 0.00 | 2010.0 |
| ITRF97 | 7.4 | 0.1 | −0.5 | −0.5 | −62.8 | −3.3 | 3.80 | 0.12 | 0.00 | 0.00 | 0.00 | 0.00 | 0.26 | 0.02 | 2010.0 |
| ITRF96 | 7.4 | 0.1 | −0.5 | −0.5 | −62.8 | −3.3 | 3.80 | 0.12 | 0.00 | 0.00 | 0.00 | 0.00 | 0.26 | 0.02 | 2010.0 |
| ITRF94 | 7.4 | 0.1 | −0.5 | −0.5 | −62.8 | −3.3 | 3.80 | 0.12 | 0.00 | 0.00 | 0.00 | 0.00 | 0.26 | 0.02 | 2010.0 |
| ITRF93 | −50.4 | −2.8 | 3.3 | −0.1 | −60.2 | −2.5 | 4.29 | 0.12 | −2.81 | −0.11 | −3.38 | −0.19 | 0.40 | 0.07 | 2010.0 |
| ITRF92 | 15.4 | 0.1 | 1.5 | −0.5 | −70.8 | −3.3 | 3.09 | 0.12 | 0.00 | 0.00 | 0.00 | 0.00 | 0.26 | 0.02 | 2010.0 |
| ITRF91 | 27.4 | 0.1 | 15.5 | −0.5 | −76.8 | −3.3 | 4.49 | 0.12 | 0.00 | 0.00 | 0.00 | 0.00 | 0.26 | 0.02 | 2010.0 |
| ITRF90 | 25.4 | 0.1 | 11.5 | −0.5 | −92.8 | −3.3 | 4.79 | 0.12 | 0.00 | 0.00 | 0.00 | 0.00 | 0.26 | 0.02 | 2010.0 |
| ITRF89 | 30.4 | 0.1 | 35.5 | −0.5 | −130.8 | −3.3 | 8.19 | 0.12 | 0.00 | 0.00 | 0.00 | 0.00 | 0.26 | 0.02 | 2010.0 |
| ITRF88 | 25.4 | 0.1 | −0.5 | −0.5 | −154.8 | −3.3 | 11.29 | 0.12 | 0.10 | 0.00 | 0.00 | 0.00 | 0.26 | 0.02 | 2010.0 |

注：数据来源于 IERS(International Earth Rotation Service，国际地球自转服务)年报，2010.0 表示 2010 年 1 月 1 日。

转换参数模型：

$$\begin{bmatrix} X_s \\ Y_s \\ Z_s \end{bmatrix} = \begin{bmatrix} X \\ Y \\ Z \end{bmatrix} + \begin{bmatrix} T_x \\ T_y \\ T_z \end{bmatrix} + \begin{bmatrix} D & -R_z & R_y \\ R_z & D & -R_x \\ -R_y & R_x & D \end{bmatrix} \begin{bmatrix} X \\ Y \\ Z \end{bmatrix} \tag{4-2}$$

式中，$X$、$Y$、$Z$ 为 ITRF2014 下的坐标；$X_s$、$Y_s$、$Z_s$ 为其他框架下的坐标。

从另一方面来说，对于一个给定的参数 $P$，其值在任意 $t$ 时刻的表达式为：

$$P(t) = P(\text{Epoch}) + \dot{P}(t - \text{Epoch}) \tag{4-3}$$

式中，Epoch 是表 4-1 给定的参考时刻(参考时刻 2010.0)；$\dot{P}$ 是参数的变化率。

**【例 4.2】** Helmert 14 参数转换：参照式(4-3)，首先设计了一个全局数据，将每个参考框架的布尔莎十四参数写入数组，然后进行转换。

```
    hParas[][14] = {
        {1.6, 1.9, 2.4, -0.02, 0.00, 0.00,0.00,0.0, 0.0,-0.1,0.03, 0.00, 0.00,0.00,2010.0}
        {2.6,1.0, -2.3, 0.92, 0.00, 0.00,0.00,0.3, 0.0,-0.1,0.03, 0.00, 0.00,0.00,2010.0}
        {0.7,1.2, -26.1, 2.12, 0.00, 0.00,0.00,0.1, 0.1,-1.9,0.11, 0.00, 0.00,0.00,2010.0}
        {7.4,-0.5, -62.8, 3.80, 0.00, 0.00,0.26,0.1,-0.5,-3.3,0.12, 0.00, 0.00,0.02,2010.0}
        {7.4,-0.5, -62.8, 3.80, 0.00, 0.00,0.26,0.1,-0.5,-3.3,0.12, 0.00, 0.00,0.02,2010.0}
        {7.4,-0.5, -62.8, 3.80, 0.00, 0.00,0.26,0.1,-0.5,-3.3,0.12, 0.00, 0.00,0.02,2010.0}
        {-50.4, 3.3, -60.2, 4.29,-2.81,-3.38,0.40,2.8,-0.1,-2.5,0.12,-0.11,-0.19,0.07,
2010.0}
        {15.4, 1.5, -70.8, 3.09, 0.00, 0.00,0.26,0.1,-0.5,-3.3,0.12, 0.00, 0.00,0.02,2010.0}
        {27.4,15.5, -76.8, 4.49, 0.00, 0.00,0.26,0.1,-0.5,-3.3,0.12, 0.00, 0.00,0.02,2010.0}
        {25.4,11.5, -92.8, 4.79, 0.00, 0.00,0.26,0.1,-0.5,-3.3,0.12, 0.00, 0.00,0.02,2010.0}
        {30.4,35.5,-130.8, 8.19, 0.00, 0.00,0.26,0.1,-0.5,-3.3,0.12, 0.00, 0.00,0.02,2010.0}
        {25.4,-0.5,-154.8,11.29, 0.10, 0.00,0.26,0.1,-0.5,-3.3,0.12, 0.00, 0.00,0.02,2010.0}
    }
    int helmert14(double p[], double rateP[], double RefEpo, double t, double newXYZ[3])
{
        for(int i = 0; i< 3; i+ + )
            newXYZ[i] = p[i] + rateP[i] * (t-RefEpo);
            return 0;
        }
```

## 二、大地坐标 BLH 与空间直角坐标 XYZ 的相互转换

(1)将大地坐标 BLH 转换为空间直角坐标 XYZ。

$$\begin{cases} X = (N + H)\cos B\cos L \\ Y = (N + H)\cos B\sin L \\ Z = [N(1 - e^2) + H]\sin B \end{cases} \tag{4-4}$$

其中：

$$\begin{cases} N = \dfrac{a}{\sqrt{1 - e^2\sin^2 B}} \\ e^2 = \dfrac{a^2 - b^2}{a^2} = 2f - f^2 \end{cases} \tag{4-5}$$

**【例 4.3】**大地坐标向直角坐标转换：依据式(4-5)，将不同投影参数固化至数组，根据不同的 opt 选项，实现不同投影参数从大地坐标 BLH 向空间直角坐标 XYZ 格式转换。

```
int Geo2Cart(double phi, double lambda, double h, int opt,double * xyz) {
    double a[] = { 6378388, 6378160, 6378135, 6378137,
                   6378137, 6378137, 6378137 };
    double f[] = { 1 / 297.000000000, 1 / 298.247000000, 1 / 298.260000000,
                   1 / 298.257222101, 1 / 298.257223563, 1 / 298.257222101 };
    double ex2, c, N ;

    phi      * = D2R ;
    lambda * = D2R ;
    ex2 = (2-f[opt])* f[opt] / ((1-f[opt])* (1-f[opt]));
    c = a[opt] * sqrt(1 + ex2);
    N = c / sqrt(1 + ex2* cos(phi)* cos(phi));
    xyz[0] = (N + h)* cos(phi)* cos(lambda);
    xyz[1] = (N + h)* cos(phi)* sin(lambda);
    xyz[2] = ((1-f[opt])* (1-f[opt])* N + h)* sin(phi);
    return 0 ;
}
```

(2)将空间直角坐标 XYZ 转换为大地坐标 BLH。

$$\begin{cases} L = \arctan(\dfrac{Y}{X}) \\ B = \arctan(\dfrac{Z(N+H)}{\sqrt{(X^2+Y^2)[N(1-e^2)+H]}}) \\ H = \dfrac{Z}{\sin B} - N(1-e^2) \end{cases} \tag{4-6}$$

**【例 4.4】**直角坐标向大地坐标转换：将不同的曲率变径和曲率固化为数组，一一对应，再参照式(4-6)完成转换。需要注意的是，在计算 $H$ 时，用到了 $H$ 本身，因此在计算 $H$ 时需要进行迭代计算，并给出结束迭代的精度(此处为 $1.0\times10^{-15}$)，采用的是 double 型。

```
int Cart2Geo(double x, double y, double z, int opt,double * blh) {
    double lambda, ex2, c, phi, N;
    double h = 0.0010, oldh = 0.0;
    double a[] = { 6378388, 6378160, 6378135,
                   6378137, 6378137, 6378137  };
    double f[] = { 1 / 297.000000000, 1 / 298.247000000, 1 / 298.260000000,
                   1 / 298.257222101, 1 / 298.257223563, 1 / 298.257222101 };

    ex2 = (2-f[opt])* f[opt] / ((1-f[opt])* (1-f[opt]));
    c = a[opt] * sqrt(1 + ex2);
    lambda = atan2(y, x);
    phi = atan(z / (sqrt(x* x + y* y)* (1-(2-f[opt])* f[opt])));
    do {
        oldh = h;
        N = c / sqrt(1 + ex2* cos(phi)* cos(phi));
```

```
        phi =  atan(z / (sqrt(x* x +  y* y)* (1-(2-f[opt])* f[opt] *  N / (N + h))));
        h =  sqrt(x* x +  y* y) / cos(phi)-N;
    } while (fabs(h-oldh)< 1.0E- 15);
    blh[0] =  phi* R2D;
    blh[1] =  lambda* R2D;
    blh[2] =  h;
    return 0 ;
}
```

## 三、空间直角坐标系 XYZ 与站心坐标系的相互转换

(1)空间直角坐标系 XYZ 转换为站心坐标系。

$$\begin{bmatrix} e \\ n \\ u \end{bmatrix} = \begin{bmatrix} -\sin\lambda & \cos\lambda & 0 \\ -\sin\varphi\cos\lambda & -\sin\varphi\sin\lambda & \cos\varphi \\ \cos\varphi\cos\lambda & \cos\varphi\sin\lambda & \sin\varphi \end{bmatrix} \cdot \begin{bmatrix} x \\ y \\ z \end{bmatrix} \tag{4-7}$$

(2)站心坐标系转换为空间直角坐标系 XYZ。

$$\begin{bmatrix} x \\ y \\ z \end{bmatrix} = \begin{bmatrix} -\sin\lambda & -\sin\varphi\cos\lambda & \cos\varphi\cos\lambda \\ \cos\lambda & -\sin\varphi\sin\lambda & \cos\varphi\sin\lambda \\ 0 & \cos\varphi & \sin\varphi \end{bmatrix} \cdot \begin{bmatrix} e \\ n \\ u \end{bmatrix} \tag{4-8}$$

**【例 4.5】**直角坐标系与站心坐标系的互相转换:参照式(4-7)、式(4-8),在转换矩阵初始化时进行计算,免除了计算的烦恼,提升了代码编写的效率。

```
  int xyz2enu(double phi, double lambda, double x, double y, double z,double * local_
vect) {
      double cl =  cos(lambda* PI / 180);
      double sl =  sin(lambda* PI / 180);
      double cb =  cos(phi* PI / 180);
      double sb =  sin(phi* PI / 180);
      double F[3][3] =  = {{  -sl ,     cl ,  0 },
                          {-sb* cl ,  -sb* sl , cb },
                          { cb* cl ,   cb* sl , sb } } ;

      for (int i =  0; i< 3; i+ + ) {
          local_vect[i] + =  F[i][0] *  x +  F[i][1] *  y +  F[i][2] *  z;
      }
      return 0;
  }
  int enu2xyz(double phi, double lambda, double e, double n, double u, double * global_
vector) {
      double cl =  cos(lambda* PI / 180);
      double sl =  sin(lambda* PI / 180);
      double cb =  cos(phi* PI / 180);
      double sb =  sin(phi* PI / 180);
      double F[3][3] =  { {-sl, -sb* cl,cb* cl}
                        { cl, -sb* sl,cb* sl}
```

```
                    { 0 ,  cb   ,sb }};

    for (int i = 0; i< 3; i+ + ) {
        global_vector[i] + = F[i][0] * e + F[i][1] * n + F[i][2] * u;
    }
    return 0;
}
```

# 第二节　高斯投影计算

将起始点 $P$ 的大地坐标$(L,B)$归算为高斯平面直角坐标$(x,y)$，称之为高斯正算；将起始点 $P$ 的高斯平面直角坐标$(x,y)$归算为大坐标$(L,B)$，称之为高斯反算。

## 一、高斯正算

高斯正算的计算公式：

$$\begin{cases} x = X + \dfrac{N}{2\rho''^2}\sin B\cos B l''^2 + \dfrac{N}{24\rho''^4}\sin B\cos^3 B(5 - t^2 + 9\eta^2)l''^4 \\ y = \dfrac{N}{\rho''}\cos B l'' + \dfrac{N}{6\rho''^3}\cos^3 B(1 - t^2 + \eta^2)l''^3 + \dfrac{N}{120\rho''^5}\cos^5 B(5 - 18t^2 + t^4)l''^5 \end{cases} \tag{4-9}$$

**【例 4.6】**高斯正算：将地球曲率半径数组 $a$ 和对应的扁率数组 $f$ 代入式(4-9)进行高斯正算。

```
  # define D2R  (atan(1.0) * 45) ;
  void GaussProCalc(double lon, double lat, int ZoneWide, int opt, double * X, double
* Y) {
  // 高斯投影由经纬度(UnitD)反算大地坐标(含带号,Unit:Metres)
  // NN 卯酉圈曲率半径
  //M 为子午线弧长
  //fai 为底点纬度,由子午弧长反算公式得到
  //R 为底点所对的曲率半径
      int ProjNo = 0;
      double lon1, lat1, lon0, lat0, X0, Y0, xval, yval;
      double e2, ee, NN, T, C, A, M;
      double a[] = { 6378388, 6378160, 6378135, 6378137,
          6378137, 6378245.0, 6378140.0 };
      double f[] = { 1 / 297.000000000, 1 / 298.247000000, 1 / 298.260000000,
          1 / 298.257222101, 1 / 298.257223563, 1 / 298.257222101,
          1 / 298.300000000, 1 / 298.257000000 };
      ProjNo = (int)(lon / ZoneWide);
      lon0 = ProjNo * ZoneWide + ZoneWide / 2;
      lon0 = lon0 * D2R;
      lat0 = 0;
      lon1 = lon * D2R;
      lat1 = lat * D2R;
```

```
        e2 = 2 * f[opt]-f[opt] * f[opt];
        ee = e2* (1.0-e2);
        NN = a[opt] / sqrt(1.0-e2* sin(lat1)* sin(lat1));
        T = tan(lat1)* tan(lat1);
        C = ee* cos(lat1)* cos(lat1);
        A = (lon1-lon0)* cos(lat1);
        M= a[opt]* ((1-e2 / 4-3 * e2* e2 / 64-5 * e2* e2* e2 / 256)* lat1-(3 * e2 / 8 + 3 *
e2* e2 / 32 + 45 * e2* e2* e2 / 1024)* sin(2 * lat1) + (15 * e2* e2 / 256 + 45 * e2* e2*
e2 / 1024)* sin(4 * lat1)-(35 * e2* e2* e2 / 3072)* sin(6 * lat1));
        xval = NN* (A + (1-T + C)* A* A* A / 6 + (5-18 * T + T* T + 72 * C-58 * ee)* A*
A* A* A* A / 120);
        yval = M + NN* tan(lat1)* (A* A / 2 + (5-T + 9 * C + 4 * C* C)* A* A* A* A / 24 +
(61-58 * T + T* T + 600 * C-330 * ee)* A* A* A* A* A* A / 720);
        X0 = 1000000L * (ProjNo + 1) + 500000L;
        Y0 = 0;
        xval = xval + X0;
        yval = yval + Y0;
        * X = xval;
        * Y = yval;
    }
```

## 二、高斯反算

高斯反算的计算公式：

$$\begin{cases} B = B_f - \dfrac{t_f}{2M_fN_f}y^2 + \dfrac{t_f}{24M_fN_f^3}(5 + 3t_f^2 + \eta_f^2 - 9\eta_f^2t_f^2)y^4 - \\ \qquad \dfrac{t_f}{720M_fN_f^5}(61 + 90t_f^2 + 45t_f^4)y^6 \\ L = \dfrac{1}{N_f\cos B_f}y - \dfrac{1}{6N_f^3\cos B_f}(1 + 2t_f^2 + \eta_f^2)y^3 + \\ \qquad \dfrac{1}{120N_f^5\cos B_f}(5 + 28t_f^2 + 24t_f^4 + 6\eta_f^2 + 8\eta_f^2t_f^2)y^5 \end{cases} \tag{4-10}$$

**【例 4.7】**高斯反算：参照式(4-10)，输入大地坐标(单位为 m)，输出经纬度(单位为°)。

```
    # include < math.h>
    # define D2R (atan(1.0) * 45) ;
    void GaussProInv(double X, double Y, int ZoneWide, int opt, double * lon, double *
lat) {
        int ProjNo;
        double lon1, lat1, lon0, lat0, X0, Y0, xval, yval;
        double e1, e2, ee, NN, T, C, M, D, R, u, fai;
        double a[] = { 6378388, 6378160, 6378135,
            6378137, 6378137, 6378245.0, 6378140.0 };
        double f[] = { 1 / 297.000000000, 1 / 298.247000000, 1 / 298.260000000,
            1 / 298.257222101, 1 / 298.257223563, 1 / 298.257222101,
            1 / 298.300000000, 1 / 298.257000000 };
```

```
        ProjNo = (int)(X / 1000000L); //查找带号
        lon0 = (ProjNo-1) * ZoneWide + ZoneWide / 2;
        lon0 = lon0 * D2R; //中央经线
        X0 = ProjNo * 1000000L + 500000L;
        Y0 = 0;
        xval = X-X0;
        yval = Y-Y0; //带内大地坐标
        e2 = 2 * f[opt]-f[opt] * f[opt];
        e1 = (1.0-sqrt(1-e2)) / (1.0 + sqrt(1-e2));
        ee = e2 / (1-e2);
        M = yval;
        u = M / (a[opt]* (1-e2 / 4-3 * e2* e2 / 64-5 * e2* e2* e2 / 256));
        fai = u + (3 * e1 / 2-27 * e1* e1* e1 / 32)* sin(2 * u) + (21 * e1* e1 / 16-55 *
e1* e1* e1* e1 / 32)* sin(4 * u) + (151 * e1* e1* e1 / 96)* sin(6 * u) + (1097 * e1* e1
* e1* e1 / 512)* sin(8 * u);
        C = ee* cos(fai)* cos(fai);
        T = tan(fai)* tan(fai);
        NN = a[opt] / sqrt(1.0-e2* sin(fai)* sin(fai));
        R = a[opt] * (1-e2) / sqrt((1-e2* sin(fai)* sin(fai))* (1-e2* sin(fai)* sin
(fai))* (1-e2* sin(fai)* sin(fai)));
        D = xval / NN;
        lon1 = lon0 + (D-(1 + 2 * T + C)* D* D* D / 6 + (5-2 * C + 28 * T-3 * C* C + 8 *
ee + 24 * T* T)* D* D* D* D* D / 120) / cos(fai);
        lat1 = fai-(NN* tan(fai) / R)* (D* D / 2-(5 + 3 * T + 10 * C-4 * C* C-9 * ee)* D*
D* D* D / 24 + (61 + 90 * T + 298 * C + 45 * T* T-256 * ee-3 * C* C)* D* D* D* D* D* D /
720);
        * lon = lon1 / D2R;
        * lat = lat1 / D2R;
    }
```

## 三、换带计算

若控制网跨越两个投影带，要使数据能在同一带内进行计算，必须将已知点的坐标换算到同一带内；在采用3°带投影、1.5°带投影或任意带投影时，由于国家控制点通常只有6°带坐标，有时要将6°带坐标转换为3°带坐标；在分界子午线附近工作时，有时需利用另一带的控制点，重叠区的控制点需有相邻两带的坐标。利用高斯投影的正算、反算公式可以进行不同投影带坐标的换带计算。其计算步骤如下(以将西带坐标换算到东带坐标为例)：

(1)根据西带高斯投影坐标 $P_{\mathrm{I}}(x_{\mathrm{I}}, y_{\mathrm{I}})$，经高斯投影反算得 $P$ 点的纬度 $B$ 和它在西带的经度差 $L_{\mathrm{I}}$。

(2)由西带中央子午线的经度 $L_0$，求得 $P$ 点经度 $L(L = L_0 + L_{\mathrm{I}})$。

(3)根据换带后的东带中央子午线经度 $L_0'$，计算 $P$ 点相应东带的经差 $L_{\mathrm{II}}(L_{\mathrm{II}} = L - L_0')$。

(4)由高斯投影正算求得 $P$ 点在东带的高斯投影坐标 $P_{\mathrm{II}}(x_{\mathrm{II}}, y_{\mathrm{II}})$。

**【例4.8】**换带计算：根据上述四个步骤，利用高斯投影正算、反算公式进行换带处理。

```
int zon2lon(int n, int opt) {
    switch (opt) {
    case 6:return 6 * n-3;
    case 3:return 3 * n;
    }
    return -9999;
}
int lon2zon(double lon, int opt) {
    switch (opt) {
    case 6:return int(lon / 6.0) + 1;
    case 3:return int(lon / 3.0 + 0.5);
    }
    return -1;
}
void neibor_zone(double xp, double yp, double prev, double curr, double C, double Eprim2,double &Xprim,double &Yprim) {
    double DeltaXm3 = (xp* 1E-6)-3;
    double Bf = 27.11162289465 + 9.02483657729* DeltaXm3-0.00579850656* pow(DeltaXm3, 2)-0.00043540029 * pow (DeltaXm3, 3) + 0.00004858357 * pow (DeltaXm3, 4) + 0.00000215769* pow(DeltaXm3, 5)-0.00000019404* pow(DeltaXm3, 6);
    double radBf = Deg2Rad(Bf);
    double tanBf = tan(radBf);
    double tanBf2 = tanBf* tanBf;
    double tanBf4 = tanBf2* tanBf2;
    double cosBf = cos(radBf);
    double ntaf2 = Eprim2* pow(cosBf, 2);
    double n = (yp* sqrt((1 + ntaf2))) / C;
    double B = Bf-((1 + ntaf2) / PI)* tanBf* (90 * n* n-7.5* (5 + 3 * tanBf2 + ntaf2-9 * ntaf2* tanBf2)* pow(n, 4) + 0.25* (61 + 90 * tanBf2 + 45 * tanBf4)* pow(ntaf2, 6));
    double radB = Deg2Rad(B);
    double tanB = tan(radB);
    double tanB2 = tanB* tanB;
    double tanB4 = tanB2* tanB2;
    double cosB = cos(radB);
    double sinB = sin(radB);
    double L = (1 / (PI* cosBf))* (180 * n-30 * (1 + 2 * tanBf2 + ntaf2)* pow(n, 3) + 1.5* (5 + 28 * tanBf2 + 24 * tanBf4)* pow(n, 5));
    double X = 111134.0047* B-(32009.8575* sinB + 133.9602* pow(sinB, 3) + 0.6976* pow(sinB, 5) + 0.0039* pow(sinB, 7))* cosB;
    double m = ((L + prev-curr)* PI / 180)* cosB;
    double nta2 = Eprim2* pow(cosB, 2);
    double N = C / (sqrt((1 + nta2)));
    Xprim = X + N* tanB* (0.5* pow(m, 2) + (1 / 24)* (5-tanB2 + 9 * nta2 + 4 * pow(nta2, 2))* pow(m, 4) + (1 / 720)* (61-58 * tanB2 + tanB4)* pow(m, 6));
    Yprim = N* (m + (1 / 6)* (1-tanB2 + nta2)* pow(m, 3) + (1 / 120)* (5-18 * tanB2 + tanB4 + 14 * nta2-58 * nta2* tanB2)* pow(m, 5));
}
```

# 第三节　大地主题解算

大地主题解算：利用已知的某些大地元素（大地经度 $L$，大地纬度 $B$，大地线长 $S$，正、反大地方位角 $A_{12}$ 与 $A_{21}$）推求另一些大地元素，分为正解与反解。已知点 $P_1$ 的大地坐标（$L_1$，$B_1$），点 $P_1$ 至点 $P_2$ 的大地线长 $S$ 及其大地方位角 $A_{12}$，计算点 $P_2$ 的大地坐标（$L_2$，$B_2$）和大地线长 $S$ 在点 $P_2$ 的反方位角 $A_{21}$，这类问题叫作大地主题正解；已知点 $P_1$ 和点 $P_2$ 的大地坐标（$L_1$，$B_1$）和（$L_2$，$B_2$），计算点 $P_1$ 至点 $P_2$ 的大地线长 $S$ 及其正、反方位角 $A_{12}$、$A_{21}$，这类问题叫作大地主题反解。大地主题解算的方法有 70 余种，这里介绍白塞尔大地主题解算。

白塞尔大地主题解算的基本思想：将椭球面上的大地元素按照白塞尔投影条件投影到辅助球面上，继而在球面上进行大地主题解算，最后再将球上的计算结果转换到椭球面上。若找到大地线上某点元素 $L$、$B$、$A$、$S$ 与球面上大圆弧相应点的元素 $\varphi$、$\lambda$、$\alpha$、$\sigma$ 的关系式，便可实现椭球面向球面的过渡。一般通过解下列微分方程得到相应关系式。

$$\begin{cases} \dfrac{\mathrm{d}B}{\mathrm{d}\varphi} = f_1 \\ \dfrac{\mathrm{d}L}{\mathrm{d}\lambda} = f_2 \\ \dfrac{\mathrm{d}A}{\mathrm{d}\alpha} = f_3 \\ \dfrac{\mathrm{d}S}{\mathrm{d}\sigma} = f_4 \end{cases} \tag{4-11}$$

基本解算步骤：①按椭球面上的已知值计算圆球面上的相应值，实现从椭球面向圆球面的转换；②在圆球面上解算大地问题；③按圆球面上的数值计算椭球面的相应数值，实现从圆球向椭球的过渡。

基本特点：解算精度与距离无关，既适合短距离解算，又适合长距离解算。

**【例 4.9】**白塞尔大地主题正算。

```
    int Direct_Bassel(double lat1, double lon1, double s, double alpha,int opt, double
bla[3]) {
        //   Beijing 54,Krasovsky ellipsoid ,International Reference 1975   ,
        //   Geodetic Reference System 1980 (GRS80)  WGS-84 ,CGCS2000
        double ea[] =  { 6378245.000, 6378140.000, 6378137.000, 6378137.000  };
        double flat[] =  { 1.0 / 298.300, 1.0 / 298.2570, 1.0 / 298.257223563, 1.0 / 298.
25722210100  };
        double w1, sinu1, cosu1;
        double sina0, cotsg1, sin2sg1, cos2sg1;
        double cosa02,k2, k4, k6,da, db, dc;
        double alfa, beta,sg0,sin2, cos2;
        double sg,sinu2,b2, l2, a2;
        double lmga,delt,x, y, z;
        double e2 =  (2.0-flat[opt])* flat[opt];        //   0.00669437999013;
        double b =  ea[opt] *  (1.000-flat[opt]);  //    6356752.3142 ;
```

```
    double pe2 = e2 / (1-e2);
    double b1 = lat1* PI / 180.0;
    double l1 = lon1* PI / 180.0;
    double a1 = alpha* PI / 180.0;
    //计算起点归化纬度
    w1 = sqrt(1-e2 * sin(b1) * sin(b1));
    sinu1 = sin(b1) * sqrt(1-e2) / w1;
    cosu1 = cos(b1) / w1;
    //计算辅助函数值
    sina0 = cosu1 * sin(a1);
    cotsg1 = cosu1 * cos(a1) / sinu1;
    sin2sg1 = 2 * cotsg1 / (cotsg1 * cotsg1 + 1);
    cos2sg1 = (cotsg1 * cotsg1-1) / (cotsg1 * cotsg1 + 1);
    //计算系数 da,db,dc 及 alfa,beta 值
    cosa02 = 1-sina0 * sina0;
    k2 = pe2 * cosa02;
    k4 = k2 * k2;
    k6 = k4 * k2;
    da = b * (1 + k2 / 4-3 * k4 / 64 + 5 * k6 / 256);
    db = b * (k2 / 8-k4 / 32 + 15 * k6 / 1024);
    dc = b * (k4 / 128-3 * k6 / 512);
    alfa = 1 / 2 + e2 / 8 + e2 * e2 / 16;
    alfa = alfa-(1 + e2) * e2 * cosa02 / 16 + 3 * e2 * e2 * cosa02 * cosa02 / 128;
    alfa = e2 * alfa;
    beta = cosa02 * (e2 * e2 / 32 + e2 * e2 * e2 / 32)-cosa02 * cosa02 * (e2 * e2 *
e2 / 64);
    //计算球面长度
    sg0 = (s-(db + dc * cos2sg1) * sin2sg1) / da;
    sin2 = sin2sg1 * cos(2 * sg0) + cos2sg1 * sin(2 * sg0);
    cos2 = cos2sg1 * cos(2 * sg0)-sin2sg1 * sin(2 * sg0);
    sg = sg0 + (db + 5 * dc * cos2) * sin2 / da;
    //计算终点大地坐标及大地方位角
    sinu2 = sinu1 * cos(sg) + cosu1 * cos(a1) * sin(sg);
    b2 = atan(sinu2 / (sqrt(1-e2) * sqrt(1-sinu2 * sinu2)));
    lmga = atan(sin(a1) * sin(sg) / (cosu1 * cos(sg)-sinu1 * sin(sg) * cos(a1)));
    //判断符号,确定 lmga 值
    x = sin(a1);
    y = tan(lmga);
    if (x > 0) {
        if (y > 0) lmga = fabs(lmga);
        else lmga = PI-fabs(lmga);
    }
    else {
        if (y < 0) lmga = -fabs(lmga);
        else lmga = fabs(lmga)-PI;
    }
```

```
        //计算经度差改正数
        delt = (alfa * sg + beta * (sin2-sin2sg1)) * sina0;
        l2 = l1 + lmga-delt;
        a2 = atan((cosu1 * sin(a1)) / (cosu1 * cos(sg) * cos(a1)-sinu1 * sin(sg)));
        //判断方位角 a2 符号
        z = tan(a2);
        if (x > 0) {
            if (z > 0) a2 = PI + fabs(a2);
            else a2 = 2 * PI-fabs(a2);
        }
        else {
            if (z < 0)a2 = PI-fabs(a2);
            else a2 = fabs(a2);
        }
        bla[0] = b2 * 180 / PI;
        bla[1] = l2 * 180 / PI;
        bla[2] = a2 * 180 / PI;
        return 0;
    }
```

【**例 4.10**】白塞尔大地主题反算。

```
    void Inv_Bassel(double Lat1, double Lon1, double Lat2,double Lon2, int opt,double SA
[3]) {
    //大地主题反算
    // b1,b2 均为角度制
    // l 代表经差,单位为弧度制
    //返回角度均为角度制
    //返回值存放于一维数组中
      //定义辅助计算量
        double w1, w2;
        double sinu1, sinu2, cosu1, cosu2;
        double aa1, aa2, bb1, bb2;
        //定义逐次趋近法计算大地方位角、球面长度及经差所用变量
        double delt, lmga, sg, x, a1, p, q;
        double delt0;
        double sina0, cosa02;
        double alfa, beta, bbeta;
        double sinsg, cossg;
        //定义计算所需系数
        double k2, k4, k6;
        double da, db, dc, dbb, dcc;
        //定义终点方位角 a2,大地线长度 ss
        double a2, y, ss;
    //     Beijing 54,Krasovsky ellipsoid   International Reference 1975
    //     Geodetic Reference System 1980 (GRS80)   WGS-84   CGCS2000
         double ea[] = { 6378245.000,6378140.000,6378137.000,6378137.000 };
```

```
    double flat[] = { 1.0 / 298.300,1.0 / 298.2570,1.0 / 298.257223563,1.0 / 298.
25722210100 };
    double l = ( Lon2-Lon1)* PI / 180.0;
    double e2 = (2.0-flat[opt])* flat[opt]; // = 0.00669437999013;
    double pe2 = e2 / (1.0-e2);
    double b = ea[opt] * (1.000-flat[opt]); // b = 6356752.3142 ;
    double b1 = Lat1* PI / 180.0;
    double b2 = Lat2* PI / 180.0;

    //辅助计算
    w1 = sqrt(1.0-e2 * sin(b1) * sin(b1));
    w2 = sqrt(1.0-e2 * sin(b2) * sin(b2));
    sinu1 = sin(b1) * sqrt(1.0 -e2) / w1;
    sinu2 = sin(b2) * sqrt(1.0 -e2) / w2;
    cosu1 = cos(b1) / w1;
    cosu2 = cos(b2) / w2;
    aa1 = sinu1 * sinu2;
    aa2 = cosu1 * cosu2;
    bb1 = cosu1 * sinu2;
    bb2 = sinu1 * cosu2;
    //逐次趋近法计算大地方位角、球面长度及经差
    delt = 0 ;
    do {
        delt0 = delt;
        lmga = l + delt;
        p = cosu2 * sin(lmga);
        q = bb1-bb2 * cos(lmga);
        a1 = atan(p / q);
        //判断方位角 a1 符号
            if ( p > 0 ) {
                if (q > 0 )
                        a1 = fabs(a1);
                else
                        a1 = PI-fabs(a1);
            }
            else {
                if (q < 0 )
                        a1 = PI + fabs(a1);
                else
                        a1 = 2.0 * PI-fabs(a1);
            }
        sinsg = p * sin(a1) + q * cos(a1);
        cossg = aa1 + aa2 * cos(lmga);
        sg = atan(sinsg / cossg);
        //判断 cossg 符号
            if (cossg > 0 )
```

```
                sg = fabs(sg);
            else
                sg = PI-fabs(sg);
        sina0 = cosu1 * sin(a1);
        cosa02 = 1.0-sina0 * sina0;
        x = 2.0 * aa1-cosa02 * cos(sg);
        alfa = 0.5 + e2 / 8.0 + e2 * e2 / 16.0;
        alfa = alfa-(1 + e2) * e2 * cosa02 / 16.0 + 3 * e2 * e2 * cosa02 * cosa02 /
128.0;
        alfa = e2 * alfa;
        beta = (e2 * e2 + e2 * e2 * e2) / 32.0-cosa02 * (e2 * e2 * e2 / 64.0);
        bbeta = 2.0 * beta;
        delt = (alfa * sg-bbeta * x * sin(sg)) * sina0;
    } while (fabs(delt-delt0) > 1E-15);
    //计算系数 da,dbb,dcc
    k2 = pe2 * cosa02;
    k4 = k2 * k2;
    k6 = k4 * k2;
    da = b * (1.0 + k2 / 4.0-3.0 * k4 / 64.0 + 5.0* k6 / 256.0);
    db = b * (k2 / 8.0-k4 / 32.0 + 15.0 * k6 / 1024.0);
    dc = b * (k4 / 128.0-3.0 * k6 / 512.0);
    dbb = 2.0 * db / cosa02;
    dcc = 2.0 * dc / (cosa02 * cosa02);
    //计算大地线长度 s 及反方位角 a2
    y = (cosa02 * cosa02-2.0 * x * x) * cos(sg);
    ss = da * sg + (dbb * x + dcc * y) * sin(sg);
    a2 = atan(cosu1 * sin(lmga) / (bb1 * cos(lmga)-bb2));
    p = -cosu1 * sin(lmga);
    q = bb2-bb1 * cos(lmga);
    //判断 A2 符号
        if (p > 0.0) {
            if (q > 0.0)
                a2 = fabs(a2);
            else
                a2 = PI-fabs(a2);
        }
        else {
            if (q < 0.0)
                a2 = PI + fabs(a2);
            else
                a2 = 2.0 * PI-fabs(a2);
        }
    SA[0] = ss;
    SA[1] = a1 * 180 / PI;
    SA[2] = a2 * 180 / PI;
}
```

# 第五章 测量平差程序设计

## 第一节 误差计算

衡量精度的指标通常有平均值、误差、相关系数等。

### 一、平均值

平均值可分为算术平均值、几何平均值、加权平均值及调和平均值。

(1)算术平均值的计算公式：

$$\overline{X} = \frac{1}{n}\sum_{i=1}^{n} x_i \tag{5-1}$$

**【例 5.1】**算术平均值的计算:采用数组作为函数参数。

```
double vector_ArithMean(double * a, int n) {
      double sum = 0.0;
      for (int i = 0; i< n; i+ + )
            sum + = a[i];
      return sum / n;
}
```

(2)几何平均值的计算公式：

$$\overline{X}_g = \sqrt[n]{\prod_{i=1}^{n} x_i} \tag{5-2}$$

**【例 5.2】**几何平均值的计算:采用数组作为函数参数。

```
double vector_GeoMean(double * a, int n) {
    double sum = 1.0;
    for (int i = 0; i< n; i+ + )
        sum * = a[i];
    return pow(sum,1.0 / n);
}
```

(3)加权平均值的计算公式：

$$\overline{X}_p = \sum_{i=1}^{n} P_i x_i \bigg/ \sum_{i=1}^{n} P_i \tag{5-3}$$

**【例 5.3】**加权平均值的计算:采用数组作为函数参数。

```
double vector_WeightedArithMean(double * a, double * p, int n) {
    double suma = 0.0 ;
    double sump = 0.0 ;
    for (int i = 0; i< n; i+ + ) {
        suma + = (a[i] * p[i]);
        sump + = p[i];
    }
    return suma / sump;
}
```

(4)调和平均值的计算公式：

$$\overline{X} = \frac{n}{\sum_{i=1}^{n} \frac{1}{x_i}} \tag{5-4}$$

**【例 5.4】**调和平均值的计算：采用数组作为函数参数。

```
double vector_HarmMean(double * a, int n) {
    double sum = 0.0;
    for (int i = 0; i< n; i+ + ) {
        sum + = 1 / a[i];
    }
    return n / sum;
}
```

## 二、误差

误差就是观测值与客观真实值之差。测量成果常利用精度的高低来判断成果质量的好坏，通常采用中误差、平均误差、离差和极差作为衡量精度的标准。

(1)中误差。在相同观测条件下，对同一未知量进行 $n$ 次观测，对得到的各真误差平方的平均值取平方根，所得的值称为中误差。

中误差的计算公式：

$$m = \begin{cases} \pm\sqrt{\frac{[\Delta\Delta]}{n}} & (m=m/n) \\ \pm\sqrt{\frac{[vv]}{n-1}} & [m=m/(n-1)] \end{cases} \tag{5-5}$$

单位权中误差的计算公式：

$$\mu = \begin{cases} \pm\sqrt{\frac{[p\Delta\Delta]}{n}} \\ \pm\sqrt{\frac{[pvv]}{n-1}} \end{cases} \tag{5-6}$$

**【例 5.5】**中误差的计算：采用数组作为函数参数，可以将式(5-5)和式(5-6)两个功能写在一个函数里。

```
double vector_MeanError(double a[], int n) {
    double me = 0.0;
    for (int i = 0; i< n; i+ + )
        me + = a[i] * a[i];
    me /= n;
    return sqrt(me);
}
```

(2)平均误差。在一定观测条件下出现的一组独立偶然误差,偶然误差绝对值的数学期望即平均误差。

平均误差的计算公式:

$$\hat{\vartheta} = \pm \frac{\sum |\Delta|}{n} \tag{5-7}$$

**【例 5.6】**平均误差的计算:采用指针作为函数参数。这里,指针和数组是通用的,代表的是地址。

```
double vector_AvgError(double a[], int n) {
    double ae = 0.0;
    for (int i = 0; i< n; i+ + )
        ae + = fabs(a[i]) ;
    return ae /n ;
}
```

(3)离差。即标志变动度,又称偏差,是观测值或估计量的平均值与真实值之间的差,是反映数据分布离散程度的量度之一,或是反映统计总体中各单位标志值差别大小的程度或离差情况的指标,即参与计算平均数的变量值与平均值之差。平均离差与离差平方和是指各数值相对于平均值的离散程度。

离差的计算公式:

$$d = x_i - \bar{x} \tag{5-8}$$

平均离差的计算公式:

$$\bar{d} = \sum_{i=1}^{n} |x_i - \bar{x}| / n \tag{5-9}$$

离差平方和的计算公式:

$$d^2 = \sum_{i=1}^{n} (x_i - \bar{x})^2 \tag{5-10}$$

**【例 5.7】**离差的计算:采用数组作为函数参数,分别实现了离差、平均离差和离差平方和的计算。

```
int vector_Deviation(double * a, int n, double * b) {
    int i;
    double avg= 0.0;
    for (i = 0; i < n; i+ + ) avg + = a[i] ;
    avg /= n;
    for (i = 0; i < n; i+ + ) b[i]= a[i]- avg;
    return 0;
```

```
}
double Deviation_Mean(double * a, int n) {//平均离差
        int i;
        double avg1= 0,avg2= 0;
        for (i = 0; i< n; i+ + )  avg1 + = a[i];
        avg1 /= n;
        for (i = 0; i< n; i+ + )  avg2 + = fabs(a[i]-avg1);
        avg2 /= n;
        return avg2 ;
}
double Deviation_Square(double * a, int n) {//离差平方和
    int i;
    double avg1 = 0, avg2 = 0;
    for (i = 0; i< n; i+ + )  avg1 + = a[i];
    avg1 /= n;
    for (i = 0; i< n; i+ + )  avg2 + = ((a[i]-avg1)* (a[i]-avg1));
    return avg2;
}
```

(4)极差。又称范围误差或全距(range)，以 $R$ 表示，用来表示统计资料中变异量数最大值与最小值之间的差距。它表示标志值变动的最大范围，是测定标志变动最简单的指标。

极差的计算公式：

$$R = \max\{x_1, x_2, \cdots, x_n\} - \min\{x_1, x_2, \cdots, x_n\} \tag{5-11}$$

**【例 5.8】**极差的计算：采用指针作为函数参数。

```
double vector_LimitError(double * x, int n) {
    double max = x[0];
    double min = x[0];
    for (int i = 0; i< n; i+ + ) {
        if (x[i]> max) max = x[i];
        if (x[i]< min)  min = x[i];
    }
    return max-min;
}
```

## 三、相关系数

在遥感影像中，灰度互相关是用来评价两幅影像特征邻域相似性的，用以确定影像特征。设 $X_i$、$Y_i$ 分别代表影像区域中第 $i$ 个像元的灰度值，$\overline{X}$、$\overline{Y}$ 代表平均值，$N$ 代表区域中的像素数，则两个影像灰度区域之间的相关系数 $r_{XY}$ ：

$$r_{XY} = \frac{\sum_{i=1}^{n}(X_i - \overline{X})(Y_i - \overline{Y})}{\sqrt{\sum_{i=1}^{n}(X_i - \overline{X})^2} \cdot \sqrt{\sum_{i=1}^{n}(Y_i - \overline{Y})^2}} \tag{5-12}$$

**【例 5.9】**相关系数的计算：采用数组作为函数参数。

```
double vector_Corr(double x[], double y[], int n) {
    int i;
    double mx = x[0],my = y[0] ;
    double dxy = 0.0, dx2 = 0.0, dy2 = 0.0;

    for (i = 1; i < n; i+ + ) {
            mx + = x[i];
            my + = y[i];
    }
    mx /= n ;
    my /= n ;
    for (i = 0; i< n; i+ + ) {
        dxy + = (x[i]-mx);
        dx2 + = (x[i]-mx)* (x[i]-mx);
        dy2 + = (y[i]-my)* (y[i]-my);
    }
    return dxy / (sqrt(dx2)* sqrt(dy2));
}
```

## 四、中位数

对于有序排列的数据集 **X**,位于中间位置的数据即为中位数。中位数可以代替算术平均数反映某种现象变化的一般水平,不受极端值的影响。在具有极大值、极小值的有序数据集中,当数据的个数 $n$ 是奇数时,中位数位于$(n+1)/2$处;当数据的个数 $n$ 为偶数时,位于 $n/2$ 和$(n/2+1)$位置的两个数据的平均值即为中位数。

**【例 5.10】**中位数的求取:采用数组作为函数参数,先采用冒泡法(也可以采用其他排序方法)对数组进行排序,然后取其中间的数据。

```
int sort_Bubble(double * a, int n) {
    double tmp;
    int i,j;
    for (i = 0; i < n; i+ + ){
        for (j = 0; j < n-1-i; j+ + )
            if (a[j + 1] < a[j]) {
                tmp = a[j + 1];
                a[j + 1] = a[j];
                a[j] = tmp;
            }
    }
    return 0;
}
double vector_MidNumber(double * a, int n) {
    sort_Bubble(a, n);
    if (n % 2 )
        return a[(n-1) / 2];
    else
        return (a[n / 2-1] + a[n / 2 ]) / 2.0;
}
```

# 第二节　向量的运算

向量的运算有加减法、乘法、转置、点积等。

【例 5.11】生成一个向量：用 typedef 宏命令重命名数据类型。其好处在于能够一改全改，不用单独去修改每个变量。

```
typedef double DataType  // int
DataType * vector_create(int n, int opt) { // 生成一个向量
    int i;
    DataType * a;
    a= (DataType * )malloc(sizeof(DataType)* n);
    for (i = 0; i < n; i+ + ) {
        if(opt)  a[i] = rand() % 10;
        else  a[i] = opt  ;
    }
    return a;
}
```

## 一、向量加减法

当两个向量相加或相减时，这两个向量的元素类型和元素数量必须相同。

$$\begin{bmatrix} S_1 \\ S_2 \\ \vdots \\ S_{i-1} \\ S_i \end{bmatrix} = \begin{bmatrix} A_1 \\ A_2 \\ \vdots \\ A_{m-1} \\ A_m \end{bmatrix} \pm \begin{bmatrix} B_1 \\ B_2 \\ \vdots \\ B_{n-1} \\ B_n \end{bmatrix} \quad 其中\ i = m = n \tag{5-13}$$

【例 5.12】向量加减的计算：采用数组作为函数参数，并利用数组做参数返回。

```
# include < stdlib.h>
int vector_add(double a[], double b[], int n,double c[]) {
    for (int i = 0; i< n; i+ + )
        c[i] = a[i] + b[i];
     return 0;
}
int vector_minus(double a[], double b[], int n, double c[]) {
    for (int i = 0; i< n; i+ + )
        c[i] = a[i]-b[i];
    return 0;
}
```

## 二、标量向量乘法

标量向量乘法：让一个数字乘以一个向量。标量与向量相乘的结果会产生一个相同类型的新向量，即原向量的每个元素乘以数字。其计算公式如下。

$$\begin{bmatrix} S_1 \\ S_2 \\ \vdots \\ S_{i-1} \\ S_i \end{bmatrix} = n \times \begin{bmatrix} A_1 \\ A_2 \\ \vdots \\ A_{i-1} \\ A_i \end{bmatrix} \tag{5-14}$$

**【例 5.13】**标量向量乘法：采用数组作为函数参数，利用数组做参数返回。

```
int vect_mul(double a[], double b, int n,double c[]) {
    for (int i =  0; i< n; i+ + ) {
        c[i] =  b* a[i];
    }
    return 0;
}
```

## 三、向量转置

转置操作能够将一个行向量改变成一个列向量，反之亦然。

$$\begin{bmatrix} S_1 \\ S_2 \\ \vdots \\ S_{i-1} \\ S_i \end{bmatrix} = [S_1 \quad S_2 \quad \cdots \quad S_{i-1} \quad S_i]^{\mathrm{T}} \tag{5-15}$$

**【例 5.14】**向量转置：采用数组作为函数参数，利用二维指针作为参数并返回结果，即二维数组。

```
int vector_tran(double a[][1], int m,int n,double ** b) {
    int i, j;
    for (i =  0; i< m; i+ + )
        for (j =  0; j< n; j+ + )
            b[j][i] =  a[i][j];
    return 0;
}
int vector_tran(double a[], int m,int n, double ** b) {
    int i, j;
    for (i =  0; i< 1; i+ + )
        for (j =  0; j< n; j+ + )
            b[j][i] =  a[j];
    return 0;
}
```

## 四、向量追加

向量追加是在原有向量中附加另一个向量，共同创造新的向量。如 $\boldsymbol{A}$ 和 $\boldsymbol{B}$ 两个行向量各有 $m$ 个和 $n$ 个元素，现在创建列向量 $\boldsymbol{S}$，并将 $(n+m)$ 个元素都放在列向量 $\boldsymbol{S}$ 中。

$$\begin{bmatrix} S_1 \\ S_2 \\ \vdots \\ S_{i-1} \\ S_i \end{bmatrix}^T = \begin{bmatrix} A_1 \\ A_2 \\ \vdots \\ A_{m-1} \\ A_m \end{bmatrix}^T \text{append} \begin{bmatrix} B_1 \\ B_2 \\ \vdots \\ B_{n-1} \\ B_n \end{bmatrix}^T \quad 其中\ i = m + n \tag{5-16}$$

**【例 5.15】**向量追加:采用数组作为函数参数,利用二维指针/数组作参数返回。

```
int vector_append(double a[], int m, double b[], int n,double c[]) {
    int i;
    for (i = 0; i< m; i+ + )
        c[i] = a[i];
    for (i = 0; i< n; i+ + )
        c[i+ m] = b[i];
    return 0;
}
int vector_append1(double ** a , int m,double  ** b , int n,double ** c) {
    int i;
    for (i = 0; i< m; i+ + )
        c[0][i] = a[0][i] ;
    for (i = 0; i< n; i+ + )
        c[0][i+ m] = b[0][i];
    return 0;
}
int vector_append2(double a[], int m,double b[], int n,double ** c ) {
    int i ;
    for (i = 0; i< m; i+ + )
        c[i][0] = a[i];
    for(i= 0;i< n;i+ + )
        c[i][1] = b[i];
    return 0;
}
int vector_append3(double ** a, int m, double  ** b, int n, double ** c) {
    int i;
    for (i = 0; i< m; i+ + )
        c[0][i] = a[0][i];
    for (i = 0; i< n; i+ + )
        c[1][i ] = b[0][i];
    return 0;
}
```

## 五、向量的模

向量 $\boldsymbol{v} = [v_1 \quad v_2 \quad v_3 \quad \cdots \quad v_n]$,其模的计算公式如下。

$$|\boldsymbol{v}| = \sqrt{v_1^2 + v_2^2 + v_3^2 + \cdots + v_n^2} \tag{5-17}$$

**【例 5.16】**向量的模的计算:该函数采用数组作为函数参数。

```
double vector_norm(double a[], int n) {
    double norm = 0.0;
    int i;
    for (i = 0; i< n; i+ + )
        norm + = a[i] * a[i];
    return sqrt(norm);
}
```

### 六、向量点积

两个向量 $\boldsymbol{a}=(a_1,a_2,\cdots,a_n)$ 与 $\boldsymbol{b}=(b_1,b_2,\cdots,b_n)$ 的点积：

$$\mathrm{dot}(a,b)=\sum_{i=1}^{n}a_i\cdot b_i \tag{5-18}$$

**【例 5.17】**向量点积的计算：该函数以一维数组作参数，返回向量的点积值。

```
double vector_dot(double a[], double b[], int n) {
    double dot = 0;
    int i;
    for (i = 0; i< n; i+ + )
        dot + = a[i] * b[i];
    return dot;
}
```

## 第三节　矩阵的运算

与向量的运算类似，矩阵的运算也有加减法、乘法、转置、点积等，其中比较重要的是转置和求逆运算。

**【例 5.18】**矩阵的生成与输出：在每次使用数组时，都需要开辟一个空间用于存储数据，测绘专业大部分采用双精度型的数据，因此使用 double 类型的测量数据而没有使用通用的，函数返回一个二维指针，即相当于一个二维数组。

```
double ** matrix_create(int m, int n, int opt) {//生成矩阵
    double ** a;
    int i, j;
    a = (double ** )malloc(sizeof(double * )* m);
    for (i = 0; i < m; i+ + ) {
        a[i] = (double * )malloc(sizeof(double)* n);
        for (j = 0; j < n; j+ + ) {
            if (opt)
                a[i][j] = rand() % 10;
            else
                a[i][j] = 0.0;
        }
    }
    return a;
}
```

```
int matrix_print(double ** a, int m, int n) {//输出矩阵
    int i,j;
    for (i = 0; i < m; i+ + ) {
        for (j = 0; j < n; j+ + )
            printf("\t% 5.1f\t", a[i][j]);
        printf("\n");
    }
    return 0;
}
```

## 一、矩阵的加减运算

两个矩阵进行加减运算时,矩阵行、列的维数必须相同。其计算公式如下。

$$\begin{bmatrix} s_{11} & s_{12} & \cdots & s_{1n} \\ s_{21} & s_{22} & \cdots & s_{2n} \\ \cdots & \cdots & \cdots & \cdots \\ s_{m1} & s_{m2} & \cdots & s_{mn} \end{bmatrix} = \begin{bmatrix} a_{11} & a_{12} & \cdots & a_{1n} \\ a_{21} & a_{22} & \cdots & a_{2n} \\ \cdots & \cdots & \cdots & \cdots \\ a_{m1} & a_{m2} & \cdots & a_{mn} \end{bmatrix} \pm \begin{bmatrix} b_{11} & b_{12} & \cdots & b_{1n} \\ b_{21} & b_{22} & \cdots & b_{2n} \\ \cdots & \cdots & \cdots & \cdots \\ b_{m1} & b_{m2} & \cdots & b_{mn} \end{bmatrix} \tag{5-19}$$

**【例 5.19】**矩阵的加减运算:使用两个函数操作,由于不知道数组的维数,都采用二维指针代替数组,最后返回值(地址)也采用二维指针作为函数参数的返回形式。

```
int matrix_add(double ** a, double ** b, int m, int n,double ** c) {
    int i, j;
    for (i = 0; i< m; i+ + )
        for (j = 0; j< n; j+ + )
            c[i][j] = a[i][j]+ b[i][j];
    return 0;
}
int matrix_minus(double ** a, double ** b, int m, int n, double ** c) {
    int i, j;
    for (i = 0; i< m; i+ + )
        for (j = 0; j< n; j+ + )
            c[i][j] = a[i][j]-b[i][j];
    return 0;
}
```

## 二、矩阵的标量运算

矩阵的标量运算就是加、减、乘以或者除以任一数字(标量),形成一个新的矩阵(添加到具有原始矩阵的每个元素的行和列,相减、乘以或除以相同数量的标量运算会产生一个新的矩阵)。此处调用函数的时候可以采用指向函数的指针变量来实现。其计算公式如下。

$$\begin{bmatrix} s_{11} & s_{12} & \cdots & s_{1n} \\ s_{21} & s_{22} & \cdots & s_{2n} \\ \cdots & \cdots & \cdots & \cdots \\ s_{m1} & s_{m2} & \cdots & s_{mn} \end{bmatrix} = n \times \begin{bmatrix} a_{11} & a_{12} & \cdots & a_{1n} \\ a_{21} & a_{22} & \cdots & a_{2n} \\ \cdots & \cdots & \cdots & \cdots \\ a_{m1} & a_{m2} & \cdots & a_{mn} \end{bmatrix} \tag{5-20}$$

【例 5.20】矩阵的标量运算：采用二维指针作为函数参数，返回数组采用二维指针。

```
int matrix_scalar(double ** a, int m, int n, double b, char opt,double ** c) {
    int i, j;
    for (i = 0; i< m; i+ + )
        for (j = 0; j< n; j+ + )
            switch (opt) {
                case'+': c[i][j] = a[i][j] + b; break;
                case'-': c[i][j] = a[i][j] - b; break;
                case'*': c[i][j] = a[i][j] * b; break;
            }
    return 0;
}
```

## 三、矩阵的转置

矩阵的转置是将 $m\times n$ 维的矩阵 $\boldsymbol{A}$ 变换成 $n\times m$ 维的矩阵 $\boldsymbol{B}$，即将矩阵 $\boldsymbol{A}$ 的行变成矩阵 $\boldsymbol{B}$ 的列，矩阵 $\boldsymbol{A}$ 的列变成矩阵 $\boldsymbol{B}$ 的行。

$$\begin{bmatrix} a_{11} & a_{12} & \cdots & a_{1n} \\ a_{21} & a_{22} & \cdots & a_{2n} \\ \cdots & \cdots & \cdots & \cdots \\ a_{m1} & a_{m2} & \cdots & a_{mn} \end{bmatrix} = \begin{bmatrix} a_{11} & a_{21} & \cdots & a_{m1} \\ a_{12} & a_{22} & \cdots & a_{m2} \\ \cdots & \cdots & \cdots & \cdots \\ a_{1n} & a_{2n} & \cdots & a_{mn} \end{bmatrix}^{\mathrm{T}} \tag{5-21}$$

【例 5.21】矩阵的转置：采用二维指针作为函数参数，返回数组采用二维指针。

```
int matrix_tran(double ** a, int m, int n,double ** b) {
    int i, j;
    for (i = 0; i< m; i+ + )
        for (j = 0; j< n; j+ + )
            b[j][i] = a[i][j];
    return 0;
}
```

## 四、矩阵的串联

矩阵的串联能够将两个矩阵连接起来，从而创建出一个新的矩阵。矩阵的串联有两种类型：水平串联与垂直串联。

$$\begin{bmatrix} s_{11} & s_{12} & \cdots & s_{1y} \\ s_{21} & s_{22} & \cdots & s_{2y} \\ \cdots & \cdots & \cdots & \cdots \\ s_{x1} & s_{x2} & \cdots & s_{xy} \end{bmatrix} = \begin{bmatrix} a_{11} & a_{12} & \cdots & a_{1n} \\ a_{21} & a_{22} & \cdots & a_{2n} \\ \cdots & \cdots & \cdots & \cdots \\ a_{m1} & a_{m2} & \cdots & a_{mn} \end{bmatrix} \text{append} \begin{bmatrix} b_{11} & b_{12} & \cdots & b_{1k} \\ b_{21} & b_{22} & \cdots & b_{2k} \\ \cdots & \cdots & \cdots & \cdots \\ b_{j1} & b_{j2} & \cdots & b_{jk} \end{bmatrix} \tag{5-22}$$

【例 5.22】矩阵的串联：采用两个函数完成，都利用二维指针作为函数参数，返回数组采用二维指针。

```
int matrix_rowCat(double ** a , int m1, int n, double ** b , int m2,double ** c) {
    int i, j;
    for (i = 0; i< m1; i+ + )
        for (j = 0; j< n; j+ + )
            c[i][j] = a[i][j];
    for (i = 0; i< m2; i+ + )
        for (j = 0; j< n; j+ + )
            c[i + m1][j] = b[i][j];
    return 0;
}
int matrix_colCat(double ** a, int m, int n1, double ** b, int n2,double ** c) {
    int i, j ;
    for (i = 0; i< m; i+ + )
        for (j = 0; j< n1; j+ + )
            c[i][j] = a[i][j];
    for (i = 0; i< m; i+ + )
        for (j = 0; j< n2; j+ + )
            c[i][j + n1] = b[i][j];
    return 0;
}
```

## 五、矩阵相乘

两个矩阵 $\boldsymbol{A}$ 和 $\boldsymbol{B}$，其中矩阵 $\boldsymbol{A}$ 有 $m\times n$ 个元素，矩阵 $\boldsymbol{B}$ 有 $n\times p$ 个元素，那么它们相乘能够产生一个 $m\times n$ 个元素的矩阵 $\boldsymbol{S}$。需要注意的是，相乘以矩阵 $\boldsymbol{A}$ 的列数等于矩阵 $\boldsymbol{B}$ 的行数为前提，第二个矩阵中相应列元素乘以第一个矩阵中的行元素。例如，$s_{ij}$ 是第一个矩阵第 $i$ 行元素与第二个矩阵第 $j$ 列元素的总和。其计算公式如下。

$$\begin{bmatrix} s_{11} & s_{12} & \cdots & s_{1n} \\ s_{21} & s_{22} & \cdots & s_{2n} \\ \cdots & \cdots & \cdots & \cdots \\ s_{m1} & s_{m2} & \cdots & s_{mn} \end{bmatrix} = \begin{bmatrix} a_{11} & a_{12} & \cdots & a_{1n} \\ a_{21} & a_{22} & \cdots & a_{2n} \\ \cdots & \cdots & \cdots & \cdots \\ a_{m1} & a_{m2} & \cdots & a_{mn} \end{bmatrix} \times \begin{bmatrix} b_{11} & b_{12} & \cdots & b_{1p} \\ b_{21} & b_{22} & \cdots & b_{2p} \\ \cdots & \cdots & \cdots & \cdots \\ b_{n1} & b_{n2} & \cdots & b_{np} \end{bmatrix} \tag{5-23}$$

**【例 5.23】**矩阵相乘：采用二维指针作为函数参数，返回数组采用二维指针。

```
int matrix_mul(double ** a, int m, int n, double ** b, int p,double ** c) {
    int i, j, k;
    for (i = 0; i< m; i+ + )
    for (j = 0; j< p; j+ + ) {
        c[i][j] = 0.0;
        for (k = 0; k< n; k+ + )
            c[i][j] + = a[i][k] * b[k][j];
    }
    return 0;
}
```

## 六、矩阵行列式

矩阵行列式一般采用代数余子式，利用递归调用方式计算。其计算公式如下。

$$\begin{bmatrix} a_{11} & a_{12} & \cdots & a_{1n} \\ a_{21} & a_{22} & \cdots & a_{2n} \\ \cdots & \cdots & \cdots & \cdots \\ a_{m1} & a_{m2} & \cdots & a_{mn} \end{bmatrix} \rightarrow \left| \begin{bmatrix} a_{11} & a_{12} & \cdots & a_{1n} \\ a_{21} & a_{22} & \cdots & a_{2n} \\ \cdots & \cdots & \cdots & \cdots \\ a_{m1} & a_{m2} & \cdots & a_{mn} \end{bmatrix} \right| \tag{5-24}$$

$$\begin{cases} D_1 = a_{00} & n = 1 \\ D_2 = a_{00} \times a_{11} - a_{01} \times a_{10} & n = 2 \\ D_n = \sum_{j=0}^{n-1} ((-1)^{i+j} a_{0j} \times D_{n-1}) & n \geqslant 3 \end{cases} \tag{5-25}$$

**【例 5.24】**矩阵行列式计算:采用二维指针作为函数参数。

```
double matrix_Det(double ** a, int n) {//递归调用
    double ** bk;
    int i, j, k, m;
    double sum = 0.0 ;
    bk= matrix_create(n,n,0);//生成一个矩阵并初始化
    if (n = = 1 )  return a[0][0];
    if (n = = 2 )  return a[0][0]* a[1][1]-a[0][1]* a[1][0];
    for (i = 0; i< n; i+ + ) {
          for (j = 1; j< n; j+ + )
                for (m = 0, k = 0; k< n; k+ + ) {
                      if (k = = i)  continue;
                      bk[j-1][m+ + ] = a[j][k];
                }
          sum + = (pow(-1,i+ j) * a[0][i] * matrix_Det(bk, n-1));
    }
    return sum ;
}
```

## 七、矩阵求逆

在测绘专业代码中,矩阵求逆是一个重要的内容。矩阵求逆有很多种方法,如高斯约化法、奇异值分解法等。这里以简单的伴随矩阵求逆为例。

$$\boldsymbol{A}^{-1} = \frac{\boldsymbol{A}^*}{|\boldsymbol{A}|} \tag{5-26}$$

式中,$\boldsymbol{A}^*$ 为 $\boldsymbol{A}$ 的伴随矩阵。

步骤:先求得矩阵的行列式$|\boldsymbol{A}|$,再求其伴随矩阵 $\boldsymbol{A}^*$,最后求得逆矩阵。

$$\begin{bmatrix} a_{11} & a_{12} & \cdots & a_{1n} \\ a_{21} & a_{22} & \cdots & a_{2n} \\ \cdots & \cdots & \cdots & \cdots \\ a_{m1} & a_{m2} & \cdots & a_{mn} \end{bmatrix} \rightarrow \begin{bmatrix} a_{11} & a_{12} & \cdots & a_{1n} \\ a_{21} & a_{22} & \cdots & a_{2n} \\ \cdots & \cdots & \cdots & \cdots \\ a_{m1} & a_{m2} & \cdots & a_{mn} \end{bmatrix}^{-1} \tag{5-27}$$

**【例 5.25】**矩阵求逆:采用二维指针作为函数参数,返回修改后的函数参数。

```
int swap(double * a, double * b) {//交换,采用地址方式
    double temp;
    temp =  * a;
    * a =  * b;
    * b =  temp;
    return 0;
}

int  matrix_inv(double ** a, int n) {
    int * IS =   (int * )malloc(sizeof(int)* n);
    int * JS =  (int * )malloc(sizeof(int)* n);
    double D;
    int i,j,k,flag =  1 ;
    for (i =  0; i< n; i+ + ) {
            D =  0.0;
            for (k =  i; k< n; k+ + ) {
                for (j =  i; j< n; j+ + ) {
                    if (fabs(a[k][j])> D) {
                         D     =  fabs(a[k][j]);
                         IS[i] =  k;
                        JS[i] =  j;
                    }
                }
            }
            if (fabs(D)< 1.0E-15) {//结束求逆
                flag =  0 ;
                printf("ERROR : Can't INV\n");
                return flag ;
            }
            for (j  =  0; j< n; j+ + )   swap(&a[i][j], &a[IS[i]][j]);
            for (k =  0; k< n; k+ + )   swap(&a[k][i],&a[k][JS[i]]);
            a[i][i] =  1.0 / a[i][i];
            for (j =  0; j< n; j+ + ) {
                if (j ! =  i)  a[i][j] =  a[i][j] *  a[i][i];
            }
            for (k =  0; k< n; k+ + ) {
                if (k ! =  i) {
                    for (j =  0; j< n; j+ + ) {
                        if (j ! =  i)  a[k][j] =  a[k][j] -a[k][i] *  a[i][j];
                    }
                }
            }
            for (k =  0; k< n; k+ + ) {
                if (k ! =  i)  a[k][i] =  -a[k][i] *  a[i][i];
            }
    }
```

```
    for (i = n-1; i > = 0; i--) {
            for (j = 0; j< n; j+ + )  swap(&a[i][j], &a[JS[i]][j]);
            for (k = 0; k< n; k+ + ) swap(&a[k][i], &a[k][IS[i]]);
    }
    return flag ;
}
```

# 第四节 时间序列分析

时间序列就是按照时间顺序排列的一组观测数据。时间序列分析就是发现观测数据的变化规律,构建其相关模型,并应用于观测数据的内插、预测、分析和统计等技术方法。通过时间序列分析,探究观测数据的变化特征。长时间的测绘监测数据、高频 GNSS 结果、InSAR 数据、LiDAR 点等都是时间序列数据。

## 一、序列数据变化特征

对于观测数据序列 $\{x_1, x_2, \cdots, x_n\}$,该序列数据的变化特征描述为:

$$d_j = 2x_j - (x_{j+1} + x_{j-1}) \qquad 其中 j = 2,3,\cdots,n-1 \tag{5-28}$$

$$\bar{d} = \frac{1}{n-2}\sum_{i=2}^{n-1} d_i \tag{5-29}$$

$$\sigma_d = \sqrt{\sum_{i=2}^{n-1} \frac{(d_i - \bar{d})^2}{n-3}} \tag{5-30}$$

$$q_j = \frac{|d_j - \bar{d}|}{\sigma_d} \tag{5-31}$$

**【例 5.26】**时间序列变化特征计算:采用数组作为函数参数,返回数组。

```
double * ts_var(double x[], int n) {
    double * d, * q, md = 0.0;
    double rd = 0.0;
    int i;
    d = vector_create(n-2,0);
    for (i = 1; i < n-1;i+ + )
        f[i] = 2 * x[i]-(x[i + 1] + x[i-1]);
    for(i = 0; i< n-1; i+ + )
        md + = d[i];
    md /= (n-2);
    for(i = 0; i< n-1; i+ + )
        rd + = (d[i]-md)* (d[i]-md);
    rd /= (n-3);
    rd = sqrt(rd);
    q= vector_create(n-2,0);
    for(i = 0; i< n-1; i+ + )
        q[i] = fabs(d[i]-md) / rd;
    return q;
}
```

## 二、时间序列数据内插

当仪器问题、供电问题等发生时，观测数据有时会丢失。在数据缺失不超过 1d 的情况下，可利用前后两天的完整观测记录，计算缺失值，其计算公式为：

$$\begin{cases} X_i = \dfrac{4(X_{i+1} + X_{i-1}) - (X_{i+2} + X_{i-2})}{6} \\ Y_i = \dfrac{4(Y_{i+1} + Y_{i-1}) - (Y_{i+2} + Y_{i-2})}{6} \end{cases} \tag{5-32}$$

**【例 5.27】**时间序列内插一：采用数组作为函数参数，在指定位置内插，采用指针作为函数参数并返回。

```
int ts_interp(int x[], int n, int pos, double * c) {
    int i;
    for(i = 0; i< pos; i+ + )
        c[i] = x[i];
    c[pos] = (4 * (x[pos + 1] + x[pos-1])-(x[pos + 2] + x[pos-2])) / 6.0;
    for(i = pos + 1; i< n + 1; i+ + )
        c[i] = x[i];
    return 0 ;
}
```

连续两个缺值：

$$\begin{cases} y_{i+1} = \dfrac{10y_{i+2} + 5y_{i-1} - 3y_{i+3} - 2y_{i-2}}{10} \\ y_i = \dfrac{10y_{i-1} + 5y_{i+1} - 3y_{i-2} - 2y_{i+3}}{10} \end{cases} \tag{5-33}$$

**【例 5.28】**时间序列内插二：采用数组作为函数参数，在指定位置内插，采用指针作为函数参数并返回。

```
int ts_interp2(int x[], int n, int pos ,double * c) {
    int i;
    for(i = 0; i< pos; i+ + )
        c[i] = x[i];
    c[pos + 1] = (10 * x[pos + 2] + 5 * x[pos-1]-3 * x[pos + 3]-2 * x[pos-2]) / 10.0;
    c[pos] = (10 * x[pos-1] + 5 * x[pos + 1]-3 * x[pos-2]-2 * x[pos + 3]) / 10.0;
    for(i = pos + 2; i< n + 2; i+ + )
        c[i] = x[i];
    return 0;
}
```

拉格朗日多项式内插方法。若已知 $y=f(x)$的$(n+1)$个节点 $x_0, x_1, x_2, \cdots, x_n$，以及它对应的函数值 $y_0, y_1, y_2, \cdots, y_n$，在插值区间内作任意一点，有：

$$f(x) = \sum_{k=0}^{n} \prod_{i=0}^{n} \left[ \frac{x - x_i}{x_k - x_i} \right] y_k \qquad 其中\ i \neq k \tag{5-34}$$

**【例 5.29】**时间序列拉格朗日内插：采用数组作为函数参数。

```
double ts_interp3(double x[], double y[], int n, double inx) {
    int i, j, k;
    double sx = 1.0;
    for (k = 0; k< n; k+ + ) {
        for (i = 0; i< n; i+ + )
            if (i ! = k) sx * = ((inx -x[i])* (x[k] -x[i]));
        sx * = y[k];
    }
}
```

## 三、曲线拟合

用连续曲线近似地刻画或拟合离散观测点所表示的坐标间的函数关系，并用拟合的曲线方程来分析自变量和因变量间的关系。

【**例 5.30**】时间序列曲线拟合：采用数组作为函数参数。

```
# define eps 1E-6
double ls_curve(double x[], double y[], int n) {
    double a = 0.0, b = 0.0, c = 0.0;
    double m1, m2, m3, z1, z2, z3;
    double sx = 0.0, sx2 = 0, sx3 = 0, sx4 = 0;
    double sy = 0.0, sxy = 0, sx2y = 0;
    for (int i = 0; i< n; i+ + ) {
        sx + = x[i];
        sy + = y[i];
        sx2 + = (x[i] * x[i]);
        sxy + = x[i] * y[i];
        sx3 + = (x[i] * x[i] * x[i]);
        sx2y + = (x[i] * x[i] * y[i]);
        sx4 + = (x[i] * x[i] * x[i] * x[i]);
    }
    do {
        m1 = a;
        a = (sx2y -sx3* b -sx2* c) / sx4;
        z1 = (a-m1)* (a-m1);
        m2 = b;
        b = (sxy-sx* c-sx3* a) / sx2;
        z2 = (b-m2)* (b-m2);
        m3 = c;
        c = (sy-sx2* a-sx* b) / 42;
        z3 = (c-m3)* (c-m3);
    } while ((z1> eps) || (z2> eps) || (z3> eps));
}
```

## 四、卡尔曼滤波分析

在实际测量过程中，会不可避免地引入错误点、多余观测及其他观测误差所带来的测量噪声。这些噪声对后期有的数学模型构建会带来一定的影响，为了更好地提取观测数据的特征信息，必须对观测数据进行滤波处理，抑制或去除这些误差。这里采用卡尔曼滤波对观测数据的特征信息进行提取。

$$\boldsymbol{K}=\boldsymbol{P}\times\boldsymbol{H}\times(\boldsymbol{H}^{\mathrm{T}}\boldsymbol{P}\boldsymbol{H}+\boldsymbol{R})^{-1} \tag{5-35}$$

$$\begin{cases}\boldsymbol{X}_P=\boldsymbol{X}+\boldsymbol{K}\times\boldsymbol{V}\\ \boldsymbol{P}_P=(1-\boldsymbol{K}\times\boldsymbol{H}^{\mathrm{T}})\times\boldsymbol{P}\end{cases} \tag{5-36}$$

**【例 5.31】**时间序列卡尔曼滤波：参照式(5-37)、式(5-38)，采用数组作为函数参数。

```
int Kalman_Filter(double * x,  //状态方程,n* 1
    double * P,                //状态方程的协方差矩阵,n* n
    double * H,                //设计矩阵的转置,n* m
    double * v,                //更新后的测量值与模型差(O-M),m* 1
    double * R,                //测量误差的协方差矩阵,m* m
    int n,                     //状态方程个数
    int m,                     // 测量值个数
    double * xp,               // 更新后的状态方程 n* 1
    double * Pp)               //更新后的状态方程的协方差矩阵,n* n
    {// 正常返回 0
    double * F= mat(n,m),* Q= mat(m,m),* K= mat(n,m),* I= eye(n);
    int ierr= 0;

    matcpy(Q,R,m,m);
    matcpy(xp,x,n,1);
    matmul("NN",n,m,n,1.0,P,H,0.0,F);        /* Q= H'* P* H+ R * /
    matmul("TN",m,m,n,1.0,H,F,1.0,Q);
    if (! (ierr= matinv(Q,m))) {
        matmul("NN",n,m,m,1.0,F,Q,0.0,K);   /* K= P* H* Q^-1 * /
        matmul("NN",n,1,m,1.0,K,v,1.0,xp);   /* xp= x+ K* v * /
        matmul("NT",n,n,m,-1.0,K,H,1.0,I);    /* Pp= (I-K* H')* P * /
        matmul("NN",n,n,n,1.0,I,P,0.0,Pp);
    }
    free(F); free(Q); free(K); free(I);
    return ierr;
}
```

其中 mat()为生成矩阵函数；eye()为单位矩阵函数；matcpy()为矩阵复制函数；matmul()为矩阵相乘函数。

## 五、时间序列拟合分析程序

在 GPS 时间序列数据中，需要先对序列粗差的剔除、线性趋势项的计算、周年项和半周年项的计算等进行处理，再进行拟合序列曲线、计算拟合残差、评价拟合精度等的处理。

**【例 5.32】**GPS 时间序列拟合：可用来分析 GPS 三维坐标时间序列，实现数据的读取，并设置拟合参数，完成方程以及矩阵求逆等步骤，并完成粗差探测等功能。

```
# define maxpar  10
# define pi  3.1415926535897932384626433
int main() {
    int npar, maxdat = 100000, ndata = 0;
    double winlo, winhi, rmax, emax, refepoch;
    char tag1[9], tag2[9];
    int  i, j, k, istart, iend, ndat, nfit, ndof, nplot, nsig, nout;
    double sum, res, angle, rmsall, rmsfit, tm, time;
    double * t, * x, * e, * p;
    double ** A, ** ATW, ** ATWA, ** C;
    double * ATWx, * err;
    char ** site, ** flag, ** jpl;
    int flag1 = 0;
    FILE * foutp;
    double Wii;
    char data_file[] = "WES2.lon";
    char outp_file[] = "WES2_lon.out.txt";

    npar = 10;
    winlo = 1900.0;
    winhi = 2100.0;
    emax = 0.08;
    rmax = 0.24;
    refepoch = 1980.00;

    ndata = file_Rows(data_file);
    ndata + = 1;
    maxdat = ndata;
    if ((foutp = fopen(outp_file, "wt")) = = NULL) {
        printf("Error write data file \n");
        exit(1);
    }
    t = vector_create(maxdat,0);
    x = vector_create(maxdat,0);
    e = vector_create(maxdat,0);
    p = vector_create(maxpar,0);
    ATWx = vector_create(maxpar,0);
    err = vector_create(maxpar,0);
    A = matrix_create(maxdat,maxpar,0);
    site = matrix_create(maxdat,5,0);
    flag = matrix_create(maxdat,4,0);
    jpl = (char ** )malloc(sizeof(char * )* maxdat);
    for (i = 0; i< maxdat; i+ + ) {
        jpl[i] = (char * )malloc(sizeof(char) * 8);
    }
    ATW = matrix_create(maxpar, maxdat,0);
```

```
        ATWA = matrix_create(maxpar, maxpar,0);
        C = matrix_create(maxpar, maxpar,0);

        read_llr(data_file, t, x, e, site, flag, jpl, &ndat);
        fprintf(foutp, "ndat = % 4d \n", ndat);
        for (i = 0; i< ndat; i+ + ) {
            fprintf(foutp, "t[% d]= % 9.4lf\tx[% d]= % 8.2lf\t\te[% d]= = % 8.4lf\n", i,
t[i], i, x[i], i, e[i]);
        }
        fprintf(foutp, "\n");

        // figure out data window to use for least squares estimation
        istart = 0;
        iend = 0;
        for (i = 0; i< ndat; i+ + ) {
            if (t[i]< winlo) istart = i;
            if (t[i] < = winhi) iend = i;
        }

        if (iend< istart) printf("Error: no data in specified window\n");
        fprintf(foutp, "First epoch, time: % 5d % 10.4lf\n", istart + 1, t[istart]);
        fprintf(foutp, "Last epoch, time: % 5d % 10.4lf\n", iend + 1, t[iend]);
        iend + = 1;

        // create partials matrix
        for (i = 0; i< ndat; i+ + ) {
            if (npar > = 1)
                A[i][0] = 1.0;
            if (npar > = 2) {
                time = t[i] -refepoch;
                A[i][1] = time;
            }
            if (npar > = 4) {
                angle = pi* (t[i] -2000.0)* 2.0;
                A[i][2] = sin(angle);
                A[i][3] = cos(angle);
            }
            if (npar > = 6) {
                angle = 2.0* angle;
                A[i][4] = sin(angle);
                A[i][5] = cos(angle);
            }
            if (npar > = 7) {
                tm = time* time;
                A[i][6] = tm;
```

```
        }
        if (npar > = 8) {
            tm * = time;
            A[i][7] = tm;
        }
        if (npar > = 9) {
            tm * = time;
            A[i][8] = tm;
        }
        if (npar > = 10) {
            tm * = time;
            A[i][9] = tm;
        }
    }
    for (i = 0; i< ndat; i+ + ) {
        for (j = 0; j< npar; j+ + )
            fprintf(foutp, "A[% d][% d]= % 10.4lf\t", i, j, A[i][j]);
        fprintf(foutp, "\n");
    }
    // create ATWA and ATWx matrices (normal equations)
    // (1) ATW
    for (i = istart; i< iend; i+ + ) {
        Wii = 1.0 / (e[i] * e[i]);
        fprintf(foutp, "Wii = % 10.6lf\t", Wii);
        for (j = 0; j< npar; j+ + ) {
            ATW[j][i] = Wii* A[i][j];
            fprintf(foutp, "ATW[% 04d][% 04d]= % 10.6lf\t", i, j, ATW[j][i]);
        }
        fprintf(foutp, "\n");
    }
    //  (2) ATWx
    for (j = 0; j< npar; j+ + ) {
        sum = 0.0;
        for (i = istart; i< iend; i+ + )
            sum + = ATW[j][i] * x[i];

        ATWx[j] = sum;
        fprintf(foutp, "ATWx[% 04d]= % 15.6lf\t", j, ATWx[j]);
        // (3) ATWA
        for (k = 0; k< npar; k+ + ) {
            sum = 0.0;
            for (i = istart; i< iend; i+ + )
                sum + = ATW[k][i] * A[i][j];

            ATWA[k][j] = sum;
            fprintf(foutp, "ATWA[% 04d][% 04d]= % 20.8lf\t", k, j, ATWA[k][j]);
```

```
        }
        fprintf(foutp, "\n");
    }

    // Invert ATWA to get covariance matrix
    flag1 = gjinvmat(ATWA, maxpar, npar, C);
    if (flag1) printf("error inv matrix\n");
    fprintf(foutp, "Covariance matrix:\n");
    for (j = 0; j< npar; j+ + ) {
        for (k = 0; k< npar; k+ + )
            fprintf(foutp, "C[% d][% d]= % 15.6lf\t", j, k, C[j][k]);
        fprintf(foutp, "\n");
    }

    fprintf(foutp, "\nStandard errors:\n");
    for (j = 0; j< npar; j+ + ) {
        err[j] = sqrt(C[j][j]);
        fprintf(foutp, "err[% d]= % 10.6lf\t", j, err[j]);
    }
    fprintf(foutp, "\n");

    // compute parameter estimates
    for (k = 0; k< npar; k+ + ) {
        sum = 0.0;
        for (j = 0; j< npar; j+ + )
            sum + = C[k][j] * ATWx[j];
        p[k] = sum;
    }

    fprintf(foutp, "\nParameter estimates:\n");
    for (j = 0; j< npar; j+ + )
        fprintf(foutp, "p[% d]= % lf\t", j, p[j]);
    fprintf(foutp, "\n");

    // output residuals
    fprintf(foutp, "\nResidual data\n");
    rmsall = 0.0;
    rmsfit = 0.0;
    nplot = 0;
    nsig = 0;
    nout = 0;
    for (i = 0; i< ndat; i+ + ) {
        sum = 0.0;
        for (j = 0; j< npar; j+ + )
            sum + = A[i][j] * p[j];
        res = x[i] -sum;
```

```
            sum = res* res;
            rmsall = rmsall + sum;
            if (i > = istart &&i < = iend) {
                rmsfit = rmsfit + sum;
                strcpy(tag1, " RESID 1");
            }
            else
                strcpy(tag1, " RESID 0");
            if (e[i] > = emax) {
                strcpy(tag2, " xSIGxxx");
                nsig = nsig + 1;
            }
            else {
                if (res > = rmax || res < = -rmax) {
                    strcpy(tag2, " xOUTxxx");
                    nout = nout + 1;
                }
                else {
                    strcpy(tag2, "  PLOT ");
                    nplot = nplot + 1;
                }
            }
            fprintf(foutp, "% 9.4lf % 11.3lf % 11.3lf  % 11.3lf % 9s % 9s\n", t[i],
res, e[i], x[i], tag1, tag2);
        }
        nfit = iend-istart + 1;
        ndof = nfit-npar;
        rmsfit = sqrt(rmsfit* 1.0000 / ndof);
        rmsall = sqrt(rmsall* 1.000 / ndat);
        fprintf(foutp, " Fit: n, ndof, rms = % 6d% 6d % 8.4lf\n", nfit, ndof, rmsfit);
        fprintf(foutp, " All: n, ndof, rms = % 6d% 6d % 8.4lf\n", ndat, ndat, rmsall);
        fprintf(foutp, " parameters = % d\n", npar);
        fprintf(foutp, " #   to plot     = % d\n", nplot);
        fprintf(foutp, " #   not plot   = % d\n", nsig + nout);
        fprintf(foutp, " #  outliers    = % d\n", nout);
        fprintf(foutp, " #  large sig  = % d\n", nsig);
        printf("\n\tNormal Finished\n\n");
        return 0;
    }

    //- - - - - - - - - - - - - - - - - - - - - - - - - - - - - - - - - - - - - - -
    int gjinvmat(double ** xmatrix, int maxdim, int n, double ** res) {
        int i, j, k;
        double ** g, * coeff, * delg, * delres;
        double diag, dg, dr;
        coeff = vector_create(maxdim,0);
```

```
        delg = vector_create(maxdim,0);
        delres = vector_create(maxdim,0);
        g = matrix_create(maxdim,maxdim,0);
        for (j = 0; j< n; j+ + ) {
            for (i = 0; i< n; i+ + ) {
                g[i][j] = xmatrix[i][j];
                if (i = = j)  res[i][j] = 1.0;
                else     res[i][j] = 0.0;
            }
        }
        for (i = 0; i< n; i+ + ) {
            diag = g[i][i];
            if (diag = = 0.0) {
                printf("GJINVMAT: zero diagonal element\n");
                printf("i= % d \n", i);
                return 1;
            }
            for (k = 0; k< n; k+ + ) {
                coeff[k] = g[k][i];
                delres[k] = res[i][k] / diag;
                delg[k] = g[i][k] / diag;
            }
            for (k = 0; k< n; k+ + ) {
                dr = delres[k];
                dg = delg[k];
                for (j = 0; j< n; j+ + ) {
                    res[j][k] = res[j][k] -coeff[j] * dr;
                    g[j][k] = g[j][k] -coeff[j] * dg;
                }
            }
            for (k = 0; k< n; k+ + ) {
                res[i][k] = delres[k];
                g[i][k] = delg[k];
            }
        }
        return 0;
    }

    void read_llr(char * data_file, double * dec_yr, double * llr, double * err, char
** site, char ** flag, char ** jpl, int * ndata) {
        FILE * fp;
        char line[60];
        int i = 0;
        int n;
        if ((fp = fopen(data_file, "r")) = = NULL) {
            printf(" Can not open data file : % s \n ", data_file);
```

```
            exit(1);
        }
        * ndata =  0;
        while (fgets(line, 60, fp) ! = NULL) {
            n =  sscanf(line, "% lf % lf % lf % s  % s % s", &dec_yr[i], &llr[i], &err
[i], site[i], flag[i], jpl[i]);
            if (n< 6) {
                printf("line =  % s \n", line);
                printf("i= % d n= % d\n", i, n);
                printf("read : deci_year =  % 9.4lf llr=  % 10.2f  error=  % 10.2f
Site =  % 4s  Flag =  % 3s JPL_Date =  % 7s\n", dec_yr[i], llr[i], err[i], site[i], flag
[i], jpl[i]);
            }
            i+ + ;
        }
        * ndata =  i;
        fclose(fp);
    }
```

# 第五节　误差椭圆

点位中误差虽然可以用来说明待定点的点位精度，但是它却不能代表该点在任意方向上的位差大小，而有些时候需要研究点位在某些特定方向上的位差大小，此外还需要了解点位在哪一个方向上的位差最大或最小。这个一般是通过求待定点的点位误差椭圆来实现的，其计算公式如下。

$$m=\sqrt{\frac{\boldsymbol{V}^{\mathrm{T}}\boldsymbol{P}\boldsymbol{V}}{n-t}} \tag{5-37}$$

$$\begin{cases} E_i = \dfrac{m}{2}\cdot(Q_{i,i}+Q_{i+1,i+1}+K_i) \\ F_i = \dfrac{m}{2}\cdot(Q_{i,i}+Q_{i+1,i+1}-K_i) \\ \varphi_{\mathrm{EF}} = \arctan(\dfrac{2Q_{i,i+1}}{Q_{i,i}-Q_{i+1,i+1}}) \\ K_i = \sqrt{(Q_{i,i}-Q_{i+1,i+1})^2-4Q_{i,i}\cdot Q_{i+1,i+1}} \end{cases} \tag{5-38}$$

**【例 5.33】**误差椭圆元素的计算：参照式(5-39)、式(5-40)编写计算误差椭圆 $E$、$F$ 的函数，采用一维指针和二维指针作为函数参数，一维指针参数返回结果。

```
 int err_eclipse(double M,double ** Q,double * E,double * F,double * phi){
     double R1,R2,R3; // E,F,phi,Q 为协因素矩阵
     int i,j= 0;
     for (int i =  0; i <  T; ) {
            R3= sqrt((Q[i][i]- Q[i+ 1][i+ 1])* (Q[i][i] -Q[i +  1][i +  1])+ 4* Q[i][i
+ 1]*  Q[i][i +  1]);
```

```
            R1 =  M* (Q[i][i] + Q[i + 1][i + 1] + R3) / 2.0;
            R2 =  M* (Q[i][i] + Q[i + 1][i + 1]  -R3) / 2.0;
            R3 =  atan(2* Q[i][i+ 1]/(Q[i][i] -Q[i + 1][i + 1]));
            fprintf(fdebug,"% 03d\t% 12.6f\t% 12.6f% 12.6f\n",i/2,R1,R2,R3);
            E[j]= R1;
            F[j]= R2;
            phi[j]= R3;
            j+ + ;
            i = i+ 2 ;
        }
    }
```

# 第六节　水准测量平差计算

水准测量平差计算的目的是检测野外成果的质量，消除系统性误差，处理偶然性误差，评定观测成果和计算成果的精度。水准网平差计算一般采用以最小二乘法为基础的平差方法，如间接平差法、单一水准路线平差法、单节点水准网平差法、等权替代法等。

水准测量平差计算的主要步骤如下。

(1)检查外业观测成果，确保满足限差要求。

(2)消除各项系统误差。

(3)评定观测精度，包括附合路线闭合差、往返不符值、偶然中误差和全中误差。

(4)以修正后的观测成果作为观测值进行平差计算，获得高差的平差值和待定点平差后的高程值。

(5)评定平差后精度，计算高差和高程的中误差。

## 一、单一水准路线平差

单一水准路线一般为附合水准路线和闭合水准路线。附合水准路线的起点高程、终点高程已知，两点间的高差是固定的。闭合水准路线的高差理论值为 0。平差计算过程如下。

### 1. 求待定点最或是高程

(1)计算高差闭合差：

$$f_h = \sum h_i - (H_{\text{end}} - H_{\text{start}}) \tag{5-39}$$

(2)2 种定权方式：

$$\begin{cases} P_i = \dfrac{C}{L_i} \\ P_i = \dfrac{C}{n_i} \end{cases} \tag{5-40}$$

(3)2 种高差改正数方式：

$$\begin{cases} v_i = -\dfrac{f_h}{[L]} \cdot L_i \\ v_i = -\dfrac{f_h}{[n]} \cdot n_i \end{cases} \tag{5-41}$$

(4)计算高差平差值和高程平差值：

$$\begin{cases} \bar{h}_i = h_i + v_i \\ H_i = H_{\text{start}} + \bar{h}_1 + \bar{h}_2 + \cdots + \bar{h}_i \end{cases} \tag{5-42}$$

**2. 精度评定**

(1)单位权中误差：

$$\mu = \sqrt{\frac{[Pvv]}{n-t}} \tag{5-43}$$

式中，$n$ 为测段数；$t$ 为待定点个数。

(2)待定点高程中误差：

$$m_i = \pm \frac{\mu}{\sqrt{P_i}} \qquad \text{其中 } P_i = \frac{C}{[L]_1^i} + \frac{C}{[L]_{i+1}^n} \tag{5-44}$$

**【例 3.34】**单一水准路线平差：参照式(5-41)～式(5-46)编写计算平差函数，采用一维指针作为函数参数，一维指针参数返回结果。

```
int LineFitLeveling(double know[2], double * unkn , double * lens,double * Var,int n) {
      int i ;
      double delta =  know[0]-know[1];
      double sumh= 0.0,dd,suml= 0.0;
      for (i = 0; i < n; i+ + ) {
             sumh + =  unkn[i];
             suml + =  lens[i];
      }
      dd= sumh-delta;
      for (i = 0; i < n; i+ + )
           Var[i]=  know[0]+ unkn[i]-dd* lens[i]/suml;
      return 0;
}

int main() {
      FILE * fin;
      int i,kn,un;
      double know[2],* unkn,* lens,* Var;
      if ((fin = fopen("data.txt", "rt")) = = NULL) {
           printf("can not open data file\n");
           return-1;
```

```
    }

    fscanf(fin,"% d% d",&kn,&un);
    unkn = vector_create(un);
    lens = vector_create(un);
    Var = vector_create(un);

    for (i = 0; i < kn; i+ + )
        fscanf(fin,"% lf",&know[i]);
    for (i = 0; i < un; i+ + )
        fscanf(fin,"% lf% lf",&unkn[i],&lens[i]);
    LineFitLeveling(know,unkn,lens,Var,un);
    for (i = 0; i < un; i+ + )
        printf("% 10.4f\n",Var[i]);
    return 0;
}
```

## 二、单节点水准网平差

单节点水准网表示只有一个点经过多次水准测量，其余点与其构成闭合环。单节点水准网平差的基本思路：先计算出节点的高程平差值，并视为已知值，然后将单节点水准网分解成若干条单一附合水准路线并平差，求得各条路线待定点的高程平差值，最后评定其精度。

平差计算过程如下。

### 1. 求节点高程平差值

（1）计算节点高程 $H_i$：

$$\begin{cases} H_i = H_{\text{start}_i} + h_i \\ P_i = \dfrac{C}{L_i} \end{cases} \tag{5-45}$$

（2）计算节点高程平差值 $H_D$：

$$H_D = \frac{\sum_{i=1}^{n} P_i \cdot H_i}{\sum_{i=1}^{n} P_i} \tag{5-46}$$

### 2. 计算各条路线上待定点高程

计算完节点高程平差值后，将它视为已知，这样各条路线可当作单一附合水准路线进行平差计算。各条路线的改正数 $v$ 和高程闭合差 $f$ 为：

$$v_i = -f_i = H_D - H_i \tag{5-47}$$

### 3. 评定精度

（1）单位权中误差：

$$\mu = \pm\sqrt{\frac{[Pvv]}{n-1}} \tag{5-48}$$

式中，$n$ 为水准路线数；$v$ 为各条路线的高差改正数。

(2)计算节点高程平差值中误差 $m_D$：

$$m_D = \pm \frac{\mu}{\sqrt{P_D}} \qquad 其中\ P_D = \sum P_i \tag{5-49}$$

**【例 5.35】** 单节点水准网平差：参照式(5-47)～式(5-51)编写单节点平差函数，完成点号获取、组法方程等计算功能，最后评定精度。

```
void GetPointNum(int * DH, int ZD, int Y1, int Y2, int &J, int &K) {//引用作参数
    for (int i = 0; i< ZD; i+ + ) {
        if (Y1 = = DH[i]) J = i;
        if (Y2 = = DH[i]) K = i;
    }
}
void  GetGeneral(double * GA, int T, double EP, double ** GN) {
    int i, j;
    for (i = 0; i< T; i+ + ) {
        if (GA[i] = = 0) continue;
        for (j = 0; j< T; j+ + ) {
            if (GA[j] = = 0) continue;
            GN[i][j] = (GA[i] * GA[j] * 1.0 / EP);
        }
    }
}
double GetVarMat(double ** GN, int YD, int j, int k) {
    int m;
    double GS;
    j = j-YD;
    k = k-YD;
    if (k > j) { m = k; k = j; j = m; }
    if (k > = 0)  GS = GN[j][j] + GN[k][k] -2 * GN[j][k];
    if ((k < 0) && (j > = 0)) GS = GN[j][j];
    if ((k < 0) && (j < 0))  GS = 0;
    return GS;
}
void main() {
    void GetPointNum(int * DH, int ZD, int Y1, int Y2, int &J, int &K);//函数声明
    FILE * fin1, * fin2, * fin3, * fout;
    int CS = 0;
    int YD;    // knowned points
    int ZD;    // total points
    int LT;     // edges
    int NC;    // weighted km [default 1] or obs_stations [ 20 ]
    int T;       // unknown points
    int P0;    // weighted parameter
    double * GA,** GN,* K1,* XL,* GZ;
```

```
int       * DH;
int J, K, i, j, k, m;
int Y1,Y2;          //起点编号 终点编号
double GHD;      // 边的高程
double DS;       // 路线长度或测站数
double EP, P,GS, GS1, DW,C;
int M;
// parameter and obs data file
if ((fin1 = fopen("Level1_P93.txt", "rt")) = = NULL) {
    printf("Can not open the input1 file\n");
    exit(1);
}
if ((fin2 = fopen("Level2_P93.txt", "rt")) = = NULL) {
    printf("Can not open the input2 file\n");
    exit(1);
}
if ((fin3 = fopen("Level3_P93.txt", "rt")) = = NULL) {
    printf("Can not open the input3 file\n");
    exit(1);
}
if ((fout = fopen("out_P93.txt", "wt")) = = NULL) {
    printf("Can not open the output file\n");
    exit(1);
}
fscanf(fin1, "% d% d% d% d", &YD, &ZD, &LT, &NC);
T = ZD -YD;
if (NC = = 1)  P0 = 1;
else          P0 = 20;
DH = (int * )malloc(sizeof(int)* ZD);
GZ = vector_create(ZD,0);
for (i = 0; i < ZD; i+ + )
    fscanf(fin1, "% d% lf", &DH[i], &GZ[i]);

GN = matrix_create(T + 1,T+ 1,0);
GA = vector_create(T + 1,0);
XL = vector_create(T + 1,0);
K1 = vector_create(T + 1,0);

while (1) {
    for (i = 0; i < = T; i+ + ) GA[i] = 0;
    rewind(fin2);
    for (m = 0; m< LT; m+ + ) {
        fscanf(fin2, "% d% d% lf% lf", &Y1, &Y2, &GHD, &DS);
        GetPointNum(DH, ZD, Y1, Y2, J, K);
        if ((J -YD) > = 0)   GA[J -YD] = -1;
        if ((K -YD) > = 0)   GA[K -YD] = 1;
```

```
        GA[T] =  (GZ[K] -GZ[J] -GHD) *  1000;
        P =  1.0* P0 / DS;
        for (i =  0; i < =  T; i+ + ) {
            if (GA[i] = =  0) continue;
            for (j =  0; j < =  T; j+ + ) {
                if (GA[j] = =  0) continue;
                GN[i][j] + =  GA[i] *  P* GA[j];
            }
        }
        for (i =  0; i < =  T; i+ + )  GA[i] =  0;
    }
    if (YD = =  0) {
        rewind(fin3);
        EP =  0;
        for (i =  0; i< T; i+ + ) {
            fscanf(fin3, "% lf", &GA[i]);
            EP + =  GA[i];
        }

        GetGeneral(GA, T, EP, GN);
    }
    for (i =  0; i< T; i+ + ) {
        for (j =  i; j < =  T; j+ + ) {
            GS =  GN[i][j];
            for (m =  0; m <  i; m+ + )
                GS-=  GN[m][i] *  GN[m][j] / GN[m][m];
            GN[i][j] =  GS;
        }
    }
    for (i =  T -1; i > =  0; i--) {
        GS1 =  GN[i][T];
        for (j =  i + 1; j <  T; j+ + ) {
            if (j = =  T) break;
            GS1 + =  (GN[i][j] *  K1[j]);
        }
        K1[i] =  -GS1 / GN[i][i];
    }
    C =  0;
    for (i =  0; i< T; i+ + ) {
        GA[i] =  fabs(K1[i]);
        if (C> GA[i]) continue;
        C =  GA[i];
    }
    for (m =  YD; m <  ZD; m+ + )
        GZ[m] + =  (K1[m -YD] / 1000.0);
    for (i =  0; i <  T; i+ + )
```

```
            GA[i] = K1[i];
        if (CS ! = 0) {
            for (i = 0; i < T; i+ + )
                K1[i] = XL[i] + GA[i];
        }
        for (i = 0; i < T; i+ + )
            XL[i] = K1[i];
        if (C > = 0.05)  CS + = 1;
        else         break;
        printf("Run Times = % d\n", CS + 1);
        for (i = 0; i < = T; i+ + )
            for (j = 0; j < = T; j+ + )
                GN[i][j] = 0;
    }

    printf("CALCULATED TIMES OF ALL % d \n", CS + 1);
    GS = 0;
    for (i = 0; i < T; i+ + )
        GS-= (GN[i][T] * GN[i][T] / GN[i][i]);
    GS + = GN[T][T];
    if (YD = = 0)   DW = sqrt(GS / (LT -T + 1));
    else           DW = sqrt(GS / (LT -T));
    // = = = = = = 计算协因素阵= = = = =
    for (k = T -1; k > = 0; k--) {
        GS = -1;
        for (i = k; i > = 0; i--) {
            if (i< k) GS = 0;
            for (j = i; j< T -1; j+ + ) {
                if (j = = T -1) break;
                GS1 = GN[j + 1][k];
                if (j + 1< k) GS1 = GN[k][j + 1];
                GS + = (GN[i][j + 1] * GS1);
            }
            GN[k][i] = -GS / GN[i][i];
        }
    }
    // = = = = = = 秩亏网= = = = =
    if (YD = = 0) {
        for (i = 0; i< T; i+ + ){
            for (j = 0; j < T; j+ + )
                GN[i][j] -= (1.0 / EP);
        }
    }
    fprintf(fout, "= = = = = = = = = = = = Calculations of Levelling Control Network =
= = = = = = = = = \n\n\n");
    if (YD ! = 0) {
```

```
        fprintf(fout, "FIXED POINTS:\n");
        fprintf(fout, "NO.    POINT      HEIGHT(m)\n");
        for (i = 0; i< YD; i+ + )
            fprintf(fout, "% 2d % 6d \t\t% 10.4f\n", i + 1, DH[i], GZ[i]);
    }
    fprintf(fout, "Observations and Calculations:\n");
    if (NC = = 0)
        fprintf(fout, "No. Point1 Point2 Observed(m) distance(m) Adjusted(m) Ddh
(mm)\n");
    else
        fprintf(fout, "No. Point1 Point2 Observed(m) stations(N) Adjusted(m) Ddh
(mm)\n");
    rewind(fin2);
    for (i = 0; i < LT; i+ + ) {
        M = i;
        fscanf(fin2, "% d % d % lf % lf", &Y1, &Y2, &GHD, &DS);
        GetPointNum(DH, LT, Y1, Y2, J, K);
        i = M;
        fprintf(fout, "% 2d\t% 6d\t% 8d\t\t\t% 10.4f\t", i + 1, DH[J], DH[K], GHD);
        if (NC = = 0)   fprintf(fout, " % 12.3f \t", DS);
        else            fprintf(fout, " % 10.3f \t", DS);
        fprintf(fout, "  % 10.4f\t", GZ[K] -GZ[J]);
        GS = GetVarMat(GN, YD, J, K);
        GS = DW * sqrt(fabs(GS));
        fprintf(fout, " % 9.2f\n", GS);
        if (GS < 0)
            fprintf(fout, "Note: From point % d to point % d deviation is negative.\
n", DH[J], DH[K]);
    }
    fprintf(fout, "              Standard Deviation = + /- % 7.3f mm\n", DW);
    fprintf(fout, "Adjusted Height and It's Deviation of Points:\n");
    fprintf(fout, "No.    Point      Height(m)     Dh(mm)      Vh(mm)\n");
    for (i = 0; i< T; i+ + ) {
        fprintf(fout, "% 2d\t% 6d\t\t\t% 9.4f\t\t\t", i + 1, DH[YD + i], GZ[YD +
i]);
        EP = sqrt(fabs(GN[i][i]))* DW;
        fprintf(fout, "% 6.2f\t\t\t% 8.3f\n", EP, K1[i]);
        if (GN[i][i]< 0)
            fprintf(fout, "Note: Point % 4d deviation is % f\n", DH[YD + i], -EP);
    }
    fclose(fin1);
    fclose(fin2);
    fclose(fin3);
    fclose(fout);
    printf("Normal Finished\n");
}
```

## 三、水准网平差计算

多节点的水准网表示各点间都经过一次以上的施测，各点间形成多个闭合路线。它可采用间接平差的计算过程，步骤为：①组平差值方程；②组误差方程；③定权；④组法方程；⑤求解方程，计算高差平差值；⑥评定精度。

**【例 5.36】** 水准网多节点平差的计算：参照步骤①～⑥编写水准网多节点平差函数，完成组法方程、组误差方程、观测值定权、解方程和精度评定等计算功能。

```
int main(){
    FILE * fin,* fout;
    int i,i1,i2,i3,a,b,c ;
    double z,* l,* s,* w;
    int * j,* k,* m, P,* n;
    double * h,* r,* p,* q,m1,u= 0.0,temp;

    if((fin= fopen("data.txt","rt"))= = NULL){
        printf("Can not open data file \n");
        return -1;
    }
    if ((fout =  fopen("output.txt", "wt")) = =  NULL) {
        printf("Can not write result file \n");
        return -2;
    }
    fscanf(fin,"% d% d% d% lf",&a,&b,&c,&z);
    l   =  vector_create(c,0);
    s   =  vector_create(c,0);
    w =  vector_create(c,0);
    h =  vector_create(b,0);
    r =  vector_create(b,0);

    j   =  (int * )malloc(sizeof(int)* c);
    k =  (int * )malloc(sizeof(int)* c);
    m =  (int * )malloc(sizeof(int)* (b-a));
    p =  vector_create(b-a,0);
    q =  vector_create(b-a,0);
    n =  (int * )malloc(sizeof(int)* 2* c);
    for(i= 0;i< 2* c;i+ + )  n[i]= 0;

    for(i= 0;i< a;i+ + ){
        fscanf(fin,"% lf",&h[i]);
        r[i] =  h[i];
    }
    for(i= 0; i< c; i+ + ){
        fscanf(fin,"% d% d% lf% lf",&j[i],&k[i],&s[i],&l[i]) ;
        w[i] =  l[i];
```

```
}

i3= 0 ;
for( i= a;i< b;i+ + ) {
    m[i -a] = i3;
    for( i2 = 0 ;i2< c ; i2+ + ){
        if( j[i2] = = i || k[i2] = = i) {
            n[i3] = i2 ;
            i3 = i3 + 1;
        }
    }
}
m[b -a] = i3;
for( i = 0 ; i< b -a ;i+ + ){
        i1 = m[i];
        i2 = n[i1];
        i3 = a + i -1;
        if(i3 = = k[i2] && h[j[i2]] ! = 0) h[i3] = h[j[i2]] + l[i2];
        if(i3 = = j[i2] && h[k[i2]] ! = 0) h[i3]= h[k[i2]] -l[i2];
        r[i3]= h[i3];
}
for( i = 0; i< b -a ; i+ + ){
        temp = 0;
        for( i2 = m[i] ;i2< m[i+ 1];i2+ + ){
            temp = temp + 1.0 / s[n[i2]];
        }
        p[i] = temp ;
}

    for( i = 0;i< c; i+ + ) l[i] = h[k[i]] -h[j[i]] -l[i];
    P = 0;
    HeightWeight(P,a, b, l, j, k, m, n, s, p, h,  z,  u);
    m1 = 0 ;
    for(  i = 0 ; i< c ;i + + )  m1 = m1 + l[i] * l[i] / s[i];
    m1 = sqrt(m1 / (c -b + a));
    fprintf(fout,"单位权中误差 =  + /- % 4.2f(mm)\n\n", m1* 1000);
    fprintf(fout,"编号     高差改正数(Vmm)     高差平差值(m)\n");
    for(  i = 0 ;i< c; i+ + ){
         fprintf(fout,"% 4d\t\t% 10.1f\t% 15.4f\n",  i,  l[i]* 1000, w[i] + l[i]);
    }
    for( i = 0 ;i< b;i+ + )  r[i]  = h[i];

    fprintf(fout, "\n求待定点权倒数迭代限 % 6.4f\n", z);
    for(i = 0;i< b -a;i+ + ) {
        i2 = a + i ;
        for( i3 = 0 ; i3< c; i3+ + )  l[i3]= 0 ;
```

```
        for( i3 =  0 ; i3< b; i3+ + )  h[i3]= 0 ;
        u =  1.0 / p[i2 -a];
        HeightWeight(i2, a, b, l, j, k, m, n, s, p, h, z, u);
        q[i2 -a]=  sqrt(h[i2]) *  m1;
    }

    for( i =  0 ;i<  b -a;i+ + ) h[a +  i] =  q[i];
    fprintf(fout, "\n 编号  高程平差值(Hm)  高程中误差(mm)\n");
    for( i =  0 ;i< b;i+ + ){
        fprintf(fout,"% 5d\t% 10.4f\t\t\t",i,r[i]);
        if ( i <  a )  fprintf(fout,"% 6.1f\n",0);
        else      fprintf(fout, "% 6.1f\n",h[i]* 1000);
     }
    fclose(fin);
    fclose(fout);
    printf("Normal Finished\n");
    return 0;
}
//逐渐趋近计算待定点的高程平差值及其权倒数
int HeightWeight(int P,int a,int b,double * l,int * j,int * k,int * m,int * n,
double * s,double * p,double * h,double z,double u) {
    int i, j1,k1,t ;
    double  w, y ;
    do {
        y =  0.0;
        for (i = 0; i < b - a; i+ + ) {
            w =  0.0;
            k1 =  a +  i;
            for (j1 =  m[i]; j1< m[i+ 1]; j1+ + ) {
                t =  n[j1];
                if (k1 = =  k[t]) w =  w -l[t] / s[t];
                if (k1 = =  j[t]) w =  w +  l[t] / s[t];
            }
            w =  w / p[k1 -a];
            if (k1 = =  P)  w =  u +  w;
            h[k1] =  h[k1] +  w;
            for (j1 =  m[i]; j1<  m[i+ 1]; j1+ + ) {
                t =  n[j1];
                if (k1 = =  k[t])  l[t] =  l[t] +  w;
                if (k1 = =  j[t])   l[t] =  l[t] -w;
            }
            w =  fabs(w);
            if (w >  z) y =  w;
        }
    } while (y>  z);
    return 0;
}
```

# 第七节　经典平面网平差计算

经典平面网一般是指三角网、三边网、边角网和导线网,其平差计算过程如下。

(1)计算近似坐标。可以采用变形的戎格公式、改写的余切公式、坐标增量公式等方法计算。

(2)组建误差方程式和条件式。分为边条件、角度条件和方位角条件等。

(3)组建和计算法方程。确定观测值权重矩阵和虚拟权重矩阵,高斯约化法求逆等。

(4)评定精度。计算单位权中误差、待定点坐标中误差、点位中误差和误差椭圆元素。

**【例 5.37】**参照上述计算过程编写经典平差程序,完成数组读取、网型选择(秩亏网、拟稳网等)、组法方程和精度评定等计算功能。

```
# define PI  3.1415926
# define PQ  2062.6500

void main() {
    FILE  * fin, * finMD, * finML, * finFL, * finFR, * finDB, * fdebug;
    int       NA, NS, Z, Y1, ASN, DB, FL, FB, FE, SE;
    int       i, j, k, m,I1, I2, J1, J2 ,T, TJ, T4, NetType= 3;
    int        * DH;
    double ** B, ** BB1, ** BB2, ** BB3, ** BB4, ** Gtmatrix, **  Pmatrix;
    double * VA, * XL, * A1, * A2, * KK, * StationZeroBear, ** StationZeroBearZ0;
    int        K1, CS1 =  0;
    double SumX0, SumY0, SumP;
    double C, L, OM, P,  DW, R1, R2, R3;
    double EC[4] =  { 0.0, 0.0, 0.0, 0.0 };
    int        R11, R21;
    double Z0;  //used accumulated bearing
    int        StationChange;
    //int        P1, P2,iP1, iP2, iP3,AngleCalculatedSequece;
    int        StationSequence =  0;         // the station's sequence from 0
    int        NumberofDirection =  0;       // given the initial value
    int        Redundant;
    double GS, GS1, Pvv1,outL[3];

    if ((fin =  fopen("Plain_P240.txt", "rt")) = =  NULL) {
            printf("Can not open the Plain file\n");
            exit(1);
    }
    if ((finMD =  fopen("PlainMD_P240.txt", "rt")) = =  NULL) {
            printf("Can not open the PlainMD file\n");
            exit(2);
    }
    if ((finML =  fopen("PlainML_P240.txt", "rt")) = =  NULL) {
```

```
            printf("Can not open the PlainML file\n");
            exit(3);
    }
    if ((finFL = fopen("PlainFL_P240.txt", "rt")) = = NULL) {
            printf("Can not open the PlainFL file\n");
            exit(4);
    }
    if ((finDB = fopen("PlainDB_P240.txt", "rt")) = = NULL) {
            printf("Can not open the PlainDB file\n");
            exit(5);
    }
    if ((finFR = fopen("PlainFR_P240.txt", "rt")) = = NULL) {
            printf("Can not open the PlainFR file\n");
            exit(6);
    }

    if ((fdebug = fopen("debug_PlainP240.txt", "wt")) = = NULL) {
            printf("Can not open the debug file\n");
            exit(7);
    }
    fscanf(fin, "% d% d% d% d% d% d% d% d% d% d", &NA, &NS, &Z, &Y1, &ASN, &DB, &FL,
&FB, &FE, &SE);

    if ((Y1 = = 1) && ((DB + FB) = = 1)) {
            DB = 0;
            FB = 1;
    }

    if (NS = = 0) NetType = 4;
    T = 2 * (Z -Y1);
    TJ = FL + FB;
    T4 = T + TJ;

    DH = (int * )malloc(sizeof(int)* Z);
    for (i = 0; i < Z; i+ + ) {
          DH[i] = 0;
    }

    B = matrix_create(Z,2,0);
    XL = vector_create(T4+ 1,0);
    BB1 = matrix_create(T4+ 1,T4+ 1,0);
    BB2 = matrix_create(T4+ 1,T4+ 1,0);
    BB3 = matrix_create(T4+ 1,T4+ 1,0);
    BB4 = matrix_create(T4+ 1,T4+ 1,0);

    for (i = 0; i< Z; i+ + )
```

```
            fscanf(fin, "% d% lf% lf", &DH[i], &B[i][0], &B[i][1]);
        fclose(fin);

        Pmatrix= matrix_create(Z,2,0);
        for (i= 0; i< Z; i+ + ) {
            for (j= 0; j< 2; j+ + )
                fscanf(finFR, "% lf", &Pmatrix[i][j]);
        }
        fclose(finFR);

        Gtmatrix= matrix_create(NetType,T+ 1,0);
        A1= vector_create(T4 + 1,0);
        A2= vector_create(T4 + 1,0);
        KK= vector_create(T4 + 1,0);
        StationZeroBear= vector_create(ASN + 1,0); // Required only when directions
have been observed

        // = = = = = = = = = = = = = = = Begin Run While = = = = = = = = = = =
        while (1) {
            zero_vector(A1,T4+ 1);
            zero_vector(A2,T4+ 1);
            zero_vector(KK,T4+ 1);

            if (Y1 = = 0) { // Free Network
                zero_matrix(Gtmatrix, NetType,T+ 1);
                zero_matrix(BB4,T4+ 1,T4+ 1);

                SumX0= 0;
                SumY0= 0;
                SumP = 0;
                for (i= 0; i< Z; i+ + ) {
                    SumP + = Pmatrix[i][0];
                    A2[0]= Pmatrix[i][0] * B[i][0];
                    A2[1]= Pmatrix[i][1] * B[i][1];
                    SumX0 + = A2[0];
                    SumY0 + = A2[1];
                }
                SumX0 /= SumP;
                SumY0 /= SumP;

                for (i= 0; i< Z; i+ + ) {
                    A2[0] + =
        Pmatrix[i][0]* (B[i][0]- SumX0)* (B[i][0]- SumX0)+ Pmatrix[i][1]* (B[i][1]-
SumY0)* (B[i][1]- SumY0);
                }
                A2[0]= sqrt(A2[0]);
```

```
        for (i = 0; i< Z; i+ + ) {
            Gtmatrix[0][2 * i]         = 1 / sqrt(SumP);
            Gtmatrix[0][2 * i + 1]     = 0;
            Gtmatrix[1][2 * i]         = 0;
            Gtmatrix[1][2 * i + 1]     = 1 / sqrt(SumP);
            Gtmatrix[2][2 * i]         = - (B[i][1] -SumY0) / A2[0];
            Gtmatrix[2][2 * i + 1]     = (B[i][0] -SumX0) / A2[0];
            if (NS ! = 0)              continue;
            Gtmatrix[3][2 * i]         = (B[i][0] -SumX0) / A2[0];
            Gtmatrix[3][2 * i + 1]     = (B[i][1] -SumY0) / A2[0];
        }

        for (i = 0; i< T4; i+ + ) {
            for (j = 0; j< T4; j+ + ) {
                for (k = 0; k< NetType; k+ + )
                    BB4[i][j] + = Gtmatrix[k][i] * Gtmatrix[k][j];
            }
        }
    }

    if (NA ! = 0) {
        zero_matrix(BB1,T4+ 1,T4+ 1);
        zero_vector(StationZeroBear, ASN+ 1);
        StationChange = 0;              // "No" ;
        AngleCalculatedSequece = 0;     // "First"
        StationSequence = 0;            //  the station's sequence from 0
        Z0 = 0.0;                       //  used for accumulated bearing
        NumberofDirection = 0;          //  given the initial value
        rewind(finMD);

        for (i = 0; i< NA; i+ + ) {
            fscanf(finMD, "% d% d% lf% lf", &iP1, &iP2, &L, &OM);
            if (i = = 0) iP3 = iP1;
            NumberofDirection+ + ;

            if (iP1 ! = iP3) {
                StationChange = 1;
                StationSequence+ + ;
                iP3 = iP1;
                 StationZeroBear[StationSequence -1] = Z0 / (NumberofDirec-
tion -1);

                Z0 = 0;
                NumberofDirection = 1;
            }

            L = DMS2Deg(L);
```

```
            CalcuCoefficiency(B, iP1, iP2, EC);
            GetDirecObservEquation(A1, AngleCalculatedSequece, iP1, iP2, Y1, L,
EC);  //obtain xishuxiang before unknown variant

            Z0 + = EC[2];
            if (i = = NA -1)
                StationZeroBear[StationSequence] = Z0 / NumberofDirection;
        }

        StationChange = 0;
        AngleCalculatedSequece = 1;
        StationSequence = 0;
        NumberofDirection = 0;
        SumP = 0;
        rewind(finMD);
        for (K1 = 0; K1< NA; K1+ + ) {
            NumberofDirection = NumberofDirection + 1;
            fscanf(finMD, "% d% d% lf% lf", &iP1, &iP2, &L, &OM);
            if (K1 = = 0) iP3 = iP1;
            if ( iP1 ! = iP3 ) {
                assign_vector(A2,T+ 1,A1);
                zero_vector(A2,T+ 1);
                P = - 1.0 / SumP;

                for (i = 0; i < = T; i+ + ) {
                    if (A1[i] = = 0) continue;
                    for (j = 0; j < = T; j+ + ) {
                        if (A1[j] = = 0) continue;
                        BB1[i][j] + = A1[i] * P * A1[j];
                    }
                }
                zero_vector(A1,T+ 1);
                StationChange = 1;
                StationSequence+ + ;
                iP3 = iP1;
                SumP = 0;
                NumberofDirection = 1;
            }

            L = DMS2Deg(L);
            P = 1 / (OM* OM);
            SumP + = P;
            CalcuCoefficiency(B, iP1, iP2, EC);
            GetDirecObservEquation(A1, AngleCalculatedSequece, iP1, iP2, Y1, L,
EC);
```

```
                A1[T] =  (EC[2] -StationZeroBear[StationSequence]) * 3600; //de-
gree is changed into second

                for (i = 0; i < = T; i+ + ) {
                    if (A1[i] = = 0) continue;
                    for (j = 0; j < = T; j+ + ) {
                        if (A1[j] = = 0) continue;
                        BB1[i][j] + =  A1[i] * P * A1[j];
                    }
                }

                for (i = 0; i < = T; i+ + )  A2[i] + = A1[i] * P;
                zero_vector(A1,T+ 1);
                if (K1 = = NA -1) {
                    assign_vector(A2,T+ 1,A1);
                    P = -1.0 / SumP;
                    for (i = 0; i < = T; i+ + ) {
                        if (A1[i] = = 0) continue;
                        for (j = 0; j < = T; j+ + ) {
                            if (A1[j] = = 0) continue;
                            BB1[i][j] + =  A1[i] * P * A1[j];
                        }
                    }
                }
            }
        }
    //
        if (NS ! = 0) {
            zero_vector(A1,T4+ 1);
            zero_matrix(BB2,T4+ 1,T4+ 1);

            rewind(finML);
            for (K1 = 0; K1< NS; K1+ + ) {
                fscanf(finML, "% d% d% lf% lf", &iP1, &iP2, &L, &OM);
                  //non-statistics condition
                 P = 1.0 / ((FE/10.0+ OM+ SE* L/10000.0)* (FE/10.0+ OM+ SE* L/
10000.0));

                CalcuCoefficiency(B, iP1, iP2, EC);
                GetLineObservationEquation(A1, iP1, iP2, Y1, EC); //未知变量的系数项
                A1[T] =  (EC[3] -L) * 100;
                for (i = 0; i < = T; i+ + ) {
                    if (A1[i] = = 0) continue;
                    for (j = 0; j < = T; j+ + ) {
                        if (A1[j] = = 0) continue;
                        BB2[i][j] + =  A1[i] * P * A1[j];
```

```
                }
            }
            zero_vector(A1,T+ 1);
        }
    }

    zero_matrix(BB3,T4+ 1,T4+ 1);
    if (NA = = 0)  assign_matrix(BB2,T4+ 1,T4+ 1,BB3);
    if (NS = = 0)  assign_matrix(BB1,T4+ 1,T4+ 1,BB3);
    if ((NA ! = 0) && (NS ! = 0)) matrix_add(BB1,BB2,T4+ 1,T4+ 1,BB3);

    if (Y1 = = 0) {
        for (i = 0; i< T; i+ + ) {
            I1 = (int)(i / 2);
            J1 = i -2 * I1;
            for (j = 0; j < T; j+ + ) {
                I2 = (int)(j / 2);
                J2 = j -2 * I2;
                BB3[i][j] + = Pmatrix[I1][J1] * BB4[i][j] * Pmatrix[I2][J2];
            }
        }
    }

    if ((FL + FB) ! = 0) {
        for (i = 0; i< T; i+ + ) {
            BB3[T4][i] = BB3[T][i];
            BB3[i][T4] = BB3[i][T];
        }
        BB3[T4][T4] = BB3[T][T];

        if (FL ! = 0) {
            rewind(finFL);
            zero_vector(A1,T4+ 1);
            for (K1 = T; K1< T + FL; K1+ + ) {
                fscanf(finFL, "% d% d% lf% lf", &iP1, &iP2, &L, &OM);
                CalcuCoefficiency(B, iP1, iP2, EC);
                GetLineObservationEquation(A1, iP1, iP2, Y1, EC);
                A1[T4] = (EC[3] -L) * 100;
                for (i = 0; i < = T4; i+ + ) {
                    BB3[K1][i] = A1[i];
                    BB3[i][K1] = A1[i];
                }
                BB3[K1][T4] = A1[T4];
                zero_vector(A1,T4+ 1);
            }
        }
```

```
//
        if (FB ! = 0) {
            rewind(finDB);
            zero_vector(A1,T4+ 1);
            for (K1 = T + FL; K1 < T + FL + FB; K1+ + ) {
                fscanf(finDB, "% d% d% lf% lf", &iP1, &iP2, &L, &OM);
                CalcuCoefficiency(B, iP1, iP2, EC);
                L = DMS2Deg(L);
                AngleCalculatedSequece = 9 ;
                GetDirecObservEquation(A1, AngleCalculatedSequece, iP1, iP2, Y1, L,
EC);

                A1[T4] = EC[2] * 3600;
                for (i = 0; i < = T4; i+ + ) {
                    BB3[K1][i] = A1[i];
                    BB3[i][K1] = A1[i];
                }
                BB3[K1][T4] = A1[T4];
                zero_vector(A1,T4+ 1);
            }
            AngleCalculatedSequece = 0;
        }
    }
    // GetUnknown , to solve the functions
    for (i = 0; i< T4; i+ + ) {
        KK[i] = 0;
        for (j = i; j < = T4; j+ + ) {
            GS = BB3[i][j];
            for (m = 0; m< i; m+ + )
                GS-= BB3[m][i] * BB3[m][j] / BB3[m][m];
            BB3[i][j] = GS;
        }
    }


    for (i = T4 -1; i > = 0; i- -) {
        GS1 = BB3[i][T4];
        for (j = i + 1; j < T4; j+ + ) {
            if (j = = T4) break;
            GS1 + = BB3[i][j] * KK[j];
        }
        KK[i] = -GS1 / BB3[i][i];
    }

    C = 0;
    for (i = 0; i< T; i+ + ) {
        A1[i] = fabs(KK[i]);
        if (C < A1[i])   C = A1[i];
    }
```

```
            for (i = Y1; i< Z; i+ + ) {
                B[i][0] + = KK[2 * (i -Y1) ] / 100;
                B[i][1] + = KK[2 * (i -Y1) + 1] / 100;
            }

            assign_vector(KK,T4,A1) ;
            if ( CS1 ! = 0 ) vector_add(XL,A1,T4,KK);
            assign_vector(KK,T4,XL) ;
            assign_vector(A1,T4,KK) ;
            if (C > = 0.005) { //0.05mm as the cycle calculation condition
                CS1+ + ;
                if (CS1 > 10) break;
            }
            else break;
        } // End while
        printf("\n\n= = = = End Calculation = = = = \n");

        fprintf(fdebug, "CALCULATED TIMES OF ALL: % d\n", CS1 + 1);
        printf("CALCULATED TIMES OF ALL: % d\n", CS1 + 1);
        GS = 0.0 ;
        for (i = 0; i< T4; i+ + )
                GS- = BB3[i][T4] * BB3[i][T4] / BB3[i][i];
        GS + = BB3[T4][T4];
        DW = GS;
        Redundant = NA + NS + TJ + NetType -ASN -T-3;

        DW = sqrt(fabs(GS) / Redundant);

        fprintf(fdebug, "the standard deviation is = % 9.4f \n", DW); //unit: cm
or second

        for (k = T4 -1; k > = 0; k--) {
                GS = -1;
                for (i = k; i > = 0; i--) {
                    if (i< k) GS = 0;
                    for (j = i; j < = T4 -2; j+ + ) {
                        if (j = = T4 -1) break;
                        GS1 = BB3[j + 1][k];
                        if (j + 1 < k) GS1 = BB3[k][j + 1];
                        GS + = BB3[i][j + 1] * GS1;
                    }
                    BB3[k][i] = -GS / BB3[i][i];
                }
        }
```

```
    if ((DB + FB) ! = 0) {
            if ((DB + FB) = = 1) {
                rewind(finDB);
                zero_vector(A1,T4);
                fscanf(finDB, "% d% d% lf% lf", &iP1, &iP2, &L, &OM);
                CalcuCoefficiency(B, iP1, iP2, EC);
                GetDirecObservEquation(A1, AngleCalculatedSequece, iP1, iP2, Y1, L,
EC);
                for (i = 0; i< T4; i+ + ) {
                    A2[i] = 0;
                    for (j = 0; j< T4; j+ + ) {
                        if (A1[j] = = 0) continue;
                        R11 = i;
                        R21 = j;
                        if (i > j) {
                            R21 = i;
                            R11 = j;
                        }
                        A2[i] + = A1[j] * BB3[R21][R11];
                    }
                }
                // calculated (C* Q)* C'then get inverse matrix of Ncc
                EC[0] = 0;
                for (i = 0; i< T4; i+ + ) {
                    EC[0] + = A2[i] * A1[i];
                }
                for (i = 0; i< T4; i+ + ) {
                    A2[i] = 0;
                    for (j = 0; j< T4; j+ + ) {
                        if (A1[j] = = 0) continue;
                        R11 = i;
                        R21 = j;
                        if (i> j) {
                            R21 = i;
                            R11 = j;
                        }
                        A2[i] + =  A1[j] * BB3[R21][R11];
                    }
                }
                //  get the final matrix of Q-Q* C'* inv(Ncc)* C* Q
                for (i = 0; i< T4; i+ + ) {
                    for (j = 0; j < = i; j+ + )
                        BB3[i][j] -= (A2[i] * A2[j]) / EC[0];
                }
```

```
                fprintf(fdebug, "The following are the xieyinshu juzhen- - - Note:
are put into xiasanjiao\n");
                for (i = 0; i< T4; i+ + ) {
                    for (j = 0; j < = i; j+ + )
                        fprintf(fdebug, " Q[% 02d][% 02d] = % 12.6f\t", i, j, BB3[i]
[j]);

                    fprintf(fdebug, "\n");
                }
                fprintf(fdebug, "\n");
            }
    }
    // get reviewed variant-matrix with freenetwork
    if (Y1 = = 0) {
            for (i = 0; i< T4; i+ + ) {
                for (j = 0; j < = i; j+ + )
                    BB3[i][j]- = BB4[i][j];
            }
    }
    // form the final result file
    if (NA ! = 0) {
            //  Z0CorrectionCalculation
            rewind(finMD);
            StationChange = 0 ;                       //"No"
            AngleCalculatedSequece = 2 ; // "Third"  only improve efficiency
            SumP = 0;                                    //given the initial value
            StationSequence = 0 ;
            GS = 0 ;
            Z0 = 0;                                      //used to accumulated bearing
            NumberofDirection = 0 ;

            zero_vector(A1,T4+ 1);
            zero_vector(A2,T4+ 1);

            StationZeroBearZ0 = matrix_create(ASN + 1,2,0);
            for (K1 = 0; K1 < NA; K1+ + ) {
                fscanf(finMD, "% d% d% lf% lf", &iP1, &iP2, &L, &OM);
                if (K1 = = 0) iP3 = iP1;
                NumberofDirection+ + ;
                if (iP1 ! = iP3) {
                    assign_vector(A2,T+ 1,A1); // for (i = 0; i < = T; i+ + ) A1[i] =
A2[i];

                    zero_vector(A2,T4+ 1);
                    P = SumP;
                    for (i = 0; i < = T; i+ + ) GS + = A1[i] * KK[i];
                    StationZeroBearZ0[StationSequence][0] = Z0 / (NumberofDirection -
1);  //unit: degree
```

```
            StationZeroBearZ0[StationSequence][1] = GS / P; //unit: second
            zero_vector(A1,T+ 1);
            StationChange = 1;     //"Yes";
            StationSequence+ + ;
            //Reset the new station //s start direction
            iP3 = iP1;
            SumP = 0;
            Z0 = 0;
            GS = 0;
            NumberofDirection = 1; //after station change ,so recount the dirc-
tion//s number
        }
        P = 1.0 / (OM* OM);
        L = DMS2Deg(L);
        SumP + = P;
        CalcuCoefficiency(B, iP1, iP2, EC);
        GetDirecObservEquation(A1, AngleCalculatedSequece, iP1, iP2, Y1, L,
EC);

        Z0 = Z0 + EC[2];
        for (i = 0; i < = T; i+ + )  A2[i] + = A1[i] * P;
        zero_vector(A1,T+ 1);

        if (K1 = = NA -1) {
            StationZeroBearZ0[StationSequence][0] = Z0 / NumberofDirection; //
unit: degree,
            assign_vector(A2,T+ 1,A1);
            for (i = 0; i < = T; i+ + ) GS + = A1[i] * KK[i];   //unit: sec-
ond, for v-Z0
            StationZeroBearZ0[StationSequence][1] = GS / SumP;
        }
    }

    StationChange = 0; //"No"  //restart the initial value
    // all directions' correction values can be calculated now
    rewind(finMD);
    StationChange = 0;  //"No" :
    AngleCalculatedSequece = 3;  //"forth"
    StationSequence = 0;
    GS = 0;
    SumP = 0;
    Pvv1 = 0;
    //  calculated [Pvv1] afterwhile
    VA = vector_create(NA+ 1,0);
    zero_vector(A1,T+ 1);
    // calculate Pvv1
    for (i = 0; i< NA; i+ + ) {
```

```
            fscanf(finMD, "% d% d% lf% lf", &iP1, &iP2, &L, &OM);
            if (i = = 0) iP3 = iP1; //for(judge the chage of station
            if (iP1 ! = iP3) {
                StationChange = 1;// "Yes" :
                StationSequence = StationSequence + 1;
                iP3 = iP1;
            }
            P = 1 / (OM* OM);
            L = DMS2Deg(L);
            CalcuCoefficiency(B, iP1, iP2, EC);
            GetDirecObservEquation(A1, AngleCalculatedSequece, iP1, iP2, Y1, L,
EC);
            A1[T] = (EC[2] -StationZeroBearZ0[StationSequence][0]) * 3600;   //
unit:second
            for (j = 0; j< T; j+ + ) GS + = A1[j] * KK[j];
            VA[i] = GS + A1[T] -StationZeroBearZ0[StationSequence][1]; //unit:sec-
ond
            Pvv1 + = P * VA[i] * VA[i];

            zero_vector(A1,T+ 1);
            GS = 0;
        }
    }

    // print the known-points's coordinates
    fprintf(fdebug, "= = = = = Calculations of Plain Control Network  = = = = = \n\
n");
    if (Y1 ! = 0) {
        fprintf(fdebug, "Fixed Point ( No. = % d ) \n", Y1);
        fprintf(fdebug, "NO.  POINT        X(m)              Y(m)\n");
        for (i = 0; i< Y1; i+ + )
            fprintf(fdebug, "% 2d\t% 4d\t\t\t% 14.6f\t\t% 14.6f\n", i + 1,  DH
[i],B[i][0],B[i][1]);
    }
    // print the conditions of directions measuring
    if (NA ! = 0) {
        rewind(finMD);
        zero_vector(A1,T+ 1);
        fprintf(fdebug, "\n\nHorizontal Directions and Calculations( No. = % 4d
)\n", NA);
        fprintf(fdebug, "\nPoint1 Point2 Observed(dms) Calculated(dms) Bearing
(dms) Correc(\") MA(\") ");
        StationChange = 0;
        for (i = 0; i< NA; i+ + ) {
            fscanf(finMD, "% d% d% lf% lf", &iP1, &iP2, &L, &OM);
            A2[1] = L;
```

```
            CalcuCoefficiency(B, iP1, iP2, EC);
            if (i = =  0) {
                iP3 =  iP1;
                A2[0] =  EC[2];
            }
            if (iP1 ! =  iP3) {
                iP3 =  iP1;
                A2[0] =  EC[2];
                StationChange =  1;
                fprintf(fdebug,"\n");
            }
            else
                StationChange =  0;
            fprintf(fdebug, "\n% 6d\t% 6d\t\t", DH[iP1], DH[iP2]);
            Deg2DMS(DMS2Deg(A2[1]),outL);
            fprintf(fdebug, "% 3d % 02d % 4.1f\t\t\t", (int)(outL[0]), (int)(outL
[1]), outL[2]);
            L =  EC[2] -A2[0];
            if (L <  0) L + =  360;
            Deg2DMS(L,outL);
            fprintf(fdebug, "% 3d % 02d % 4.1f\t\t\t", (int)(outL[0]), (int)(outL
[1]), outL[2]);
            Deg2DMS(EC[2],outL);
            fprintf(fdebug, "% 3d % 02d % 4.1f\t\t\t", (int)(outL[0]), (int)(outL
[1]), outL[2]);
            //  show  directions'correction
            R1 =  VA[i];
            R2 =  (int)(fabs(R1) *  10 +  0.5) / 10.0 ;
            R3 =  R2 *  Sgn(R1);
            fprintf(fdebug, "% 6.1f\t\t", R3);

    //calculated the deviations of directions
            GetDirecObservEquation(A1, AngleCalculatedSequece, iP1, iP2, Y1, L,
EC);
            L =  GetDeviationFunc(BB3, A1, T);
            fprintf(fdebug, "% 6.1f\t\t", DW *  sqrt(fabs(L)));
            zero_vector(A1,T+ 1);
        }
    }

    //   print the conditions of line measuring
    if (NS ! =  0) {
        rewind(finML);
        zero_vector(A1,T+ 1);
        fprintf(fdebug, "\n\nLines observations and Calculations( No.=  % d )\n",
NS);
```

```
            fprintf(fdebug, "\nNo. Point1 Point2 Observed(m) Calculated(m) Corr(mm)
ML(mm)  ");
            for (i = 0; i< NS; i+ + ) {
                fscanf(finML, "% d% d% lf% lf", &iP1, &iP2, &L, &OM);
                fprintf(fdebug, "\n% 3d\t% 6d\t% 6d\t", i + 1, DH[iP1], DH[iP2]);
                A2[0] = L;

                fprintf(fdebug, "% 16.5f\t", L);
                CalcuCoefficiency(B, iP1, iP2, EC);
                EC[3] = (int)(EC[3] * 10000 + 0.5) / 10000.0;
                fprintf(fdebug, "% 16.5f\t", EC[3]);
                L = (EC[3] -A2[0]) * 1000;
                R1 = L * 10;
                R2 = (int)(fabs(R1) + 0.5) / 10.0;
                R3 = R2 * Sgn(R1);
                fprintf(fdebug, "% 9.1f\t", R3);

                GetLineObservationEquation(A1, iP1, iP2, Y1, EC);
                L = GetDeviationFunc(BB3, A1, T);
                R1 = fabs(L);
                R2 = (int)(DW * 100 * sqrt(R1) + 0.5) / 10.0;
                fprintf(fdebug, "% 10.2f\t", R2);
                zero_vector(A1,T+ 1);
            }
        }

        if (DB ! = 0) {
            rewind(finDB);
            zero_vector(A1,T+ 1);
            fprintf(fdebug, "\nKnown-bearing and it's value after adjustment ( No.=
% d )\n", DB);
            fprintf(fdebug, "\nNo. Point1 Point2 Fix-bear(dms) Calculated(dms) Dif-
fers(////)\n");
            StationChange = 0;
            // show point code and fixed-bearing and difference
            fscanf(finDB, "% d% d% lf% lf", &iP1, &iP2, &L, &OM);
            fprintf(fdebug, "1\t% d\t% d\n", DH[iP1], DH[iP2]);
            A2[0] = L;
            fprintf(fdebug, "% 9.4f\n", L);
            CalcuCoefficiency(B, iP1, iP2, EC);
            L = EC[2];
            A2[1] = EC[2];
            Deg2DMS(L,outL);
            fprintf(fdebug, "% 3d % 02d % 4.1f\t\t", (int)(outL[0]), (int)(outL[1]),
outL[2]);
            L = A2[0];
```

```
                A2[0] = DMS2Deg(L);
                L = A2[1] -A2[0];
                Deg2DMS(fabs(L),outL);
                fprintf(fdebug,  "% 3d % 02d % 4.1f\t\t", (int)(outL[0]),(int)(outL[1]),
outL[2]);
            }

        if (FL ! = 0) {
                fprintf(fdebug, "\nFixed lines and Calculations( No.= % d )\n", FL);
                fprintf(fdebug, "\nNo. Point1 Point2 Fixed-value(m) Calculated(m) Corr
(mm)  ");
                rewind(finFL);
                for (i = 0; i< FL; i+ + ) {
                    fscanf(finFL, "% d% d% lf% lf", &iP1, &iP2, &L, &OM);
                    fprintf(fdebug, "\n% 3d% 8d\t% 8d\t\t\t\t", i + 1, DH[iP1], DH[iP2]);
                    A2[0] = L;
                    fprintf(fdebug, "% 10.4f\t\t\t\t", L);
                    CalcuCoefficiency(B, iP1, iP2, EC);
                    fprintf(fdebug, "% 10.4f\t\t", EC[3]);
                    L = (EC[3] -A2[0]) * 1000;
                    fprintf(fdebug, "% 6.1f\n", fabs(L));
                }
            }

        if (FB ! = 0) {
                rewind(finDB);
                fprintf(fdebug, "\nKnown-bearing and it//s value after adjustment(No.=
% d)\n", FB);
                fprintf(fdebug, "\nNo. Point1 Point2 Fix-bear(dms) Calculated(dms) Dif-
fers(dms)   \n");
                StationChange = 0;
                for (i = 0; i< FB; i+ + ) {
                    fscanf(finDB, "% d% d% lf% lf", &iP1, &iP2, &L, &OM);
                    fprintf(fdebug, "% 3d\t% 6d\t% 6d\n", i + 1, DH[iP1], DH[iP2]);
                    A2[0] = L;
                    fprintf(fdebug, "% 9.4f\n", L);
                    CalcuCoefficiency(B, iP1, iP2, EC);
                    L = EC[2];
                    A2[1] = EC[2];
                    Deg2DMS(L,outL);
                    fprintf(fdebug,  "% 3d % 02d % 4.1f\t\t", (int)(outL[0]),(int)(outL
[1]),outL[2]);
                    L = A2[0];
                    A2[0] = DMS2Deg(L);
                    L = A2[1] -A2[0];
                    Deg2DMS(fabs(L),outL);
```

```
            fprintf(fdebug, "% 3d % 02d % 4.1f\t\t", (int)(outL[0]),(int)(outL
[1]),outL[2]);
        }
    }

    fprintf(fdebug, "\n\nVariant Points( No. = % d )\n", Z -Y1);
    fprintf(fdebug, "\nNO. POINT  X(m)  Y(m)  Dx(mm)  Dy(mm)  DP(mm)  Vx(mm)  Vy
(mm) ");
    for (i = Y1; i< Z; i+ + ) {
        j = 2 * (i -Y1);
        fprintf(fdebug, "\n% 3d\t\t% 6d\t% 10.4f\t% 10.4f\t", i -Y1 + 1, DH[i], B
[i][0], B[i][1]);
        R1 = (int)(DW * sqrt(fabs(BB3[j][j])) * 100 + 0.5) / 10.0;
        fprintf(fdebug, "% 9.1f\t", R1);
        if (BB3[j][j] < 0) fprintf(fdebug, "* \t");
        R1 = (int)(DW * sqrt(fabs(BB3[j + 1][j + 1])) * 100 + 0.5) / 10.0;
        fprintf(fdebug, "% 9.1f\t", R1);
        if (BB3[j + 1][j + 1] < 0) fprintf(fdebug, "* \t");
        R1 = (int)(DW * sqrt(fabs(BB3[j][j]) + fabs(BB3[j + 1][j + 1])) * 100
+ 0.5) / 10.0;
        fprintf(fdebug, "% 9.1f\t", R1);

        R1 = XL[j] * 10;
        R2 = (int)(fabs(R1) * 10 + 0.5) / 10.0;
        R3 = R2 * Sgn(R1);
        fprintf(fdebug, "% 9.1f\t", R3);
        R1 = XL[j + 1] * 10;
        R2 = (int)(fabs(R1) * 10 + 0.5) / 10.0;
        R3 = R2 * Sgn(R1);
        fprintf(fdebug, "% 9.1f\t", R3);
    }
    // E and F calculation,where no multiply the M.
    fprintf(fdebug,"\n\nNo.       E          F        phi \n");
    for (i = 0; i < T4 + 1; ) {
          R3= sqrt((BB3[i][i] - BB3[i+ 1][i+ 1])* (BB3[i][i] -BB3[i + 1][i + 1])
+ 4* BB3[i][i+ 1]* BB3[i][i + 1]);
          R1 = (BB3[i][i] + BB3[i + 1][i + 1] + R3) / 2.0;
          R2 = (BB3[i][i] + BB3[i + 1][i + 1] -R3) / 2.0;
          R3 = atan(2* BB3[i][i+ 1]/(BB3[i][i] -BB3[i + 1][i + 1]));
          fprintf(fdebug,"% 03d\t% 12.6f\t% 12.6f% 12.6f\n",i/2,R1,R2,R3);
          i + = 2 ;
    }

    fprintf(fdebug, "\n\n= = = = = = = = = The End = = = = = = = = = = = = = = \n");
    fclose(fdebug);
    printf("\n= = = = Normal Finished = = = = = \n");
```

```
    }

    int Sgn(double L) {
        return (L> 0 ? 1 : (L< 0 ? -1 : 0));
    }

    void GetLineObservationEquation(double * A1, int J, int K, int Y1, double EC[]) {
        int R;
        EC[2] =  EC[2] *  PI / 180;
        J =  J+ 1;
        K =  K+ 1;
        if (J >  Y1) {
            R =  2* (J -Y1)-2;
            A1[R] =  -cos(EC[2]);
            A1[R+ 1] =  -sin(EC[2]);
        }
        if (K >  Y1) {
            R =  2* (K -Y1)-2;
            A1[R] =  cos(EC[2]);
            A1[R+ 1] =  sin(EC[2]);
        }
    }

    void GetDirecObservEquation(double * A1, int AngleCalculatedSequece, int J, int
K, int Y1, double L, double EC[]) {
        int R;
        if (AngleCalculatedSequece ! =  0) {
            if (J > =  Y1) {
                R =  J -Y1+ 1;
                A1[2 *  R -2] =   EC[0] ;
                A1[2 *  R -1] =  -EC[1] ;
            }
            if (K > =  Y1) {
                R =  K -Y1+ 1;
                A1[2 *  R -2] =  -EC[0] ;
                A1[2 *  R -1] =   EC[1] ;
            }
        }
        EC[2] =  EC[2] -L  ;
        if(AngleCalculatedSequece= = 9) exit;
        if (EC[2] < 0) EC[2] =  EC[2] + 360;
    }

    double  GetDeviationFunc(double ** BB3, double * A1, int T) {
        double XC;
        int R1, R2, i, j;
```

```
    double L = 0.0 ;
    for (i = 0; i < T; i+ + ) {
        if (A1[i] = = 0) continue;
        XC = 0;
        for (j = 0; j < T; j+ + ) {
            if (A1[j] = = 0) continue;
            R1 = i;
            R2 = j;
            if (j< i) {
                R2 = i;
                R1 = j;
            }
            XC + = BB3[R2][R1] * A1[j];
        }
        L + = A1[i] * XC;
    }
    return ( L ) ;
}

double DMS2Deg(double L) {
    // input dd.mmsss,output dd.dddd
    int deg = (int)(L);
    int min = (int)((L -deg) * 100);
    double sec = (L -deg -min / 100.0) * 10000;
    return (deg + min / 60.0 + sec / 3600.0);
}

void Deg2DMS(double L,double outL[]) {
    // intput deci degree, like :45.255
    // output dd mm ss.s  outL :45.151800;
    // Print L = dd mm ss.ss
    int   deg = (int)(L);
    int   min = (int)((L -deg) * 60);
    double sec = ((L -deg) * 60 -min) * 60;
    outL[0] = 1.0* deg;
    outL[1] = 1.0* min;
    outL[2] = sec;
}

void CalcuCoefficiency(double ** B, int J, int K, double EC[]) {
      double dy, dx, Dist;
      dy = B[K][1] -B[J][1];
      dx = B[K][0] -B[J][0];
      Dist = dy* dy + dx* dx;
      EC[0] = PQ * dy / Dist;
      EC[1] = PQ * dx / Dist;
```

```
        EC[3] = sqrt(Dist);//--EC4: Length of JK
        if (fabs(dx) < 1.0E-10){
            EC[2] = 90 * Sgn(dy);
            if (dy < 0) {
                EC[2] + = 360;
                if(EC[2]> = 360) EC[2] -= 360;
            }
        }
        else {
            EC[2] = atan(dy / dx) * 180 / PI;
            if (dx < 0)
                EC[2] + = 180;
            else{
                if (dy < 0) {
                    EC[2] + = 360;
                    if (EC[2] > = 360) EC[2] -= 360;
                }
            }
        }
}

void zero_vector(double * vec,int n){
    for(int i= 0;i< n;i+ + ) vec[i] = 0;
}

void assign_vector(double * src,int n,double * dest){
    for(int i= 0;i< n;i+ + ) dest[i]= src[i];
}

void zero_matrix(double ** mat,int m,int n){
    for(int i= 0;i< m;i+ + )
      for(int j= 0;j< n;j+ + )
          mat[i][j] = 0;
}

void assign_matrix(double ** src,int m,int n,double ** dest){
    for(int i= 0;i< m;i+ + )
      for(int j= 0;j< n;j+ + )
          dest[i][j] = src[i][j];
}
```

# 第六章　工程测量程序设计

## 第一节　曲线要素计算

曲线分为平曲线和竖曲线。平曲线有圆曲线、缓和曲线等。

### 一、圆曲线

圆曲线是设置在道路平面走向改变方向或竖向改变坡度时所设置的连接两相邻直线段的圆弧形曲线（图 6-1）。圆曲线的要素及其计算公式为：

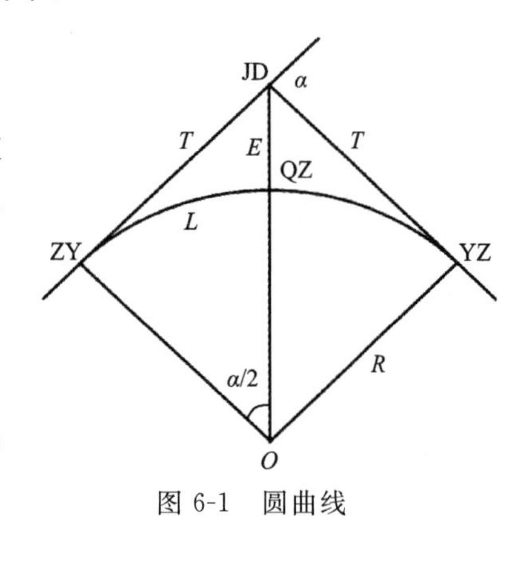

图 6-1　圆曲线

$$\begin{cases} T = R\tan\dfrac{\alpha}{2} \\ L = \dfrac{\pi}{180^\circ}\alpha R \\ E = R(\sec\dfrac{\alpha}{2} - 1) \\ q = 2T - L \end{cases} \tag{6-1}$$

式中，$T$ 为切线长；$R$ 为半径；$\alpha$ 为偏角；$E$ 为外矢距；$q$ 为切曲差。

**【例 6.1】**圆曲线要素计算：参照式(6-1)设计圆曲线要素计算程序，设置 opt 参数逐个返回，函数可以设置一个数组或结构体进行返回。

```
double layout_circle(double R, double a, int opt) { // 单个返回
    double T = R* tan(a / 2.0);
    double L = R* a* PI / 180;
    double E = R* (1 / cos(a / 2.0)-1);
    double q = 2 * T-L);
    if(opt = = 1) return T;
    if(opt = = 2) return L;
    if(opt = = 3) return E;
    if(opt = = 4) return q;
}
```

### 二、缓和曲线

缓和曲线是设置在直线与圆曲线之间或半径相差较大的两个转向相同的圆曲线之间的一种曲率连续变化的曲线。缓和曲线的要素及其计算公式为：

$$\begin{cases} T = m + (R + p)\tan\dfrac{\alpha}{2} \\ L = \dfrac{\pi R(\alpha - 2\beta_0)}{180^\circ} + 2l_0 \\ E = (R + p)\sec\dfrac{\alpha}{2} - R \\ q = 2T - L \end{cases} \tag{6-2}$$

缓和曲线参数：

$$\begin{cases} \beta_0 = \dfrac{l_0}{2R}\rho \\ m = \dfrac{l_0}{2} - \dfrac{l_0^3}{240R^2} \\ p = \dfrac{l_0^2}{24R} \end{cases} \tag{6-3}$$

**【例 6.2】**缓和曲线要素的计算：参照式(6-2)编写缓和曲线要素计算函数，引用作为函数参数返回。

```
# define PI 3.14159265
# define RO 206265
# define R2D (PI/180.0)
int layout_harm(double l0, double R, double a,double & T,double & L,double & E,double & q) {
    double b0 =  l0* RO / 2 / R;
    double m =  l0 / 2-l0* l0* l0 / 240 / R / R;
    double p =  l0* l0 / 24 / R;
    T =  m +  (R +  p)* tan(a / 2.0);
    L =  R* (a-2 *  b0)* R2D +  2 *  l0;
    E =  (R +  p) / cos(a / 2.0)-R;
    q =  2 *  T-L;
    return 0;
}
```

## 三、道路中线曲线放样元素的计算

道路中线曲线放样元素如图 6-2 所示。

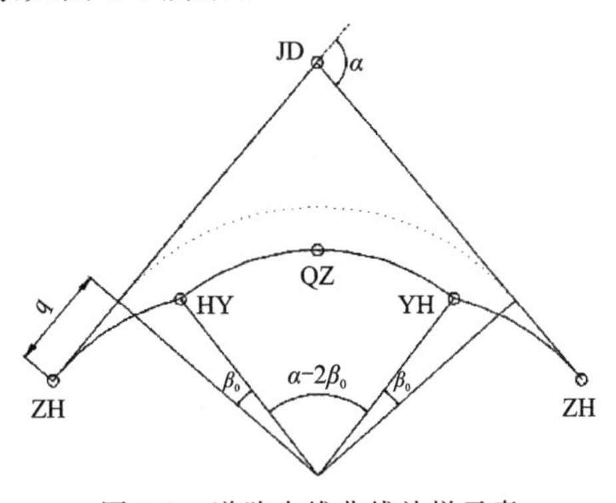


图 6-2　道路中线曲线放样元素

**1. 曲线要素计算**

1)缓和曲线常数计算

内移距：

$$p = l_s^2/24R \tag{6-4}$$

切垂距：

$$m = l_s/2 - l_s^3/240R^2 \tag{6-5}$$

缓和曲线角：

$$\beta_0 = l_s/2R = 90^\circ \times l_s/\pi R \tag{6-6}$$

2)曲线要素计算

切线长：

$$T = (R + p)\tan\alpha/2 + m \tag{6-7}$$

曲线长：

$$L = 2l_s + [\pi R(\alpha - 2\beta_0)/180^\circ] = l_s + \pi R\alpha/180^\circ \tag{6-8}$$

外矢距：

$$E_0 = [(R + p)/\cos(\alpha/2)] - R \tag{6-9}$$

切曲差：

$$q = 2T - L \tag{6-10}$$

**2. 主要点的里程推算**

$$\begin{cases} \mathrm{ZH}=\mathrm{JD}-\mathrm{T} \\ \mathrm{HY}=\mathrm{ZH}+l_s \\ \mathrm{QZ}=\mathrm{HY}+(\mathrm{L}-2l_s)/2 \\ \mathrm{YH}=\mathrm{QZ}+(\mathrm{L}-2l_s)/2 \\ \mathrm{HZ}=\mathrm{YH}+l_s \end{cases} \tag{6-11}$$

检核：

$$\mathrm{JD}+T-q=\mathrm{HZ} \tag{6-12}$$

**3. 方位角计算**

根据已知 $JD_1$ 和 $JD_2$ 的坐标，计算出 $\alpha_{JD_1\text{-}JD_2}$。

$$\alpha_{ZH\text{-}JD_1} = \alpha_{JD_1\text{-}JD_2} \pm \beta_{偏角} \tag{6-13}$$

$$\alpha_{JD_1\text{-}ZH} = \alpha_{ZH\text{-}JD_1} \pm 180^\circ \tag{6-14}$$

**4. 直线中桩坐标计算**

(1)计算 ZH 点坐标：

$$\begin{aligned} x_{ZH} &= x_{JD_1} + T \times \cos\alpha_{JD_1\text{-}ZH} \\ y_{ZH} &= y_{JD_1} + T \times \sin\alpha_{JD_1\text{-}ZH} \end{aligned} \tag{6-15}$$

(2)计算 HZ 点坐标：

$$
\begin{aligned}
x_{HZ} &= x_{JD_1} + T \times \cos\alpha_{JD_1\text{-}JD_2} \\
y_{HZ} &= y_{JD_1} + T \times \cos\alpha_{JD_1\text{-}JD_2}
\end{aligned}
\tag{6-16}
$$

(3)设待求点到 $JD_1$ 的距离为 $L_i$，计算直线上任意点的中桩坐标：

$$
\begin{cases}
L_i = T + \text{待求点里程} - \text{HZ 里程} \\
x_i = x_{JD_1} + L_i \times \cos\alpha_{JD_1\text{-}JD_2} \\
y_i = y_{JD_1} + L_i \times \sin\alpha_{JD_1\text{-}JD_2}
\end{cases}
\tag{6-17}
$$

**【例 6.3】**道路中线曲线要素的计算：参照式(6-4)～式(6-17)设计道路中线曲线要素的计算程序，完成道路中桩、里程与数值互转等的计算函数，完成判断有无缓和曲线道路放样元素的计算。

```
double KMStone2Num(char s[]) {// 将里程桩号化为里程数值形式
    int k = atoi(substr(s, 1, 4));
    double m = atof(substr(s, 6, strlen(s)-6));
    double km = k* 1000.0 + m;
    return km;
}

int Num2KMStone(double dbl, char stone[]) {// 里程数值化为里程桩号
    int k;
    double m;
    k = (int)(dbl / 1000.0);
    m = dbl-k * 1000;
    sprintf(stone, "K% 04d+ % f", k, m);
    return 0;
}

int main() {
    double dblZJ, dblA, dblR, dblJDK, dblJDM, dblJD, dblT, dblL, dblE, dblD, dblZY,
dblQZ, dblYZ ;
    int        i, CurveFlag = 0;
    int iZY, iYZ, iZH, iHY, iYH, iHZ;
    double ls, V, bet0, p, q, Th, Lh, Ly, Eh, Dh, dblZH, dblHY, dblYH, dblHZ; // 缓和曲
线变量
    double * xZY , * yZY, * fZY, * lZY, * xYZ, * yYZ, * fYZ, * lYZ ; // 定义直圆段和圆直
段的桩号数组及其大小
    double * xZH , * yZH , * fZH , * lZH , * xHY , * yHY , * fHY , * lHY ;// 直缓段数组及其
大小
    double * xYH, * yYH, * fYH, * lYH, * xHZ, * yHZ, * fHZ, * lHZ ; // 直缓段数组及其
大小

    FILE * fin, * fout;
    if ((fin = fopen("data_zy.txt", "rt")) = = NULL) {
```

```
            printf("Can not open data file\n");
            return -1;
        }
        if ((fout = fopen("RoadCurve_result.txt", "wt")) = = NULL) {
            printf("Can not write result file\n");
            return -1;
        }

        fscanf (fin,"% d% lf% lf% lf% lf% lf% lf", &CurveFlag, &dblZJ, &dblA, &dblR,
&dblJDK, &dblJDM, &V);
        printf("% d % .3f % .3f % .3f % .3f % .3f % .3f\n", CurveFlag, dblZJ, dblA, dblR,
dblJDK, dblJDM, V);
        dblA= Deg2Rad(dblA);
        dblJD = dblJDK + dblJDM ;

        if (CurveFlag = = 0) {  // 无缓和曲线
            // 圆曲线测设元素的计算
            dblT = dblR *  tan(dblA / 2.0)   ;
            dblL = dblR *  dblA   ;
            dblE = dblR *  (1 / cos(dblA)-1) ;
            dblD = 2 *  dblT-dblL   ;
            // 主点里程计算
            dblZY = dblJD-dblT   ;
            dblYZ = dblZY + dblL   ;
            dblQZ = dblYZ-dblL / 2.0   ;
            if (fabs(dblJD-(dblQZ + dblD / 2.0)) > 0.000001){
                printf("主点里程检核不合格! \n");
                return -2;
            }
            // 详细测设
            iZY = (int)(dblQZ / dblZJ-dblZY / dblZJ+ 1);
            iYZ = (int)(dblYZ / dblZJ-dblQZ / dblZJ+ 1);
            xZY = vector_create(iZY,0);
            yZY = vector_create(iZY,0);
            fZY = vector_create(iZY,0);
            lZY = vector_create(iZY,0);

            xYZ = vector_create(iYZ,0);
            yYZ = vector_create(iYZ,0);
            fYZ = vector_create(iYZ,0);
            lYZ = vector_create(iYZ,0);

            // 直圆点到曲中点
            lZY[0] = 0;
            fZY[0] = 0;
            xZY[0] = 0;
```

```
        yZY[0] = 0;
        fprintf(fout, "桩号,Li,圆心角,Xi,Yi\n");
        i= 0;
        fprintf(fout, "% 9.4f\t% 9.4f\t% 9.4f\t% 9.4f\n", lZY[i], fZY[i], xZY[i],
yZY[i]);
        for (i = 0; i< iZY; i+ + ) {
            lZY[i] = (i * dblZJ-(dblZY-(dblZY / dblZJ) * dblZJ));
            fZY[i] = lZY[i] / dblR;
            xZY[i] = dblR * sin(fZY[i]);
            yZY[i] = dblR * (1-cos(fZY[i]));
            fprintf(fout, "% 9.4f\t% 9.4f\t% 9.4f\t% 9.4f\n", lZY[i], fZY[i], xZY
[i], yZY[i]);
        }
        // 曲中点到圆直点
        lYZ[0] = 0;
        fYZ[0] = 0;
        xYZ[0] = 0;
        yYZ[0] = 0;
        fprintf(fout,"\n\n");
        i= 0;
        fprintf(fout, "% 9.4f\t% 9.4f\t% 9.4f\t% 9.4f\n", lYZ[i], fYZ[i], xYZ[i],
yYZ[i]);
        for (i = 0; i< iYZ; i+ + ) {
            lYZ[i] = ((iYZ-i ) * dblZJ + (dblYZ-(dblYZ / dblZJ) * dblZJ));
            fYZ[i] = lYZ[i] / dblR;
            xYZ[i] = dblR * sin(fYZ[i]);
            yYZ[i] = dblR * (1-cos(fYZ[i]));
            fprintf(fout, "% 9.4f\t% 9.4f\t% 9.4f\t% 9.4f\n", lYZ[i], fYZ[i], xYZ
[i], yYZ[i]);
        }
    }
    if (CurveFlag = = 1) {        // 有缓和曲线
        // 缓和曲线参数
        ls = 0.035 * V * V * V / dblR;
        bet0 = ls / (2 * dblR);
        p = ls * ls / (24 * dblR);
        q = ls / 2-ls * ls * ls / (240 * dblR * dblR);
        // 缓和曲线元素
        Th = (dblR + p) * tan(dblA / 2) + q;
        Ly = dblR * (dblA-2 * bet0);
        Lh = Ly + 2 * ls;
        Eh = (dblR + p) / cos(dblA / 2)-dblR;
        Dh = 2 * Th-Lh;
        // 主点里程
        dblZH = dblJD-Th;
        dblHY = dblZH + ls;
```

```
        dblYH = dblHY + Ly;
        dblHZ = dblYH + ls;
        dblQZ = dblHZ-Lh / 2;
        if (fabs(dblJD-(dblQZ + Dh / 2)) > 0.000001){
            printf("主点里程检核不合格! \n");
            return -3;
        }
        // 详细测设
        iZH = (int)(dblHY / dblZJ-dblZH / dblZJ+ 1);
        iHY = (int)(dblQZ / dblZJ-dblHY / dblZJ+ 1);
        iYH = (int)(dblYH / dblZJ-dblQZ / dblZJ+ 1);
        iHZ = (int)(dblHZ / dblZJ-dblYH / dblZJ+ 1);
        xZH = vector_create(iZH,0);
        yZH = vector_create(iZH,0);
        fZH = vector_create(iZH,0);
        lZH = vector_create(iZH,0);

        xHY = vector_create(iHY,0);
        yHY = vector_create(iHY,0);
        fHY = vector_create(iHY,0);
        lHY = vector_create(iHY,0);

        xYH = vector_create(iYH,0);
        yYH = vector_create(iYH,0);
        fYH = vector_create(iYH,0);
        lYH = vector_create(iYH,0);

        xHZ = vector_create(iHZ,0);
        yHZ = vector_create(iHZ,0);
        fHZ = vector_create(iHZ,0);
        lHZ = vector_create(iHZ,0);

        // 直缓点到缓圆点
        lZH[0] = 0;
        fZH[0] = 0;
        xZH[0] = 0;
        yZH[0] = 0;
        i = 0;
        fprintf(fout, "桩号,Li,圆心角,Xi,Yi\n");
        fprintf(fout, "% 9.4f\t% 9.4f\t% 9.4f\t% 9.4f\n", lZH[i], fZH[i], xZH[i],
yZH[i]);
        for (i = 1; i< iZH; i+ + ) {
            lZH[i] = (i * dblZJ-(dblZH-(dblZH / dblZJ) * dblZJ));
            fZH[i] = lZH[i] / dblR ;
            xZH[i] = lZH[i]-lZH[i]* lZH[i] * lZH[i] * lZH[i] * lZH[i] / (40 * dblR
* dblR * ls * ls);
```

```
            yZH[i] = lZH[i] * lZH[i]* lZH[i] / (6 * dblR * ls);
            fprintf(fout, "% 9.4f\t% 9.4f\t% 9.4f\t% 9.4f\n", lZH[i], fZH[i], xZH
[i], yZH[i]);
        }
        // 缓圆点到曲中点
        lHY[0] = 0;
        fHY[0] = 0;
        xHY[0] = 0;
        yHY[0] = 0;
        i = 0;
        fprintf(fout, "% 9.4f\t% 9.4f\t% 9.4f\t% 9.4f\n", lHY[i], fHY[i], xHY[i],
yHY[i]);
        for (i = 1; i< iHY; i+ + ) {
            lHY[i] = ((i + iZH) * dblZJ + (dblZH-(dblZH / dblZJ) * dblZJ));
            fHY[i] = lHY[i] / dblR;
            xHY[i] = dblR * sin(fHY[i]);
            yHY[i] = dblR * (1-cos(fHY[i]));
            fprintf(fout, "% 9.4f\t% 9.4f\t% 9.4f\t% 9.4f\n", lHY[i], fHY[i], xHY
[i], yHY[i]);
        }
        // 曲中点到圆缓点
        lYH[0] = 0;
        fYH[0] = 0;
        xYH[0] = 0;
        yYH[0] = 0;
        i = 0;
        fprintf(fout, "% 9.4f\t% 9.4f\t% 9.4f\t% 9.4f\n", lYH[i], fYH[i], xYH[i],
yYH[i]);
        for (i = 1; i< iYH; i+ + ) {
            lYH[i] = (iYH-i) * dblZJ + (dblQZ-(dblQZ / dblZJ) * dblZJ) ; // ? i-1
            fYH[i] = lYH[i] / dblR;
            xYH[i] = dblR * sin(fYH[i]);
            yYH[i] = dblR * (1-cos(fYH[i]));
            fprintf(fout, "% 9.4f\t% 9.4f\t% 9.4f\t% 9.4f\n", lYH[i], fYH[i], xYH
[i], yYH[i]);
        }
        // 圆缓点到缓直点
        lHZ[0] = 0;
        fHZ[0] = 0;
        xHZ[0] = 0;
        yHZ[0] = 0;
        i = 0;
        fprintf(fout, "% 9.4f\t% 9.4f\t% 9.4f\t% 9.4f\n", lHZ[i], fHZ[i], xHZ[i],
yHZ[i]);
        for (i = 1; i< iHZ; i+ + ) {
            lHZ[i] = ((iHZ-i) * dblZJ-(dblHZ / dblZJ)); //? i-1
```

```
            fHZ[i] = lHZ[i] / dblR ;
            xHZ[i] = lHZ[i]-lHZ[i] * lHZ[i] * lHZ[i] * lHZ[i] * lHZ[i]  / (40 *
dblR * dblR * ls * ls);
            yHZ[i] = lHZ[i] * lHZ[i] * lHZ[i] / (6 * dblR * ls);
            fprintf(fout, "% 9.4f\t% 9.4f\t% 9.4f\t% 9.4f\n", lHZ[i], fHZ[i], xHZ
[i], yHZ[i]);
        }
    }
    fclose(fin);
    fclose(fout);
    return 0;
}
```

# 第二节　面积计算

## 一、规则图形

规则图形面积一般可以采用长方形、梯形、三角形面积等的公式进行计算。三角形表面积 $S$ 的海伦计算公式如下。

$$\begin{cases} S = \sqrt{P(P-D_1)(P-D_2)(P-D_3)} \\ P = \dfrac{1}{2}(D_1+D_2+D_3) \\ D_i = \sqrt{\Delta X^2+\Delta Y^2+\Delta Z^2} \end{cases} \tag{6-18}$$

**【例 6.4】**三角形面积的计算:参照式(6-18)设计三角形面积的海伦计算程序。函数输入的为三个顶点的坐标,返回面积。

```
double area_helen(double x[], double y[], double z[]) {
    double d1, d2, d3;
    double dx[3], dy[3], dz[3];
    double P, S;
    dx[0] = x[0]-x[1];
    dx[1] = x[1]-x[2];
    dx[2] = x[2]-x[0];
    d1 = sqrt(dx[0] * dx[0] + dy[0] * dy[0] + dz[0] * dz[0]);
    d2 = sqrt(dx[1] * dx[1] + dy[1] * dy[1] + dz[1] * dz[1]);
    d3 = sqrt(dx[2] * dx[2] + dy[2] * dy[2] + dz[2] * dz[2]);
    P = (d1 + d2 + d3) / 2.0;
    S = sqrt(P* (P-d1)* (P-d2)* (P-d3));
    return S;
}
```

## 二、不规则图形

不规则图形可以先剖分成三角形,然后利用面积三角形面积累积计算获得。其计算公式如下。

$$
\begin{cases}
P = \dfrac{1}{2}\sum_{i=1}^{n} y_i(x_{i-1} - x_{i+1}) \\
P = \dfrac{1}{2}\sum_{i=1}^{n} x_i(y_{i-1} - y_{i+1})
\end{cases}
\tag{6-19}
$$

**【例 6.5】**不规则图形面积的计算：参照式(6-19)编写不规则图形面积的计算公式，函数输入的为顶点坐标，返回面积，需要注意起点与最后一个点应是重合的。

```
double area_poly(double x[], double y[], int n) {
    int i;
    double p = 0.0;
    for(i = 1; i< n; i+ + )
        p+ = y[i] * (x[i-1]-x[i + 1]);
    return p;
}
```

# 第三节 土石方量计算

土石方量计算需要用到体积的计算，而体积计算一般可以通过规则格网(grid)和不规则三角网(triangulated irregular network，TIN)进行构建。

## 一、规则格网法(grid)

根据场地实测的地面点坐标及设计高程，通过生成方格网将场地划分成若干个正方形格网，然后计算每个四棱柱的体积，从而累积得到所测范围内的填挖土石方量，并绘出填挖平衡的分界线。计算的主要流程：①离散数据格网化；②计算内插格网点高程；③加密格网；④计算加密格网点高程；⑤计算填挖高度；⑥计算填挖土石方量。

**【例 6.6】**规则格网土石方量的计算：参照以上计算流程①～⑥，完成数据读写、参数读取、高程内插等功能，并计算填挖土石方量。

```
# include "Earthwork_Calc.h"
int main() {
    int i,opt,nData, nRow,nCol,* Id;
    double Xmean,Ymean,Hmean,mj,Dig,Fill,DesignHgt;
    char * data = "earthwork_input4data.txt";
    double * Xx,* Yy,* Hh;
    // range
    double Xmin,Ymin,Xmax,Ymax,Hmx,Hmi;
    // Grid size and Height Design
    double Wsize,Hdesi;
    double * Xw,* Yw, * Hw,* Ht;
    int        * Uw ,SN,* s1,* s2,* s3;

    Id = (int * )malloc(sizeof(int)* MAXDATA);
```

```
        Xx =  vector_create(MAXDATA,0);
        Yy =  vector_create(MAXDATA,0);
        Hh =  vector_create(MAXDATA,0);
        for (i =  0; i <  MAXDATA; i+ + )  Id[i] = 0;

        read_obs_para(data, &opt, &nData, &Wsize, &DesignHgt);
        read_obs_data(data, Id, Xx, Yy, Hh);

        printf("\n= = = = =  Calc the Region 4 corners = = = = = \n");
        Calc_SurveyRegion(Xx, Yy, Hh, nData, &Xmin,&Ymin,&Hmi,&Xmax,&Ymax,&Hmx,&Xmean,
&Ymean,&Hmean);

    //  discretized data to grid
        Xw =  vector_create(MAXG,0);
        Yw =  vector_create(MAXG,0);
        for (i =  0; i<  MAXG; i+ + ) {
            Xw[i] =  (int)(Xmin +  0.5) +  i*  Wsize;
            Yw[i] =  (int)(Ymin +  0.5) +  i*  Wsize;
        }

        Uw =  (int * )malloc(sizeof(int)* MAXW);
        Hw =  vector_create(MAXW,0);
        Ht =  vector_create(MAXW,0);
        for (i =  0; i <  MAXW; i+ + )  Uw[i] =  0;

        nRow =  (int)((Xmax-Xmin) / Wsize +  2);
        nCol  =  (int)((Ymax-Ymin) / Wsize +  2);

        printf("\n= = = = =  Discretize to Grid = = = = = \n");
        Discretize2Grid(Xx, Yy, nData,Xw,nRow,Yw,nCol, Wsize,Uw);

        s1 =  (int * )malloc(sizeof(int)* MAXS);
        s2 =  (int * )malloc(sizeof(int)* MAXS);
        s3 =  (int * )malloc(sizeof(int)* MAXS);
        for (i =  0; i <  MAXS; i+ + ) {
            s1[i] =  0;
            s2[i] =  0;
            s3[i] =  0;
        }
         printf("\n\t= = = = =  Running 1st Create Grid = = = = = \n ");
         create_Grid(nRow,nCol,Uw,&SN,s1,s2,s3);
         printf("\n\t= = = = =  Finished 1st Create Grid = = = = = \n");
         mj =  SN *  Wsize*  Wsize / 2.0;
         printf("\n\t= = = = =  Total Grid : % d  \n", SN );
         printf("\n\t= = = = =  Total Area : % .3f( m^2 )\n" , mj);
```

```
        printf("\n= = = = = Density the Grid = = = = = \n");
        Grid_Density(Wsize, nRow, nCol, Xmin, Ymin, Xw, Yw, Uw);

          nRow = 2 * nRow-1 ;
          nCol   = 2 * nCol-1 ;
        printf("\n\t= = = = = Total Row     : % d\n",nRow);
        printf("\n\t= = = = = Total Column  : % d\n",nCol);
        printf("\n\t= = = = = Running 2nd Create Grid = = = = = \n");
        create_Grid(nRow, nCol, Uw, &SN, s1, s2, s3);
        Wsize = Wsize / 2.0 ;
        mj = SN * Wsize* Wsize/2.0 ;
        printf("\n\t= = = = = Total Grid : % d  \n", SN);
        printf("\n\t= = = = = Total Area : % .3f( m^2 )\n\n", mj);

        printf("\n= = = = = Calc Grid Height = = = = = \n");
        Calc_GridHeight(nRow, nCol, Hmi, Hmx, s1, s2, s3, SN,Xx, Yy, Hh, Uw, Xw,Yw, nDa-
ta,Ht,&Hdesi);
        printf("\n\t= = = = = Mean Height : % .3f (m),[the height as dig = fill ] \n",
Hdesi);

        if(fabs(DesignHgt -9999)< 1E-4)  DesignHgt = Hdesi;
        printf("\n= = = = = Calc Earthwork = = = = = \n");
        Calc_Earthwork(DesignHgt,SN,nCol,Xw, Yw, Ht,s1, s2, s3, Wsize, &Dig, &Fill);
        printf("\n\t= = = = = Dig   : % 12.3f\n", Dig ) ;
        printf("\n\t= = = = = Fill  : % 12.3f\n",  Fill );

       printf("\n\nNormal Finished\n");
       return 0;
   }

   int read_obs_para (char * data, int * opt, int * nData, double * Wsize, double *
DesignHgt) {
       FILE * fin;
       if ((fin = fopen(data, "rt")) = = NULL) {
           printf("\nCan not open the % s data file,please check\n", data);
           return 1;
       }
       fscanf(fin, "% d", opt);
       if (* opt = = 1)
           fscanf(fin, "% d,% lf,% lf", nData, Wsize, DesignHgt);
       else if (* opt = = 0) {
           fscanf(fin, "% d,% lf", nData, Wsize);
           * DesignHgt = 9999;
       }
       fclose(fin);
       return 0;
```

```
}

int read_obs_data(char * data, int * Id, double * Xx, double * Yy, double * Hh) {
    FILE * fin;
    int i,opt, nData;
    double GridSize, DesignHgt;
    if ((fin= fopen(data, "rt")) = = NULL) {
        printf("\nCan not open the % s data file,please check\n", data);
        return 1;
    }
    fscanf(fin, "% d", &opt);
    if (opt = = 1)
        fscanf(fin, "% d,% lf,% lf", &nData, &GridSize, &DesignHgt);
    else if (opt = = 0) {
        fscanf(fin, "% d,% lf", &nData, &GridSize);
        DesignHgt= 9999;
    }
    for (i= 0; i < nData; i+ + )
        fscanf(fin, "% d,,% lf,% lf,% lf", &Id[i], &Xx[i], &Yy[i], &Hh[i]);
    fclose(fin);
    return 0;
}

int Discretize2Grid(double * Xx, double * Yy, int nData, double * Xw, int nRow, doub-
le * Yw, int nCol, double Wsize, int * Uw) {
    int i, j, k, ii,h, l, j1, k1,M;
    double dx, dy;
    M= nRow * nCol;
    for (i= 0; i< nRow; i+ + ) {
        for (j= 0; j< nCol; j+ + ) {
            ii= i* nCol + j;
            Uw[ii]= 0;
            for (k= 0; k< nData; k+ + ) {
                dx= Xx[k]-Xw[i];
                dy= Yy[k]-Yw[j];
                if (sqrt(dx * dx + dy * dy) < Wsize / sqrt(2)) {
                    Uw[ii]= 1;
                    break;
                } //end if
            } // end k
        } // end j
    } // end i
    for (i= 0; i< M; i+ + ) {
        if (Uw[i] = = 0) {
            h= (i) / nCol + 1;
            l= (i) % nCol + 1;
```

```
                for (j = (h-1) * nCol; j <= i; j++) {
                    if (Uw[j] == 1) {
                        for (j1 = i; j1< h * nCol; j1++) {
                            if (Uw[j1] == 1) {
                                for (k = 0; k< h; k++) {
                                    if (Uw[(k)* nCol + l-1] == 1) {
                                        for (k1 = h-1; k1< nRow; k1++) {
                                            if (Uw[(k1)* nCol + l-1] == 1) Uw[i] = 1;
                                        } // k1
                                    } // End If
                                }// k
                            }// End If
                        }// Next j1
                    }// End If
                }// Next j
            } //End If
        } //Next i
        return 0;
    }

    int create_Grid(int nRow, int nCol, int * Uw, int * SN, int * s1, int * s2, int * s3) {
        int i, j, k;
        int im2, jm2;
        int  ij, ij2;
        k = 0;
        for (i = 0; i < nRow-1; i++) {
            for (j = 0; j < nCol-1; j++) {
                jm2 = j % 2;
                im2 = i % 2;
                ij = (i)* nCol + j;
                ij2 = (i + 1)* nCol + j;
                if (((jm2 == 0) && (im2 == 0)) || ((jm2 == 1) && (im2 == 1))) {
                    if ((Uw[ij] == 1) && (Uw[ij2] == 1) && (Uw[ij2 + 1] == 1)) {
                        s1[k] = ij;
                        s2[k] = ij2;
                        s3[k] = ij2 + 1;
                        k++ ;
                    }
                    if ((Uw[ij] == 1) && (Uw[ij + 1] == 1) && (Uw[ij2 + 1] == 1)) {
                        s1[k] = ij;
                        s2[k] = ij2 + 1;
                        s3[k] = ij + 1;
                        k++ ;
                    }
                } //End If
                if (((jm2 == 1) && (im2 == 0)) || ((jm2 == 0) && (im2 == 1))) {
```

```
                if ((Uw[ij] = =  1) && (Uw[ij2] = =  1) && (Uw[ij +  1] = =  1)) {
                    s1[k] =  ij;
                    s2[k] =  ij2;
                    s3[k] =  ij + 1;
                    k+ + ;
                }
                if ((Uw[ij2] = =  1) && (Uw[ij2 +  1] = =  1) && (Uw[ij +  1] = =  1)) {
                    s1[k] =  ij2;
                    s2[k] =  ij2 +  1;
                    s3[k] =  ij + 1;
                    k+ + ;
                }
            }//End If
        }//Next j
    } //Next i
    * SN =  k;
    return 0;
}

  i nt Grid_Density(double Wsize, int nRow, int nCol, double Xmin, double Ymin, double
* Xw, double * Yw, int * Uw) {
    int Hangj, Liej, M,* Uj,i, j, ii, jj;
    int Lie =  nCol;
    int Hang =  nRow;
    int iii, jjj, iiii, jjjj;

    if (Wsize / 2 < =  1)
        printf("\n\t= = = = =  Grid size too small to density\n");
    else {
        Wsize =  Wsize / 2.0;
        Hangj =  Hang *  2-1;
        Liej =  Lie *  2-1;
        M =  Hangj *  Liej;
        for (i =  0; i< M; i+ + ){
            if (Uw[i] ! =  1)
                Uw[i] =  0;
        }
        Uj =  (int * )malloc(sizeof(int)* M);
        for (i =  0; i< M; i+ + )  Uj[i] =  0;
        for (i =  0; i< Hangj; i+ + )  Xw[i] =  int(Xmin +  0.5) +  i *  Wsize;
        for (j =  0; j< Liej; j+ + )    Yw[j] =  int(Ymin +  0.5) +  j *  Wsize;
        for (i =  0; i< Hang-1; i+ + ) {
            for (j =  0; j< Lie-1; j+ + ) {
                ii =  (i) *  2;
                jj =  (j) *  2;
                iii =  (i)*  Lie +  j;
```

```
                jjj = (ii)* Liej + jj;
                iiii = (ii + 1)* Liej + jj;
                jjjj = (i + 1)* Lie + j;
                if (Uw[iii] = = 1) Uj[jjj] = 1;
                else              Uj[jjj] = 0;

                if (Uw[iii] = = 1 && Uw[iii + 1] = = 1)
                    Uj[jjj + 1] = 1;
                else Uj[jjj + 1] = 0;
                if (Uw[iii] = = 1 && Uw[jjjj] = = 1)
                    Uj[iiii] = 1;
                else Uj[iiii] = 0;
                if ((Uw[iii] = = 1 && Uw[jjjj + 1] = = 1) || (Uw[iii + 1] = = 1 &&
Uw[jjjj] = = 1))
                    Uj[iiii + 1] = 1;
                else
                    Uj[iiii + 1] = 0;
            }//Next j
        }//Next i
        for (i = 0; i< M; i+ + ) Uw[i] = Uj[i];
    }
    return 0;
}

int Calc_GridHeight(int nRow, int nCol, double Hmi, double Hmax, int * s1, int * s2,
int * s3, int SN,
    double * Xx, double * Yy, double * Hh, int * Uw, double * Xw, double * Yw, int nDa-
ta,
    double * Ht, double * Hdesign) {
    int i, j, k ,ii, ij, jj;
    int M = nCol* nRow;
    double ddd ,p0,p1,p2,p3 ;
    double Hdesi,dx,dy, * Hw;
    double Hmin[4] = { 0,0,0,0 };
    double Dmin[4] = { 0,0,0,0 };

    Hw = vector_create(M,0);
    for (i = 0; i< nRow; i+ + ) {
        for (j = 0; j< nCol; j+ + ) {
            ii = (i)* nCol + j;
            if (Uw[ii] = = 1) {
                Dmin[0] = 10000;
                Dmin[1] = 10000;
                Dmin[2] = 10000;
                Dmin[3] = 10000;
                for (k = 0; k< nData; k+ + ) {
```

```
                dx = Xx[k]-Xw[i] ;
                dy = Yy[k]-Yw[j] ;
              ddd = sqrt( dx * dx + dy * dy );
              if (ddd < Dmin[0]) {
                 Dmin[3] = Dmin[2];
                 Dmin[2] = Dmin[1];
                 Dmin[1] = Dmin[0];
                 Dmin[0] = ddd;
                 Hmin[3] = Hmin[2];
                 Hmin[2] = Hmin[1];
                 Hmin[1] = Hmin[0];
                 Hmin[0] = Hh[k];
              }
              else if ((ddd < Dmin[1]) && (ddd > Dmin[0])) {
                 Dmin[3] = Dmin[2];
                 Dmin[2] = Dmin[1];
                 Dmin[1] = ddd;
                 Hmin[3] = Hmin[2];
                 Hmin[2] = Hmin[1];
                 Hmin[1] = Hh[k];
              }
              else if ((ddd < Dmin[2]) && (ddd > Dmin[1])) {
                 Dmin[3] = Dmin[2];
                 Dmin[2] = ddd;
                 Hmin[3] = Hmin[2];
                 Hmin[2] = Hh[k];
              }
              else if ((ddd < Dmin[3]) && (ddd > Dmin[2])) {
                 Dmin[3] = ddd;
                 Hmin[3] = Hh[k];
              }
           }
           if (fabs(Dmin[0]) > 0 ) {
                p0 = 1.0 / Dmin[0] ;
                p1 = 1.0 / Dmin[1];
                p2 = 1.0 / Dmin[2];
                p3 = 1.0 / Dmin[3];
               Hw[ii] = (p0 * Hmin[0] + p1 * Hmin[1] + p2 * Hmin[2] + p3 *
Hmin[3]) / (p0 + p1 + p2 + p3);
           }
           else
                Hw[ii] = Hmin[0];
           if (Hw[ii] > Hmax)
                Hmax = Hw[ii];
           else if (Hw[ii] < Hmi)
                Hmi = Hw[ii];
```

```
            } // End If
        } // end j
    } //end i
    for (i = 0; i< nRow; i+ + ) {
        for (j = 0; j< nCol; j+ + ) {
            ii = i* nCol + j;
            Ht[ii] = Hw[ii];
        }
    }
    for (i = 1; i< nRow-1; i+ + ) {
          for (j = 1; j< nCol-1; j+ + ) {
                ii = (i)* nCol + j;
                ij = (i + 1) * nCol + j;
                jj = (i-1) * nCol + j;
                if ((Uw[ii] = = 1) && (Uw[ij] = = 1) && (Uw[jj] = = 1) && (Uw[ii-1] = =
1) && (Uw[ii + 1] = = 1)) {
                        Hw[ii] = (Hw[ij] + Hw[jj] + Hw[ii-1] + Hw[ii + 1]) / 4.0;
                }
          }
    }
  // Calc mean Height [ digation eq filling ]
    Hdesi = 0;
    for (k = 0; k< SN; k+ + )
        Hdesi + = (Ht[s1[k]] + Ht[s2[k]] + Ht[s3[k]]) / 3.0;

    if (SN > 0) Hdesi = Hdesi / SN;
    printf( "\n\t= = = = Height Design % 7.3f\n", Hdesi);

    * Hdesign = Hdesi ;
    return 0;
  }

  i nt Calc_Earthwork(double Hdesign, int SN, int nCol, double * Xw, double * Yw, double
* Ht, int * s1, int * s2, int * s3, double Wsize, double * Dig, double * Fill) {// 填挖土石
方量的计算
    int i, g;
    double Wa = 0;
    double Tian = 0;
    int i1, j1, i2, j2, i3, j3;
    double ws2 = Wsize * Wsize / 2;
    double fx[2], fy[2],Ms1, Ms2, Ms3, Ms;
    double dh1, dh2, dh3, dht12, dht13, dht23;

    printf("\t= = = = Input Height = % 7.3f\n" ,Hdesign);
    for (i = 0; i< SN; i+ + ) { // all dig or fill
      dh1 = Ht[s1[i]]-Hdesign;
```

```
        dh2 = Ht[s2[i]]-Hdesign;
        dh3 = Ht[s3[i]]-Hdesign;
        dht12 = Ht[s1[i]]-Ht[s2[i]];
        dht13 = Ht[s1[i]]-Ht[s3[i]];
        dht23 = Ht[s2[i]]-Ht[s3[i]];
        if ((dh1 > = 0) && (dh2 > = 0) && (dh3 > = 0))
            Wa = Wa + ws2  *  (dh1 + dh2 + dh3) / 3.0;
        else if ((dh1 < = 0) && (dh2 < = 0) && (dh3 < = 0))
            Tian = Tian + ws2 *  (dh1 + dh2 + dh3) / 3.0;
        else { // half
            i1 = (s1[i]-1) / nCol + 1;
            j1 = (s1[i]-1) % nCol + 1;
            i2 = (s2[i]-1) / nCol + 1;
            j2 = (s2[i]-1) % nCol + 1;
            i3 = (s3[i]-1) / nCol + 1;
            j3 = (s3[i]-1) % nCol + 1;

            g = 0;
            if (dh1 *  dh2 < 0) {
                fx[g] = Xw[i1] + (Xw[i2]-Xw[i1]) *  (dh1) / (dht12);
                fy[g] = Yw[j1] + (Yw[j2]-Yw[j1]) *  (dh1) / (dht12);
                g = g + 1;
            }
            if (dh1 *  dh3 < 0) {
                fx[g] = Xw[i1] + (Xw[i3]-Xw[i1]) *  (dh1) / (dht13);
                fy[g] = Yw[j1] + (Yw[j3]-Yw[j1]) *  (dh1) / (dht13);
                g = g + 1;
            }
            if (dh2* dh3< 0) {
                fx[g] = Xw[i2] + (Xw[i3]-Xw[i2]) *  (dh2) / (dht23);
                fy[g] = Yw[j2] + (Yw[j3]-Yw[j2]) *  (dh2) / (dht23);
                g = g+ 1;
            }
            Area_Calc(fx[0], fy[0], fx[1], fy[1], Xw[i1], Yw[j1], &Ms1);
            Area_Calc(fx[0], fy[0], fx[1], fy[1], Xw[i2], Yw[j2], &Ms2);
            Area_Calc(fx[0], fy[0], fx[1], fy[1], Xw[i3], Yw[j3], &Ms3);

            if (dh1 > 0 && dh2 < 0 && dh3 < 0) { // P(fx[1],fy[1]) , P(fx[2],fy[2]) ,
P(Xw[i1],Yw[j1])
                Ms = Ms1;
                Wa = Wa + Ms *  (dh1) / 3;
                Ms = ws2-Ms;
                Tian = Tian + Ms *  (dh2 + dh3) / 4;
            }
            if (dh1 < 0 && dh2 > 0 && dh3 > 0) {// P(fx[1],fy[1]) , P(fx[2],fy[2]) ,
P(Xw[i1],Yw[j1])
```

```
                Ms = Ms1;
                Tian = Tian + Ms * (dh1) / 3;
                Ms = ws2-Ms;
                Wa = Wa + Ms * (dh2 + dh3) / 4;
            }
            if (dh1 > 0 && dh2 < 0 && dh3 > 0) { // P(fx[1],fy[1]) , P(fx[2],fy[2]) ,
P(Xw[i2],Yw[j2])
                Ms = Ms2;
                Tian = Tian + Ms * (dh2) / 3;
                Ms = ws2-Ms;
                Wa = Wa + Ms * (dh1 + dh3) / 4;
            }
            if (dh1 < 0 && dh2 > 0 && dh3 < 0) {// P(fx[1],fy[1]) , P(fx[2],fy[2]) ,
P(Xw[i2],Yw[j2])
                Ms = Ms2;
                Wa = Wa + Ms * (dh2) / 3;
                Ms = ws2-Ms;
                Tian = Tian + Ms * (dh1 + dh3) / 4;
            }
            if (dh1 > 0 && dh2 > 0 && dh3 < 0) {// P(fx[1],fy[1]) , P(fx[2],fy[2]) ,
P(Xw[i3],Yw[j3])
                Ms = Ms3;
                Tian = Tian + Ms * (dh3) / 3;
                Ms = ws2-Ms;
                Wa = Wa + Ms * (dh1 + dh2) / 4;
            }
            if (dh1 < 0 && dh2 < 0 && dh3 > 0) {// P(fx[1],fy[1]) , P(fx[2],fy[2]) ,
P(Xw[i3],Yw[j3])
                Ms = Ms3;
                Wa = Wa + Ms * (dh3) / 3;
                Ms = ws2-Ms;
                Tian = Tian + Ms * (dh1 + dh2) / 4;
            }
        }
    }
    * Fill = Tian;
    * Dig = Wa;
    return 0;
}

int Area_Calc(double x1, double y1, double x2, double y2, double x3, double y3, double
* area) {
    double x12 = pow((x2-x1), 2);
    double x13 = pow((x3-x1), 2);
    double x23 = pow((x3-x2), 2);
    double y12 = pow((y2-y1), 2);
```

```
        double y13 = pow((y3-y1), 2);
        double y23 = pow((y3-y2), 2);
        double a = sqrt(x12 + y12); // s12
        double b = sqrt(x13 + y13); // s13
        double c = sqrt(x23 + y23); // s23
        double p = (a + b + c) / 2.0;
        * area = sqrt(p* (p-a) * (p-b) * (p-c));
        return 0;
    }

    int Calc_SurveyRegion(double * Xx, double * Yy, double * Hh, int nData, double *
Xmin, double * Ymin, double * Hmin, double * Xmax, double * Ymax, double * Hmax, double *
Xmean, double * Ymean, double * Hmean) {
        * Xmin = Xx[0];
        * Ymin = Yy[0];
        * Hmin = Hh[0];
        * Xmax = Xx[0];
        * Ymax = Yy[0];
        * Hmax = Hh[0];
        * Xmean = 0;
        * Ymean = 0;
        * Hmean = 0;
        for (int i = 0; i< nData; i+ + ) {  // range
            if (* Xmin  > Xx[i])  * Xmin = Xx[i];
            if (* Xmax < Xx[i])  * Xmax = Xx[i];
            if (* Ymin  > Yy[i])  * Ymin = Yy[i];
            if (* Ymax < Yy[i])  * Ymax = Yy[i];
            if (* Hmin  > Hh[i])  * Hmin = Hh[i];
            if (* Hmax < Hh[i])  * Hmax = Hh[i];
            * Xmean + = Xx[i];
            * Ymean + = Yy[i];
            * Hmean + = Hh[i];
        }
        // mean xyh
        * Xmean /= nData;
        * Ymean /= nData;
        * Hmean /= nData;
        return 0;
    }
```

## 二、不规则三角网(TIN)

不规则三角网是依据地形特征采集的点按一定规则连接成覆盖整个区域且互不重叠的连续三角形。TIN 能较好地顾及场地内的地貌特征点和特征线。在土石方工程中,首先要做的就是根据开挖前后的地表面特征点建立 TIN。在建立好的 TIN 中,其每一个基本单元的核心是组成不规则三角形三个顶点的三维坐标。在开挖前的地表三角网中,同时从每个三角形的三个顶点竖直向下引出三条直线,直至与开挖后的地表三角网相交,并形成许多三棱柱,分别计算每个三棱柱的体积,所有的三棱柱体积之和便是整个区域的土石方量。

**【例 6.7】**不规则三角网土石方量的计算:程序采用三角形扩张算法生成三角网,完成数据读写、参数读取、三角形判断与查找等功能,并计算填挖土石方量。

```
# include "TINVolume_Calc.h"
int main() {
    int    i, j ,o, K,k,kk ;
    double ** xyz;
    VTriangle * Tri;
    VEdge   * line;
    char   outFile[] = "output_vol.txt";
    char   inpFile[] = "data.txt";
    double max1 = 0 ,max2 = 0 ;
    double min1 = 0 ,min2 = 0 ;
    double hgt  = 0 ,Min  = 0;
    int    nObs = 0 ,L    = 0 ;
    double des_Hgt= 0,* TIN_Volume;

    xyz = matrix_create(nData,4,0);
    read_xyz_data(inpFile, &hgt, xyz, nObs);
    k = nObs;
    kk = (k-1)* k / 2;
    Tri = (VTriangle * )malloc(sizeof(VTriangle)* kk);
    Init_Triangle(Tri, kk);
    line = (VEdge * )malloc(sizeof(VEdge)* kk);
    Init_Line(line, kk);
    Calc_TIN_Volume_par(xyz, k, K, Tri, line, o,L);

    TIN_Volume = vector_create(L,0);
    Calc_TIN_Volume(xyz, Tri, L, des_Hgt, TIN_Volume);
    Output_TIN_Volume(outFile, Tri, K, TIN_Volume, line, o, xyz, k);
    printf("\nNormal Finished\n\n");
    return 0;
}

int Init_Triangle(VTriangle * Tri,int n) {
    int i, j, i2;
    for (i = 0; i < n; i+ + ) {
        for (j = 0; j < 3; j+ + ) {
            Tri[i].Vertex[j]  = -1;
            Tri[i].AdjTri[j]  = -1;
            Tri[i].Edge[j].ID = -1;
            for (i2 = 0; i2 < 2; i2+ + ) {
                Tri[i].Edge[j].Point[i2]  = -1;
```

```
            Tri[i].Edge[j].AdjTri[i2] = -1;
        }
    }
  }
  return 0;
}

int JudgeCommonLine(VTriangle * Tri, int n, VEdge LineB, VEdge LineC, VEdge LineD){
  // 判断线是否为三角形的边长,是为 0,否为 1
  int k1 = 0,k2 = 0,k3 = 0;
  int i, j,tlp0,tlp2;
  double bp0 = LineB.Point[0];
  double bp2 = LineB.Point[1];
  double cp0 = LineC.Point[0];
  double cp2 = LineC.Point[1];
  double dp0 = LineD.Point[0];
  double dp2 = LineD.Point[1];
  for ( i = 0; i < n; i+ + ){
    for ( j = 0; j < 3; j+ + ){
      tlp0 = Tri[i].Edge[j].Point[0];
      tlp2 = Tri[i].Edge[j].Point[1];
      if ((tlp0 = = bp0 && tlp2 = = bp2) || (tlp0 = = bp2 && tlp2 = = bp0)){
        k1+ + ;
        if (k1 = = 2) return 0;
      }
      if ((tlp0 = = cp0 && tlp2 = = cp2) || (tlp0 = = cp2 && tlp2 = = cp0)){
        k2+ + ;
        if (k2 = = 2) return 0;
      }
      if ((tlp0 = = dp0 && tlp2 = = dp2) || (tlp0 = = dp2 && tlp2 = = dp0)){
        k3+ + ;
        if (k3 = = 2) return 0;
      }
    }
  }
  return 1;
}

int cosine(double xa,double ya, double xb,double yb, double xc,double yc,double &
cosc) {
  double dxab = xa-xb;
  double dyab = ya-yb;
  double dxac = xa-xc;
  double dyac = ya-yc;
  double dxbc = xb-xc;
  double dybc = yb-yc;
```

```
    double Sab = dxab* dxab + dyab* dyab;
    double Sac = dxac* dxac + dyac* dyac;
    double Sbc = dxbc* dxbc + dybc* dybc;
    cosc = 0.5* (Sab + Sac-Sbc) / sqrt(Sab* Sac);
    return 0;
}

int FindBestVertex(VTriangle * Tri, int K, int j, int k, double ** xyz){
//三角形扩张算法,使 cosC 最小为最优点
    int m = 0,n = 0;
    int b = 1,c = 1;
    double fxy1, fxy2,cosc,Min = 0;
    double xa, ya,xb, yb, xc, yc,dxbc, dybc ;
//确定点与边逆时针排列,左右上的顺序
    switch (j) {
        case 0: m = 1;n = 2;break;
        case 1: m = 2;n = 0;break;
        case 2: m = 0;n = 1;break;
    }

    xa = xyz[Tri[K].Vertex[j]][1];
    ya = xyz[Tri[K].Vertex[j]][2];
    xb = xyz[Tri[K].Vertex[m]][1];
    yb = xyz[Tri[K].Vertex[m]][2];
    xc = xyz[Tri[K].Vertex[n]][1];
    yc = xyz[Tri[K].Vertex[n]][2];
    dxbc = xb-xc;
    dybc = yb-yc;
//构建直线方程
    fxy1 = ya-(dybc / dxbc * xa-(xc * yb-xb * yc) / dxbc);
    for (int i = 0; i < k; i+ + ){ //遍历
        if (i ! = Tri[K].Vertex[m] && i ! = Tri[K].Vertex[n]){
            fxy2 = xyz[i][2]-(dybc / dxbc * xyz[i][1]-(xc * yb-xb * yc) / dxbc);
            if (fxy1 * fxy2 < 0) { //取异侧点
                cosine(xyz[i][1], xyz[i][2], xb, yb, xc, yc, cosc); //返回 cosc
                if (c = = 1) {
                    Min = cosc;
                    b = i;
                    c+ + ;
                }
                else {
                    if (cosc < Min) {
                        Min = cosc;
                        b = i;
                    }
                }
```

```
            }
        }
    }
    if (c ! = 1)  return b;
    else      return -1;
}

int Init_Line(VEdge * Line,int n) {
    int i,j;
    for (i = 0; i < n; i+ + ) {
        Line[i].ID = -1;
        for (j = 0; j < 2; j+ + ) {
            Line[i].AdjTri[j] = 0;
            Line[i].Point[j] = 0;
        }
    }
    return 0;
}

int SSS(VTriangle * Tri, int K, int k, int & ref_L, double ** xyz, VEdge & Line,int
&ref_o){
    int i = 0, j, j2, j3;
    int flag,eflag = 0;
    int re = 0,k1 = 0,k2 = 0;
    int c = 0,d = 0;
    int L = * ref_L;
    int o = * ref_o;
    int id1, id2, id3, id4;
    VEdge TLine[2];
    Init_Line(TLine, 2);
    for (i = 0; i< 3; i+ + ) { // 遍历
        flag = FindBestVertex(Tri, K, i, k, xyz);
        switch (i) {
            case 0: j = 1; j2 = 2; j3 = 0; id1 = flag; id2 = Tri[K].Vertex[2]; id3 =
Tri[K].Vertex[1]; id4 = flag; break;
            case 1: j = 2; j2 = 0; j3 = 0; id1 = flag; id2 = Tri[K].Vertex[0]; id3 =
Tri[K].Vertex[2]; id4 = flag; break;
            case 2: j = 0; j2 = 1; j3 = 1; id1 = Tri[K].Vertex[0]; id2 = flag; id3 =
flag; id4 = Tri[K].Vertex[1]; break;
        }
        if (flag ! = -1) {
            TLine[0].Point[0] = id1;
            TLine[0].Point[1] = id2;
            TLine[1].Point[0] = id3;
            TLine[1].Point[1] = id4;
            eflag = JudgeCommonLine(Tri, L, TLine[0], TLine[1], Tri[K].Edge[j]);
```

```
    if (eflag) {
        Line[Tri[K].Edge[j].ID-1].AdjTri[1] = L+ 1;
        Tri[L].ID = L+ 1;
        Tri[L].Vertex[0] = Tri[K].Vertex[j2];
        Tri[L].Vertex[1] = Tri[K].Vertex[j];
        Tri[L].Vertex[2] = flag;
        Line[o].ID = o + 1;
        Line[o].Point[0] = TLine[j3].Point[0];
        Line[o].Point[1] = TLine[j3].Point[1];
        Line[o].AdjTri[0] = L+ 1;
        Line[o+ 1].ID = o+ 2;
        Line[o+ 1].Point[0] = TLine[1-j3].Point[0];
        Line[o+ 1].Point[1] = TLine[1-j3].Point[1];
        Line[o+ 1].AdjTri[0] = L+ 1;
        Line[o+ 2].ID = o+ 3;
        Line[o+ 2].Point[0] = Tri[L].Vertex[0];
        Line[o+ 2].Point[1] = Tri[L].Vertex[1];
        Line[o+ 2].AdjTri[0] = L+ 1;
        Line[o+ 2].AdjTri[1] = K+ 1;
        k1 = DeterminTriEdge(Tri, L, TLine[j3], &c, &d);
        if (k1 ! = -1) {
            Line[k1].AdjTri[1] = L+ 1;
            Line[o].AdjTri[1] = c+ 1;
            Tri[c].AdjTri[d] = L+ 1;
            Tri[L].AdjTri[2] = c+ 1;
        }
        k2 = DeterminTriEdge(Tri, L, TLine[1-j3], &c, &d);
        if (k2 ! = -1) {
            Line[k2].AdjTri[1] = L+ 1;
            Line[o + 1].AdjTri[1] = c+ 1;
            Tri[c].AdjTri[d] = L+ 1;
            Tri[L].AdjTri[1] = c+ 1;
        }

        Tri[L].Edge[2] = Line[o];
        Tri[L].Edge[1] = Line[o+ 1];
        Tri[L].Edge[0] = Line[o+ 2];
        Tri[K].AdjTri[j] = L+ 1;
        Tri[L].AdjTri[0] = K+ 1;
        o = o + 3;
        L+ + ;
        re+ + ;
    }
}
else {
    Tri[K].Edge[j].AdjTri[1] = -1;
```

```
            Tri[K].AdjTri[j] = -1;
        }
    }
    ref_L = L;
    ref_o = o;
    return re;
}

int DeterminTriEdge(VTriangle * Tri, int n, VEdge Line, int & ref_c, int & ref_d){
    //确定边为三角形网的哪条边长,返回三角形的编号,边的编号
    int bp0 = Line.Point[0];
    int bp2 = Line.Point[1];
    int i, j;
    for (i = 0; i < n; i+ + ){
        for (j = 0; j < 3; j+ + ){
            if (Tri[i].Edge[j].Point[1] = = bp0 && Tri[i].Edge[j].Point[0] = = bp2){
                ref_c = i;
                ref_d = j;
                return (Tri[i].Edge[j].ID-1);
            }
        }
    }
    return -1;
}

int read_xyz_data(char * FileName, double * DesignHgt, double ** xyz, int & nObs) {
    FILE * fin;
    int i = 0;
    if ((fin = fopen(FileName, "rt")) = = NULL) {
        printf("Can not open % s file\n", FileName);
        return -1;
    }
    fscanf(fin, "% lf", DesignHgt);
    i = 0;
    while (! feof(fin)) {
        xyz[i][0] = i + 1;
        fscanf(fin, "% lf,% lf,% lf",  &xyz[i][1], &xyz[i][2], &xyz[i][3]);
        i+ + ;
    }
    * nObs = i-1;
    fclose(fin);
    return 0;
}

int Calc_TIN_Volume_par(double ** xyz, int k,int & ref_K,VTriangle * Tri , VEdge
* Line,int & ref_o,int &ref_L) {
```

```
int    i, j, * AA;
double dV0, dV2,* xyz2;
double Min = 0, midx, midy;
int    m = 0, n = 1, L = 0;
int    K = 0,o = 1,q = 0;
double dmV0, dmV2, dmV3;
xyz2 = matrix_create(k,k,0);
AA = (int * )malloc(sizeof(int)* k);
for (i = 0; i < k; i+ + ) AA[i] = 0;
for (i = 0; i < k; i+ + ){
    for (j = i + 1; j < k; j+ + ) {
        dV0 = xyz[i, 1]-xyz[j, 1];
        dV2 = xyz[i, 2]-xyz[j, 2];
        xyz2[i][j] = dV0 * dV0 + dV2 * dV2;
        if (i = = 0 && j = = 1)
            Min = xyz2[0][1];
        else{
            if (Min > xyz2[i][j]) {
                m = i;
                n = j;
                Min = xyz2[i][j];
            }
        }
    }
}
Tri[0].ID = 1;
Tri[0].Vertex[0] = m;
Tri[0].Vertex[1] = n;
Tri[0].Edge[0].ID = 1;
Tri[0].Edge[0].Point[0] = m;
Tri[0].Edge[0].Point[1] = n;
Line[0].ID = 1;
Line[0].Point[0] = m;
Line[0].Point[1] = n;
midx = 0.5* (xyz[m][1] + xyz[n][1]) ; //31498.065
midy = 0.5* (xyz[m][2] + xyz[n][2]) ; //53367.100
for (int j = 0; j < k; j+ + ){
    if ((j ! = m) && (j ! = n)){
        dmV0 = midx-xyz[j][1];
        dmV2 = midy-xyz[j][2];
        Min = dmV0 * dmV0 + dmV2 * dmV2;
        q = j;
        break;
    }
}
for (int i = 0; i < k; i+ + ){
```

```
        dmV0 = midx-xyz[i][1];
        dmV2 = midy-xyz[i][2];
        dmV3 = dmV0 * dmV0 + dmV2 * dmV2;
        if ((i ! = m) && (i ! = n) && (dmV3 < Min)){
            Min = dmV3;
            q = i;
        }
    }
    Line[1].ID = 2;
    Line[1].Point[0] = Tri[0].Edge[0].Point[1];
    Line[1].Point[1] = q;
    Line[2].ID = 3;
    Line[2].Point[0] = q;
    Line[2].Point[1] = Line[0].Point[0];
    Line[0].AdjTri[0] = Tri[0].ID;
    Line[1].AdjTri[0] = Tri[0].ID;
    Line[2].AdjTri[0] = Tri[0].ID;
    Tri[0].Vertex[2] = q;
    Tri[0].Edge[1] = Line[1];
    Tri[0].Edge[2] = Line[2];
    o= 3;
    L= 1;
    K= 0;

    while (K < L){
        SSS(Tri, K, k, L, xyz, Line, o);
        K+ + ;
    }
    ref_L = L;
    ref_K = K;
    ref_o = o;
    return 0;
}

int Calc_TIN_Volume(double ** xyz, VTriangle * Tri, int n, double db_h, double * TIN_
Volume) {
    int i;
    double Sab, Sac, Sbc,Sabc, area;
    double xa, ya, za,xb, yb, zb,xc, yc, zc;
    double dxab, dxac, dxbc,dyab, dyac, dybc;
    for (i = 0; i < n; i+ + ) {
        xa = xyz[Tri[i].Vertex[0]][1];
        ya = xyz[Tri[i].Vertex[0]][2];
        za = xyz[Tri[i].Vertex[0]][3];
        xb = xyz[Tri[i].Vertex[1]][1];
        yb = xyz[Tri[i].Vertex[1]][2];
        zb = xyz[Tri[i].Vertex[1]][3];
```

```
            xc = xyz[Tri[i].Vertex[2]][1];
            yc = xyz[Tri[i].Vertex[2]][2];
            zc = xyz[Tri[i].Vertex[2]][3];
            dxab = xa-xb;  dyab = ya-yb;
            dxac = xa-xc;  dyac = ya-yc;
            dxbc = xb-xc;  dybc = yb-yc;
            Sab = sqrt(dxab* dxab + dyab* dyab);
            Sac = sqrt(dxac* dxac + dyac* dyac);
            Sbc = sqrt(dxbc* dxbc + dybc* dybc);
            Sabc = 0.5* (Sab+ Sac+ Sbc);
            area = sqrt(Sabc * (Sabc-Sab) * (Sabc-Sac) * (Sabc-Sbc));
            TIN_Volume[i] = area / 3 * (3* db_h-za-zb-zc );
        }
        return 0;
    }

    int Output_TIN_Volume(char * outFile,VTriangle * Tri,int K,double * TIN_Volume,
VEdge * Line,int o,double ** xyz,int k ){
        FILE * fout;
        int i;
        if ((fout = fopen(outFile, "wt")) = = NULL) {
            printf("Can not write to % s file\n", outFile);
            return -1;
        }
        fprintf(fout, "\nTriangle Information\n");
        fprintf(fout, "\n ID Vertex1 Vertex2 Vertex3 Edge1 Edge2 Edge3 AdjTri1 AdjTri2
AdjTri3 Volume\n");
        for (int i = 0; i < K; i+ + ){
            fprintf(fout, "% 6d % 12d % 8d % 8d ", i + 1, Tri[i].Vertex[0], Tri[i].Vertex
[1], Tri[i].Vertex[2]);
            fprintf(fout, "% 6d % 6d % 6d ", Tri[i].Edge[0].ID, Tri[i].Edge[1].ID, Tri
[i].Edge[2].ID);
            fprintf(fout, "% 8d % 8d % 8d % 15.3f\n", Tri[i].AdjTri[0], Tri[i].AdjTri
[1], Tri[i].AdjTri[2], TIN_Volume[i]);
        }
        fprintf(fout, "\nEdge Information\n");
        fprintf(fout, "\n  ID  Vertex1  Vertex2  AdjTri1  AdjTri2\n");
        for (int i = 0; i < o; i+ + ){
            fprintf(fout, "% 5d % 8d % 8d % 8d % 8d\n",i+ 1, Line[i].Point[0], Line[i].
Point[1], Line[i].AdjTri[0], Line[i].AdjTri[1]);
        }
        fprintf(fout, "\nDiscrete Point XYZ\n");
        fprintf(fout, "\n  ID          X              Y              Z\n");
        for (i = 0; i < k; i+ + )
            fprintf(fout, "% 5d % 14.3f % 14.3f % 14.3f\n",i+ 1, xyz[i][1], xyz[i][2],
xyz[i][3]);
        fclose(fout);
        return 0;
    }
```

# 第四节　断面计算

断面图是根据外业断面测量资料绘制而成的，能够直观地体现地面的起伏现状（图 6-3）。断面可分为纵断面和横断面。纵断面是沿线路中心纵向垂直剖切的断面（图 6-3 中的 $K_1$—$K_2$—$K_3$），测量的是测量线中桩点的高程。横断面是指过线路中线并垂直于中线延伸方向的断面（图 6-3 中的 $M'$—$M$—$M''$、$N'$—$N$—$N''$），测量的是测量线路中桩处垂直于线路中线方向的地面高程。

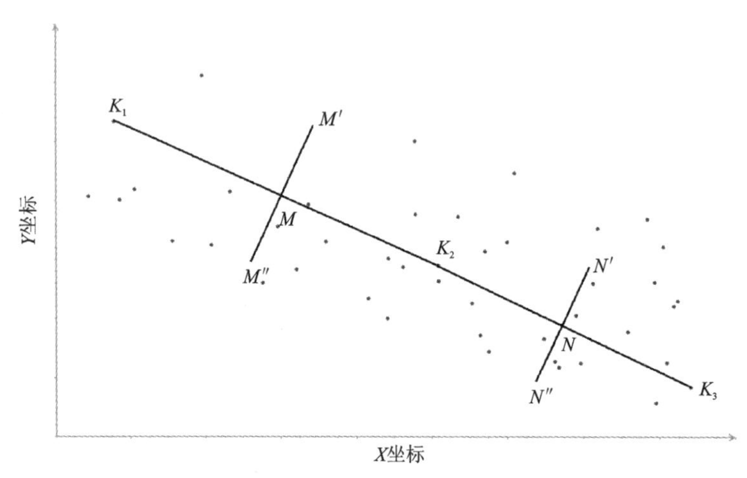


图 6-3　纵断面、横断面示意图

## 一、纵断面面积的计算

纵断面面积计算的主要流程如下。

（1）计算坐标方位角。

（2）计算内插点 $p$ 的高程值。采用反距离加权法（inverse distance weighted，IDW）求内插点 $p$ 的高程，计算步骤为：

A. 以点 $p$ 为圆心，寻找最近的 $n$ 个离散点集 $Q$。

B. 计算点 $p$ 到点集 $Q$ 中所有点的距离 $d$。

C. 计算点 $p$ 的内插高程。设点集 $Q$ 的高程为 $h$，则点 $p$ 高程 $h$ 的插值为：

$$h = \frac{\sum_{i=1}^{n}(h_i/d_i)}{\sum_{i=1}^{n}(1/d_i)} \tag{6-20}$$

式中，当编程实现时，$n$ 可取 6，即选择最近的 6 个点，亦可以取其他值。

（3）计算纵断面的面积。已知梯形两点 $p_i$、$p_{i+1}$ 间的平面投影距离为 $\Delta L_i$，基准高程为 $h_0$，$p_i$、$p_{i+1}$ 点的高程为 $h_i$、$h_{i+1}$，如图 6-4 所示，则该梯形的面积为：

$$S = \sum S_i = \sum\left(\frac{(h_i + h_{i+1} - 2h_0)}{2} \cdot \Delta L_i\right) \tag{6-21}$$

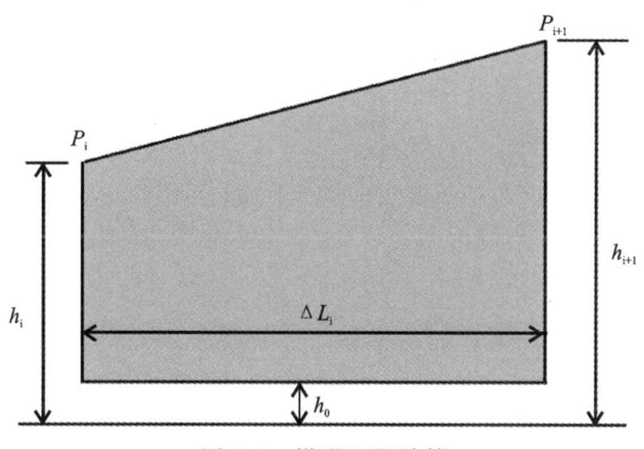


图 6-4　梯形面积计算

(4)计算纵断面的长度。

(5)计算内插点的平面坐标。在纵断面上,从起点 $k_0$ 开始,每隔 Δ 的距离内插 1 点,记为 $p_i$ ,形成纵断面上的内插点序列 $P$。

当插值点 $p_i$ 在直线 $k_0k_1$ 上,则点 $p_i$ 的坐标为:

$$\begin{cases} x_i = x_0 + L_i \cdot \cos(\alpha_{01}) \\ y_i = y_0 + L_i \cdot \sin(\alpha_{01}) \end{cases} \tag{6-22}$$

式中,$\alpha_{01}$ 为直线 $k_0k_1$ 的方位角;$L_i$ 为待插值点 $p_i$ 距点 $k_0$ 的平面投影距离。

当插值点 $p_i$ 在直线 $k_1k_2$ 上,则点 $p_i$ 的坐标为:

$$\begin{cases} x_i = x_1 + L_i \cdot \cos(\alpha_{12}) \\ y_i = y_1 + L_i \cdot \sin(\alpha_{12}) \end{cases} \tag{6-23}$$

式中,$\alpha_{12}$ 为直线 $k_1k_2$ 的方位角;$L_i$ 是待插值点 $p_i$ 距点 $k_1$ 的平面投影距离。

说明:

A. 内插距离应统一(Δ),如 5m。

B. 纵断面中包含 $k_0$、$k_1$、$k_2$ 等关键点。

(6)计算内插点的高程。

(7)计算纵断面的面积。

**【例 6.8】**纵断面面积的计算:根据以上计算流程(1)～(7),参照式(6-20)～式(6-23)设计纵断面面积的计算程序。该程序设计了输入点的结构体和控制参数的格式,实现了方位角的计算、距离计算、反距离内插等功能,计算了内插点高程及纵断面面积等。

```
# define MAXP 1000
# define MAXS 50
# define PI   3.14159265

struct Point3D {
    int    id;         // 点名
    double x;         // X 坐标(m)
    double y;         // Y 坐标(m)
    double h;         // H 坐标(m)
```

```
    double k;          //里程 K(m)
    int    tag;        // 0 for NULL, 1 for VKey
};

int assign_Point3D(Point3D Src, Point3D * Dest) {
    Dest->id = Src.id;
    Dest->x = Src.x;
    Dest->y = Src.y;
    Dest->h = Src.h;
    Dest->k = Src.k;
    Dest->tag = Src.tag;
    return 0;
}

Point3D * init_Point3D(int n) {
    Point3D * data;
    int i;
    data = (Point3D *)malloc(sizeof(Point3D)* n);
    for (i = 0; i < n; i++) {
        data[i].id = 0;
        data[i].x = 0;
        data[i].y = 0;
        data[i].h = 0;
        data[i].k = 0;
        data[i].tag = 0;
    }
    return data;
}

int get_Sectionpara(char * filename, double * Delta,int * nDelta,double * H0, int
* nPoint, int * nKeyPoint,int * nOpt) {
    FILE * fin;
    if ((fin = fopen(filename, "rt")) == NULL) {
        printf("Can not open file %s ,quit\n", filename);
        return -1;
    }
    fscanf(fin, "%lf%d%lf%d%d%d", Delta,nDelta,H0, nPoint, nKeyPoint,nOpt);
    fclose(fin);
    return 0;
}

int read_Sectiondata(char * filename, Point3D * data,Point3D * kp) {
    FILE  * fin;
    double width, delta, H0;
    int    i, nPoint, nKeyPoint,nOpt;
```

```
    if ((fin =  fopen(filename, "rt")) = = NULL) {
        printf("Can not open file % s ,quit\n", filename);
        return -1;
    }
    fscanf(fin, "% lf% lf% lf% d% d% d", &width, &delta, &H0, &nPoint, &nKeyPoint,
&nOpt);
    for (i =  0; i <  nPoint; i+ + )
        fscanf(fin, "% d% lf% lf% lf", &(data[i].id), &(data[i].x), &(data[i].y), &
(data[i].h));

    for (i =  0; i <  nKeyPoint; i+ + ) {
        data[i].tag =  1;
        kp[i].id =  i +  1;
        kp[i].x =  data[i].x;
        kp[i].y =  data[i].y;
        kp[i].h =  data[i].h;
        kp[i].k =  data[i].k;
        kp[i].tag =  1;
    }

    fclose(fin);
    return 0;
}

double amuzith(Point3D sp,Point3D ep) { //计算坐标方位角
    double dx =  ep.x-sp.x;
    double dy =  ep.y-sp.y;
    double amu =  0 ;
    if (dx = =  0) {
        if (dx <  0) amu =  1.5 *  PI;
        if (dy >  0) amu =  0.5 *  PI;
    }
    else {
        amu =  atan(fabs(dy / dx));
        if (dx >  0 && dy >  0)  amu =  amu +  0;
        if (dx <  0 && dy >  0)  amu =  PI-amu;
        if (dx <  0 && dy <  0)  amu =  amu +  PI;
        if (dx >  0 && dy <  0)  amu =  PI *  2.0-amu;
    }
    return amu;
}

double calc_Dist(Point3D sp, Point3D ep) {
    double dx =  ep.x-sp.x;
    double dy =  ep.y-sp.y;
    double dist =  sqrt(dx* dx +  dy* dy);
```

```
    return dist;
  }

  int sort_Bubble(double ** a, int n) {
    double tmp;
    int i, j ;
    for (i = 0; i < n; i+ + ) {
        for (j = 0; j < n-1-i; j+ + )
            if (a[j + 1][0] < a[j][0]) {
                tmp = a[j + 1][0]; a[j + 1][0] = a[j][0]; a[j][0] = tmp;
                tmp = a[j + 1][1]; a[j + 1][1] = a[j][1]; a[j][1] = tmp ;
            }
        }
        return 0;
    }

    int IDW(Point3D * data,int nData,Point3D * p, int nOpt){//计算内插点的高程
        int i ;
        double  ** Dist, HWsum = 0, Wsum= 0;

        Dist = (double ** )malloc(sizeof(double * )* nData);
        for (i = 0; i < nData; i+ + ) {
            Dist[i] = (double * )malloc(sizeof(double) * 2);
            Dist[i][0] = calc_Dist(* p, data[i]);
            Dist[i][1] = i;
        }
        sort_Bubble(Dist, nData);
        for (i = 0; i < nOpt; i+ + ) {
            Wsum  + = 1.0 / Dist[i][0];
            HWsum + = data[(int)(Dist[i][1])].h / Dist[i][0];
        }
        p-> h = HWsum / sumWsum;
        return 0;
    }

    double calc_Area(double h1, double h2, double interval,double h0) { //计算纵断面
面积
        return ((h1 + h2-2 * h0)* interval / 2.0);
    }

    int get_CenterPoint(Point3D sp, Point3D ep, Point3D * M){
        M-> id = 0;
        M-> x = 0.5* (sp.x + ep.x);
        M-> y = 0.5* (sp.y + ep.y);
        M-> h = 0.5* (sp.h + ep.h);
        M-> k = 0.5* (sp.k + ep.k);
        M-> tag = 2;
        return 0;
```

```
    }

    int calc_VerticalSection(Point3D * data,int nData, Point3D * kp,int nkp,double
delta,double h0,int nOpt,Point3D ** p, double * length,double * area) {
    int i,j,nSegm ;
    double alpha,dist,sumS = 0,linelen = 0;

    for (i = 0; i < nkp-1; i+ + ) {
        // 1. 计算纵断面的长度
        dist = calc_Dist(kp[i], kp[i + 1]);
        // 2. 计算内插点的平面坐标 // 3. 计算内插点的高程
        alpha = amuzith(kp[i],kp[i+ 1]);
        nSegm = (int)(dist / delta);
        for(j= 0;j< nSegm;j+ + ){
            p[i][j].x = kp[i].x + (j+ 1)* delta* cos(alpha);
            p[i][j].y = kp[i].y + (j+ 1)* delta* sin(alpha);
            IDW(data, nData, &(p[i][j]), nOpt);
        }
        // 4. 计算纵断面的面积
        sumS + = calc_Area(kp[i].h, kp[i + 1].h, dist* sin(alpha), h0);
        linelen + = dist;
    }
    * area  = sumS;
    * length = linelen;
    return 0;
}
```

## 二、横断面面积的计算

横断面面积计算的主要流程如下。

(1)计算横断面中心点的坐标。取 $k_0$、$k_1$ 的中心点 $M$，$k_1$、$k_2$ 的中心点 $N$，计算公式为：

$$\begin{cases} x_M = (x_0 + x_1)/2 \\ y_M = (y_0 + y_1)/2 \end{cases} \qquad \begin{cases} x_N = (x_2 + x_1)/2 \\ y_N = (y_2 + y_1)/2 \end{cases} \tag{6-24}$$

(2)计算横断面插值的坐标。过横断面中间点 $M$ 和 $N$，分别向直线 $k_0k_1$ 和直线 $k_1k_2$ 作垂直线，两边各延伸 25m(取 $\Delta=5$m)得到两条横断面。过 $M$ 点的横断面坐标方位角为 $\alpha_M$，过 $N$ 点的横断面坐标方位角为 $\alpha_N$，计算公式为：

$$\begin{cases} \alpha_M = \alpha_{01} + 90° \\ \alpha_N = \alpha_{12} + 90° \end{cases} \tag{6-25}$$

过 $M$ 点横断面内插点 $p_i$ 的平面坐标为：

$$\begin{cases} x_i = x_M + i\Delta\cos(\alpha_M) \\ y_i = y_M + i\Delta\sin(\alpha_M) \end{cases} \qquad 其中\ i = -5,\cdots,5 \tag{6-26}$$

过 $N$ 点横断面内插点 $p_i$ 的平面坐标为：

$$\begin{cases} x_i = x_N + i\Delta\cos(\alpha_N) \\ y_i = y_N + i\Delta\sin(\alpha_N) \end{cases} \quad 其中\ i = -5,\cdots,5 \tag{6-27}$$

(3)计算内插点的高程。

(4)计算横断面的面积。

**【例 6.9】**横断面面积的计算：依据以上横断面面积计算的主要流程，参照式(6-24)～式(6-27)设计横断面面积计算的程序。该程序设计了输入点的结构体和控制参数的格式，实现了方位角计算、距离计算、反距离内插等功能，计算了内插点的高程及横断面的面积等。

```
int assign_Point3D(Point3D Src, Point3D * Dest) {
    Dest-> id = Src.id;
    Dest-> x = Src.x; Dest-> y = Src.y; Dest-> h = Src.h;
    Dest-> k = Src.k; Dest-> tag = Src.tag;
    return 0;
}

Point3D * init_Point3D(int n) {
    Point3D * data = (Point3D * )malloc(sizeof(Point3D)* n);
    for (int i = 0; i < n; i+ + ) {
        data[i].id = i + 1;
        data[i].x = 0; data[i].y = 0; data[i].h = 0;
        data[i].k = 0; data[i].tag = 0;
    }
    return data;
}

int get_Sectionpara (char * filename, double &Delta, int &nDelta, double &H0, int
&nPT, int &nKPT,int &nOpt) {
    FILE * fin;
    if ((fin = fopen(filename, "rt")) = = NULL) {
        printf("Can not open file % s ,quit\n", filename);
        return -1;
    }
    fscanf(fin, "% lf% d% lf% d% d% d", &Delta,&nDelta,&H0, &nPT, &nKPT,&nOpt);
    fclose(fin);
    return 0;
}

int read_Sectiondata(char * filename, Point3D * data,Point3D * kp) { // read the o-
riginal data
    FILE  * fin;
    double width, delta, H0;
    int    i, nPoint, nKeyPoint,nOpt;

    if ((fin = fopen(filename, "rt")) = = NULL) {
```

```
        printf("Can not open file % s ,quit\n", filename);
        return -1;
    }
    fscanf(fin, "% lf% lf% lf% d% d% d", &width, &delta, &H0, &nPoint, &nKeyPoint,
&nOpt);
    for (i = 0; i < nPoint; i+ + ) {
        fscanf(fin, "% d% lf% lf% lf", &(data[i].id), &(data[i].x), &(data[i].y), &
(data[i].h));

    }
    for (i = 0; i < nKeyPoint; i+ + ) {
        data[i].tag = 1;
        kp[i].id = i + 1;
        kp[i].x = data[i].x; kp[i].y = data[i].y; kp[i].h = data[i].h;
        kp[i].k = data[i].k; kp[i].tag = 1;
    }

    fclose(fin);
    return 0;
}

double amuzith(Point3D sp,Point3D ep) { //计算坐标方位角
    double dx = ep.x-sp.x;
    double dy = ep.y-sp.y;
    double amu = 0 ;
    if (dx = = 0) {
        if (dx < 0) amu = 1.5 * PI;
        if (dy > 0) amu = 0.5 * PI;
    }
    else {
        amu = atan(fabs(dy / dx));
        if (dx > 0 && dy > 0)  amu = amu + 0;
        if (dx < 0 && dy > 0)  amu = PI-amu;
        if (dx < 0 && dy < 0)  amu = amu + PI;
        if (dx > 0 && dy < 0)  amu = PI * 2.0-amu;
    }
    return amu;
}

double calc_Dist(Point3D sp, Point3D ep) {
    double dx = ep.x-sp.x;
    double dy = ep.y-sp.y;
    return sqrt(dx* dx + dy* dy);
}

int sort_Bubble(double ** a, int n) {
```

```
    double tmp;
    int i, j ;
    for (i = 0; i < n; i+ + ) {
        for (j = 0; j < n-1-i; j+ + )
            if (a[j + 1][0] < a[j][0]) {
                tmp    = a[j + 1][0];
                a[j + 1][0] = a[j][0];
                a[j][0]    = tmp;

                tmp    = a[j + 1][1];
                a[j + 1][1] = a[j][1];
                a[j][1]    = tmp ;
            }
    }
    return 0;
}

int IDW(Point3D * data,int nData,Point3D * p, int nOpt){//计算内插点的高程
    int i ;
    double  ** Dist ;
    double sumHW = 0;
    double sumW  = 0;

    Dist = (double ** )malloc(sizeof(double * )* nData);
    for (i = 0; i < nData; i+ + ) {
        Dist[i] = (double * )malloc(sizeof(double) * 2);
        Dist[i][0] = calc_Dist(* p, data[i]);
        Dist[i][1] = i;
    }
    sort_Bubble(Dist, nData);
    for (i = 0; i < nOpt; i+ + ) {
        sumW  + = 1.0 / Dist[i][0];
        sumHW + = data[(int)(Dist[i][1])].h / Dist[i][0];
    }
    p-> h = sumHW / sumW;
    free(Dist[0]);
    free(Dist[1]);
    return 0;
}

double calc_Area(double h1, double h2, double interval,double h0) { //计算横断面面积
    return ((h1 + h2-2 * h0)* interval / 2.0);
}

int get_CenterPoint(Point3D sp, Point3D ep, Point3D * M){
    M-> id = 0;
```

```
    M-> x =  0.5* (sp.x +  ep.x);
    M-> y =  0.5* (sp.y +  ep.y);
    M-> h =  0.5* (sp.h +  ep.h);
    M-> k =  0.5* (sp.k +  ep.k);
    M-> tag =  2;
    return 0;
}

int calc_CrossSection(Point3D * data,int nData,Point3D sp,Point3D ep, double delta,
int nDelta, double h0,int nOpt,Point3D * p,double &area) {
    Point3D M ;
    double  alpha =  amuzith(sp,ep);
    double  sumA =  0;
    int     i,n;

    // 1.计算横断面的中心点
    get_CenterPoint(sp, ep, &M);
    IDW(data, nData, &M, nOpt);
    // 2.计算横断面的插值坐标
    n =  nDelta;
    alpha + =  PI / 2.0;
    if (alpha <  0   ) alpha + =  2 *  PI;
    if (alpha >  2* PI) alpha -=  2 *  PI;

    for (i =  n; i > 0; i--) {
        p[n-i].x =  M.x-i* delta* cos(alpha);
        p[n-i].y =  M.y-i* delta* sin(alpha);
    }
    p[n].x =  M.x;
    p[n].y =  M.y;
    p[n].tag =  2;
    for (i =  1; i < =  n; i+ + ) {
        p[n+ i].x =  M.x +  i* delta* cos(alpha);
        p[n+ i].y =  M.y +  i* delta* sin(alpha);
    }
    for (i =  0; i <  2 *  n+ 1; i+ + ) {// 3.计算内插点的高程
        IDW(data, nData, &(p[i]), nOpt);
    }
    for (i =  0; i <  2 *  n ; i+ + ) {// 4.计算横断面的面积
        sumA + =  calc_Area(p[i].h, p[i +  1].h, delta, h0);
    }
    area =  sumA;

    return 0;
}
```

```
int calc_VerticalSection(Point3D * data,int nData, Point3D * kp,int nkp,double delta,double h0,int nOpt,Point3D ** p, double&length,double &area) {
    int i,j,nSegm ;
    double alpha,dist,sumS = 0,linelen = 0;

    for (i = 0; i < nkp-1; i+ + ) { // 1.计算纵断面的长度 2.计算内插点的坐标 3.计算内插点的高程 4.计算横断面的面积
        dist = calc_Dist(kp[i], kp[i + 1]);
        alpha = amuzith(kp[i],kp[i+ 1]);
        nSegm = (int)(dist / delta);
        for(j= 0;j< nSegm;j+ + ){
            p[i][j].x = kp[i].x + (j+ 1)* delta* cos(alpha);
            p[i][j].y = kp[i].y + (j+ 1)* delta* sin(alpha);
            IDW(data, nData, &(p[i][j]), nOpt);
        }
        sumS    + = calc_Area(kp[i].h, kp[i + 1].h, dist* sin(alpha), h0);
        linelen + = dist;
    }
    area  = sumS;
    length = linelen;
    return 0;
}

int main() {
    char filename[] = "section_data.txt";
    FILE * fout;
    int i,j,nData, nkp,nDelta,nOpt,nSegm;
    Point3D * data;
    double h0 = 0, alpha, slen,sarea;
    Point3D * kp,sp, ep,p,* cp,** vp;
    double  delta, length = 0, area = 0;

    if ((fout = fopen("section_output.txt", "wt")) = = NULL) {
        printf("Can not write to file\n");
        return -1;
    }
    get_Sectionpara(filename, delta,nDelta, h0, nData, nkp,nOpt);

    data = (Point3D * )malloc(sizeof(Point3D)* nData);
    for (i = 0; i < nData; i+ + ) {
        data[i].id = i + 1;
        data[i].x= 0; data[i].y= 0; data[i].h= 0; data[i].k= 0; data[i].tag= 0;
    }
    kp = (Point3D * )malloc(sizeof(Point3D)* nkp);
    for (i = 0; i < nkp; i+ + ) {
        kp[i].id = i + 1;
```

```
            kp[i].x = 0; kp[i].y = 0; kp[i].h = 0; kp[i].k = 0; kp[i].tag = 0;
        }
        cp = (Point3D * )malloc(sizeof(Point3D)* (2* nDelta+ 1));
        for (i = 0; i < 2 * nDelta + 1; i+ + ) {
            cp[i].id = i + 1;
            cp[i].x = 0; cp[i].y = 0; cp[i].h = 0; cp[i].k = 0; cp[i].tag = 0;
        }
        vp = (Point3D ** )malloc(sizeof(Point3D * )* (nkp-1));
        for (i = 0; i < nkp-1; i+ + ) {
            vp[i] = (Point3D * )malloc(sizeof(Point3D)* MaxSegments);
            for (j = 0; j < MaxSegments; j+ + ) {
                vp[i][j].id = (i+ 1)* 1000 + j+ 1;
                vp[i][j].x = 0;  vp[i][j].y = 0;  vp[i][j].h = 0;
                vp[i][j].k = 0;  vp[i][j].tag = 0;
            }
        }

        // 1.read the scattered points
        read_Sectiondata(filename, data,kp);

        fprintf(fout, "original data\n");
        fprintf(fout, "name     X         Y       H        K     TAG\n");
        for (i = 0; i < nData; i+ + ) {
            fprintf(fout, "% 04d\t% 10.4f\t% 10.4f\t% 10.4f\t% 10.4f\t% 4d\n", data
[i].id, data[i].x, data[i].y, data[i].h, data[i].k, data[i].tag);
        }
        fprintf(fout, "H0       : % 10.4f\n", h0);
        fprintf(fout, "Interval : % 10.4f\n", delta);
        fprintf(fout, "Width    : % 10.4f\n", delta* nDelta);
        // 2.calculate the crosssections
        fprintf(fout,"\nCrossSections\n");
        for (i = 0; i < nkp-1; i+ + ) {
            fprintf(fout, "\t% 2d CrossSection\n",i+ 1);
            assign_Point3D(kp[i], &sp);
            kp[i + 1].k = kp[i].k + calc_Dist(kp[i], kp[i + 1]);
            assign_Point3D(kp[i + 1], &ep);
            get_CenterPoint(sp, ep, &p);
            IDW(data, nData, &p, nOpt);
            alpha= amuzith(sp,ep);
            alpha -= PI / 2.0;
            if (alpha < 0    ) alpha + = 2 * PI;
            if (alpha > 2 * PI) alpha -= 2 * PI;

            fprintf(fout, "\t\tStarPoint   : % 4d\t% 10.4f\t% 10.4f\t% 10.4f\t%
10.4f\t% 4d\n", sp.id, sp.x, sp.y, sp.h, sp.k, sp.tag);
```

```
        fprintf(fout, "\t\tEndPoint    : % 4d\t% 10.4f\t% 10.4f\t% 10.4f\t% 10.
4f\t% 4d\n", ep.id, ep.x, ep.y, ep.h, ep.k, ep.tag);
        fprintf(fout, "\t\tkPoint      : % 4d\t% 10.4f\t% 10.4f\t% 10.4f\t% 10.
4f\t% 4d\n",  p.id,  p.x,  p.y,  p.h,  p.k,  p.tag);
        calc_CrossSection(data, nData, sp, ep, delta, nDelta,h0,nOpt, cp, &area);
        fprintf(fout, "\t\tCrossPoint  :\n");
        for (j = 0; j < 2 * nDelta + 1; j+ + ) {
            cp[j].k = j* delta;
            fprintf(fout, "\t\t\t\t\t\t\t\t  % 4d\t% 10.4f\t% 10.4f\t% 10.4f\t%
10.4f\t% 4d\n", cp[j].id, cp[j].x, cp[j].y, cp[j].h, cp[j].k, cp[j].tag);
        }
        fprintf(fout, "\t\tDirection   : % 10.4f\n", alpha);
        fprintf(fout, "\t\tInterval    : % 10.4f\n", delta);
        fprintf(fout, "\t\tWidth       : % 10.4f\n", delta* nDelta);
        fprintf(fout, "\t\tArea        : % 10.4f\n\n", area);
    }
    // 3.calculate verticalsection
    delta = 2 * delta;
    calc_VerticalSection(data, nData, kp, nkp,delta, h0, nOpt, vp, length, area);
    fprintf(fout, "\n\nVerticalSections\n");
    for (i = 0; i < nkp-1; i+ + ) {
        slen = calc_Dist(kp[i], kp[i + 1]);
        nSegm = (int) ( slen / delta);
        alpha = amuzith(kp[i], kp[i + 1]);
        sarea = calc_Area(kp[i].h, kp[i + 1].h, slen* sin(alpha), h0);
        fprintf(fout, "\n% 2d VerticalSection\n",i+ 1);
        fprintf(fout, "\t\tkPoints     :\n");
        fprintf(fout, "\t\t\t\t\t\t\t\t  % 04d\t% 10.4f\t% 10.4f\t% 10.4f\t% 10.
4f\t% 4d\n", kp[i].id, kp[i].x, kp[i].y, kp[i].h, kp[i].k, kp[i].tag);
        for (j = 0; j < nSegm; j+ + ) {
            vp[i][j].k = (i* nSegm + j + 1)* delta;
            fprintf(fout, "\t\t\t\t\t\t\t\t  % 4d\t% 10.4f\t% 10.4f\t% 10.4f\t% 10.
4f\t% 4d\n", vp[i][j].id, vp[i][j].x, vp[i][j].y, vp[i][j].h, vp[i][j].k, vp[i][j].tag);
        }
        fprintf(fout, "\t\t\t\t\t\t\t\t  % 04d\t% 10.4f\t% 10.4f\t% 10.4f\t% 10.4f\
t% 4d\n", kp[i+ 1].id, kp[i + 1].x, kp[i + 1].y, kp[i + 1].h, kp[i + 1].k, kp[i + 1].tag);
        fprintf(fout, "\t\tDirection[% d]: % 10.4f\n", i,alpha);
        fprintf(fout, "\t\tlengt       : % 10.4f\n", slen);
        fprintf(fout, "\t\tArea        : % 10.4f\n\n", sarea);
    }

    fprintf(fout, "\t\tInterval    : % 10.4f\n", delta);
    fprintf(fout, "\t\tLength      : % 10.4f\n", length);
    fprintf(fout, "\t\tArea        : % 10.4f\n\n", area);
    fclose(fout);

    printf("Normal Finished\n");
    return 0;
}
```

# 第七章　3S程序设计

## 第一节　地理信息科学

### 一、最短路径的计算

最短路径计算比较流行的算法是Dijkstra算法、Floyd算法和Bellman-Ford算法。以下是其简要介绍。

#### 1. Dijkstra算法

Dijkstra算法是典型的单源最短路径算法，常用于搜索有权图，找出图中两点的最短距离，如图7-1所示。它既不是深度优先算法搜索，也不是广度优先算法搜索。把Dijkstra算法应用于无权图或者所有边的权都相等的图，Dijkstra算法等同于广度优先算法搜索。

Dijkstra算法基本思想：设G=($V$,$E$)是一个带权有向图，把图中顶点集合$V$分成两组。第一组为已求出最短路径的顶点集合(用$S$表示，初始时$S$中只有一个源点，以后每求得一条最短路径，就将该路线的顶点加入集合$S$中，直到全部顶点都加入$S$中，算法结束)；第二组为其余未确定最短路径的顶点集合(用$U$表示)，按最短路径长度递增的次序依次把第二组的顶点加入$S$中。在加入$S$的过程中，总保持从源点$v$到$S$中各顶点的最短路径长度不大于从源点$v$到$U$中任何顶点的最短路径长度。此外，每个顶点对应一个距离，$S$中的顶点距离就是从$v$到此顶点的最短路径长度，$U$中的顶点距离是从$v$到此顶点只包括$S$中的顶点为中间顶点的当前最短路径长度(图7-1)。

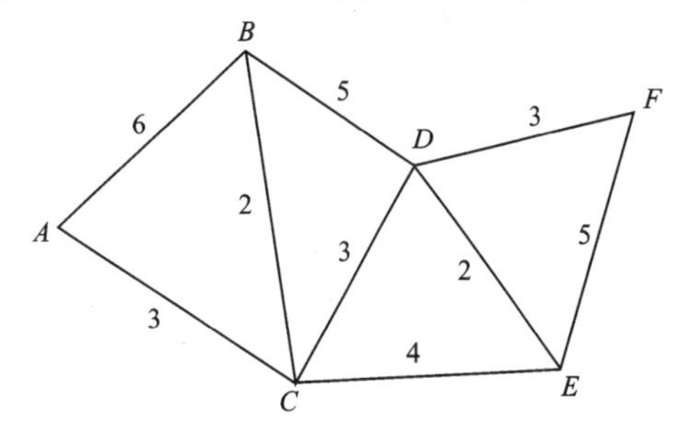


图7-1　Dijkstra最短路径

**【例7.1】**Dijkstra最短路径计算：根据Dijkstra算法基本思想，设计了图形的数据格式，编写了两个函数如下。

```
# define MAX  0x3f3f3f3f
int dijkstra(int ** Edge, int * Dist, int * Visited, int n) {
// Edge数组存的为点边的信息，Edge[0][1]= 3:表示0号点和1号点的距离为3
// Dist数组存的为起始点与每个点的最短距离，Dist[3]= 5:表示起始点0与3号点最短距离为5
```

```
// Visited 数组存的为 0 或者 1,0 表示未曾走过这个点,1 表示已经走过这个点。
    int i, T,pos = 0;
    int min, sum = 0;
    for (i = 0; i < n; i+ + )
        Dist[i]= Edge[0][i];
    Visited[0] = 1;
    Dist[0] = 0;
    T = n;
    while(T--) {
        min = MAX;
        for (i= 0; i< n; i+ + ) {
            if (Visited[i] = = 0 && min> Dist[i]) {
                min = Dist[i];
                pos = i;
            }
        }
        Visited[pos] = 1; //表示这个点已经走过
        for (i = 0; i< n; i+ + ) {
            if (Visited[i] = = 0 && Dist[i]> min + Edge[pos][i])  //更新 Dist 的值
                Dist[i] = Edge[pos][i] + min;
        }
    }
    return 0;
}

int read_graph(char * data, int * nEdge,int * nNode) {
    FILE * in;
    if ((in = fopen(data, "rt")) = = NULL) {
        printf("Can not open % s file\n",data);
        return -1;
    }
    fscanf(in,"% d % d",nEdge,nNode);
    fclose(in);
    return 0;
}

int read_graph_data(char * data, int ** Edge) {
    FILE * in;
    int i,nEdge,nNode,row,col,value;
    if ((in = fopen(data, "rt")) = = NULL) {
        printf("Can not open % s file\n", data);
        return -1;
    }
    fscanf(in, "% d % d", &nEdge,&nNode);
    printf("read data Edge % d Nodes % d\n", nEdge, nNode);
```

```
    for (i = 0; i < nEdge; i+ + ) {
        fscanf(in,"% d % d % d",&row,&col,&value);
        Edge[row][col]= value;
    }
    fclose(in);
    return 0;
}

int main() {
    int i,  nNode,nEdge;
    int ** Edge, * Visited, * Dist;
    char * data = "dijkstra_graph.txt";
    read_graph(data,&nEdge,&nNode);
    Visited = vector_create(nNode,0) ;
    Dist= vector_create(nNode, MAX);
    Edge= matrix_create(nNode, nNode,MAX);
    read_graph_data(data,Edge);
    dijkstra(Edge, Dist, Visited, nNode);
    for (i = 0; i< nNode; i+ + )
        printf("Dist[% d]= % d\n", i, Dist[i]);
    return 0;
}
```

**2. Floyd 算法**

Floyd算法的基本思想：从任意节点$A$到任意节点$B$的最短路径不外乎有两种可能。一是从节点$A$直接到节点$B$，二是从节点$A$经过若干个节点（统称为$X$）到节点$B$。我们假设Dis($AB$)为从节点$A$到节点$B$的最短路径距离。对任一节点$X$，我们检查Dis($AX$) + Dis($XB$) < Dis($AB$)是否成立，如果成立，则说明从节点$A$到节点$X$再到节点$B$的路径比从节点$A$直接到节点$B$的路径短，我们便设置Dis($AB$) = Dis($AX$) + Dis($XB$)。这样一来，当我们遍历完所有节点$X$，Dis($AB$)中记录的便是从节点$A$到节点$B$的最短路径距离，如图7-2所示。

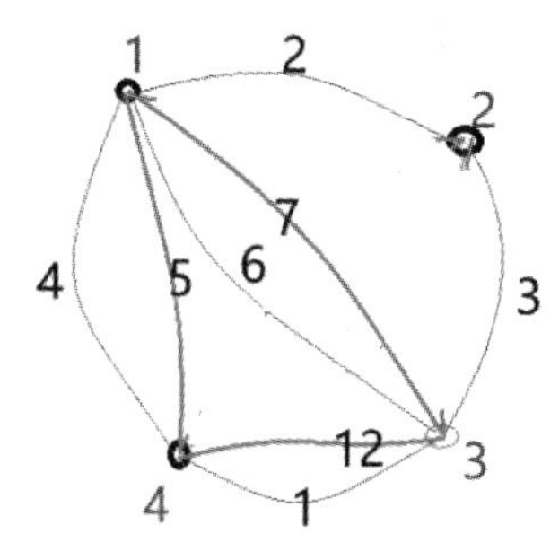


图7-2　Floyd最短路径

【例7.2】Floyd最短路径计算：根据Floyd算法基本思想，参照Dijkstra设计的图形数据格式，编写了两个函数。

```
void Floyd_Warshall(int ** Edge, int nEdge) {
//最终二维数组中存的即是两点之间的最短距离
    int i, j, k;
    for (k = 0; k < nEdge; k+ + ) {
        for (i = 0; i < nEdge; i+ + ) {
            for (j = 0; j < nEdge; j+ + )
```

```
                if (Edge[i][j]> Edge[i][k] + Edge[k][j])
                    Edge[i][j] = Edge[i][k] + Edge[k][j];
            }
        }
}

int main() {
    void Floyd_Warshall(int ** Edge, int nEdge);
    int i, j;
    char * data= "floyd_graph.txt";
    int nEdge,nNode;
    int ** Edge;
    read_graph(data,&nEdge,&nNode);
    Edge = matrix_create(nNode, nNode,MAX);
    for (i = 0; i < nNode; i+ + ) Edge[i][i]= 0;
    read_graph_data(data,Edge);
    Floyd_Warshall(Edge, nNode);

    //Edge output the shortest dist
    for (i = 0; i < nNode; i+ + ) {
        for (j = 0; j < nNode; j+ + )
            printf("% 10d\t", Edge[i][j]);
        printf("\n");
    }
    return 0;
}
```

**3. Bellman - Ford 算法**

Dijkstra 算法是处理单源最短路径的有效算法，但它适用于边的权值非负的情况，若图中出现权值为负的边，Dijkstra 算法就会失效，求出的最短路径结果就可能是错的。这时候就需要使用其他的算法来求解最短路径，Bellman-Ford 算法就是其中最常用的一个。该算法由美国数学家 Richard Bellman 和 Lester Ford 发明。给定图 G($V$,$E$)(其中 $V$、$E$ 分别为图 G 的顶点集与边集)，源点 $s$，Bellman-Ford 算法的流程如下。

(1)数组 Distant[$i$]记录从源点 $s$ 到顶点 $i$ 的路径长度，初始化数组 Distant[$i$]=0。

(2)以下操作循环执行至多($n-1$)次，$n$ 为顶点数：对每一条边 $e(u,v)$，如果 Distant[$u$] + $w(u, v)$ < Distant[$v$]，则另 Distant[$v$] = Distant[$u$]+$w(u, v)$。$w(u, v)$为边 $e(u,v)$ 的权值；若上述操作没有对 Distant 进行更新，说明最短路径已经查找完毕，或者部分点不可达，跳出循环，否则执行下次循环。

(3)检测图中是否存在负环路(即权值之和小于 0 的环路)。对每一条边 $e(u,v)$，如果存在 Distant[$u$] + $w(u, v)$ < Distant[$v$]的边，则图中存在负环路，即改图无法求出单源最短路径，否则数组 Distant[$n$]中记录的就是源点 $s$ 到各顶点的最短路径长度。

【例 7.3】Bellman 最短路径计算：根据 Bellman 算法基本思想，参照 Dijkstra 设计的图形数据格式，设计了顶点的数据格式，编写了两个函数。

```
# define MAX 0x3f3f3f3f
typedef struct node {
    int u;
    int v;
    int cost;
};

int Bellman(int * dis,int n,int m,node * E) {
    int i,j,flag= 1;
    for (i= 0; i < n; + + i) dis[i] = (i = = 0 ? 0 : MAX);
    for (i= 0; i < n; + + i) {
        flag= 1;
        for (j= 0; j < m; + + j) {
            if (dis[E[j].v] > dis[E[j].u] + E[j].cost) {
                dis[E[j].v] = dis[E[j].u] + E[j].cost;
                flag= 0;
            }
        }
        if (flag = = 1) break;
    }
    flag= 1;
    for (i= 0; i < m; + + i) {
        if (dis[E[i].v] > dis[E[i].u] + E[i].cost) {
            flag= 0;
            break;
        }
    }
    return flag;
}

int main() {
    int i,n= 10,m,* dis;
    node * E;
    dis= (int * )malloc(sizeof(int)* n);
    E= (node * )malloc(sizeof(node)* n);
    memset(dis, MAX, sizeof(dis));
    if (Bellman(dis,n,m,E))
        for(i= 0;i< m;i+ + )
            printf("dis[% d]= % d\n",i,dis[i]);
    else
        printf("existed negtive value\n");
    return 0;
}
```

## 二、空间自相关

空间自相关是研究地理空间中某空间数据与其周围数据间的相似性及相关程度，进而分析这些空间数据在空间的分布特征。空间自相关分析是认识空间分布特征、选择适宜空间尺度完成空间分析的最常用方法。莫兰指数（Moran's $I$）是最常用的空间自相关全局关联指数，计算公式为：

$$I = \frac{\sum_{i=1}^{n}\sum_{j=1}^{n} W_{ij}(X_i - \overline{X})(X_j - \overline{X})}{\frac{1}{n}\sum_{i=1}^{n}\sum_{j=1}^{n} W_{ij} \cdot \sum_{i=1}^{n}(X_i - \overline{X})^2} \tag{7-1}$$

式中，$n$ 为个数；$x_i$、$x_j$ 分别为研究区域 $i$ 和 $j$ 的属性值；$\overline{X}$为样本均值；$W$ 为权重矩阵，即实体间的空间关系，可通过拓扑关系获得；$I$ 值介于 $-1$ 与 1，且 $I$ 值越大，空间分布的相关性越强。其中，$I>0$ 表示空间自正相关，空间实体呈聚合分布；$I<0$ 表示空间自负相关，空间实体呈离散分布；$I=0$ 表示空间实体随机分布。

**【例 7.4】** 空间自相关 Moran's $I$ 计算：根据式(7-1)，权重矩阵 $\boldsymbol{W}$ 设计为当两空间实体相邻，则为 1，否则为 0；也可以依据空间实体的距离阈值，小于阈值则为 1，否则为 0。

```
double MoranI(double W[],double X[],int n){
    int I,j;
    double moranI,sumX= 0.0,sumWx= 0,sumW= 0.0,SumX1= 0.0;
    for(i= 0;i< n;i+ + ) sumX + =  X[i];
    sumX /=  n ;
    for(i= 0;i< n;i+ + ){
    sumX1 + =  (X[i]-sumX);
        for(j= 0;j< n;j+ + ){
            sumW  + =  W[i][j];
            sumWx + =  W[i][j]* (X[i]-sumX)* (X[j]-sumX) ;
        }
    }
    sumX1  /= n;
    sumWx  /= n;
    sumW   /= n;
    moranI =  n* sumWx / (sumW* sumX1);
    return moranI ;
}

int Calc_WeightMatrix(double * x,double * y,double ** W,int n,double eps){
double dist,currX,currY;
    int i,j;
    for(i= 0;i< n;i+ + ){
        currX= x[i];
        currY= y[i];
        for(j= i;j< n;j+ + ){
```

```
            dist= dist(x[i],y[i],currX,currY);
            if(dist< = eps){
                W[i][j] = 1.0;
                W[i][j] = W[j][i];
            }
        }
    }
    return 0;
}
```

# 第二节　全球导航定位系统

## 一、导航星历计算卫星位置

卫星位置一般有两种方法可以获得：一种通过导航星历计算；另一种通过精密星历内插获取。导航卫星位置可以根据开普勒轨道参数计算，首先计算卫星在轨道平面坐标系下的坐标，然后再将坐标分别绕 $X$ 轴旋转 $-i$ 角，绕 $Z$ 轴旋 $-\Omega$ 角，可以求得卫星在地心地固坐标下的坐标。其计算过程为：

(1)计算卫星运行的平均角速度。

$$\begin{cases} n_0 = \dfrac{\sqrt{GM}}{(\sqrt{A})^3} \\ n = n_0 + \Delta n \end{cases} \tag{7-2}$$

(2)计算 $t$ 时刻的卫星平近点角。

$$M = M_0 + n(t - t_{oe}) \tag{7-3}$$

(3)利用开普勒公式迭代求解偏近点角。

$$E = M + e\sin E \tag{7-4}$$

(4)计算真近点角。

$$\begin{cases} \cos f = \dfrac{\cos E - e}{1 - e\cos \mathrm{E}} \\ \sin f = \dfrac{\sqrt{1-e^2}\sin E}{1 - e\cos E} \\ f = \arctan \dfrac{\sqrt{1-e^2}\sin E}{\cos E - e} \end{cases} \tag{7-5}$$

(5)计算升交距角(未经改正的)。

$$u' = \omega + f \tag{7-6}$$

(6)计算摄动改正项。

$$\begin{cases} \delta_u = C_{uc}\cos 2u' + C_{us}\sin 2u' \\ \delta_r = C_{rc}\cos 2u' + C_{rs}\sin 2u' \\ \delta_i = C_{ic}\cos 2u' + C_{is}\sin 2u' \end{cases} \tag{7-7}$$

(7)进行摄动改正。

$$\begin{cases} u = u' + \delta_u \\ r = r' + \delta_r = a(1 - e\cos E) + \delta_r \\ i = i_0 + \delta_i + \dfrac{di}{dt}(t - t_{oe}) \end{cases} \tag{7-8}$$

(8)计算卫星在轨道平面坐标系下的坐标。

$$\begin{cases} x = r\cos u \\ y = r\sin u \end{cases} \tag{7-9}$$

(9)计算升交点经度。

$$L = \Omega_0 + \dot{\Omega}(t - t_{oe}) - \omega_e t \quad = \Omega_0 + (\dot{\Omega} - \omega_e)t - \dot{\Omega} \cdot t_{oe} \tag{7-10}$$

(10)计算卫星在瞬时地球坐标系下的坐标。

$$\begin{bmatrix} X \\ Y \\ Z \end{bmatrix} = R_z(-L)R_x(-i)\begin{bmatrix} x \\ y \\ z \end{bmatrix} = \begin{bmatrix} x \cdot \cos L - y \cdot \cos i \cdot \sin L \\ x \cdot \sin L + y \cdot \cos i \cdot \cos L \\ y \cdot \sin i \end{bmatrix} \tag{7-11}$$

(11)计算卫星在协议坐标系下的坐标。

$$\begin{bmatrix} x \\ y \\ z \end{bmatrix}_{\text{CTS}} = R_Y(-x_p)R_X(-y_p)\begin{bmatrix} X \\ Y \\ Z \end{bmatrix} = \begin{bmatrix} 1 & 0 & x_p \\ 0 & 1 & -y_p \\ -x_p & y_p & 1 \end{bmatrix}\begin{bmatrix} X \\ Y \\ Z \end{bmatrix} \tag{7-12}$$

式(7-2)～式(7-12)的参数可以从导航星历中读取。

**【例 7.5】** 卫星位置的计算：读取导航星历文件并存储在数组中，找到最近的星历文件进行内插，计算旋转矩阵，根据式(7-2)～式(7-12)，计算卫星的位置。

```
//GetSatPosition.h
# define EPOCHSVN 9216  // 288* 32
# define PI 3.1415926
# define GM  3.986004418E14  //万有引力常数
# define Omegae_dot   7.2921151467E-5  //地球自转 , rad/s

//GetSatPosition.cpp
# include "SatPosi.h"
int main(int argc, char * argv[]) {
    double ** eph;
    double * satpos;
    int i, j, nSat =  0;

    if (argc <  8) {
        printf("Parameter not Enough\n");
        return 1;
    }
    char * nav_file =   argv[1] ; // "shao0010.18n";
    int sv =   atoi(argv[2]) ; // 10;
```

```
    int year = atoi(argv[3]); //  2018 ;
    int month = atoi(argv[4]); // 1;
    int day = atoi(argv[5]); //  1 ;
    int hour = atoi(argv[6]); // 11 ;
    int minute = atoi(argv[7]); //  0 ;
    double second = atof(argv[8]); // 0.0 ;
    satpos = vector_create(4,0);
    eph = matrix_create(EPOCHSVN,40,0);

    read_nav(nav_file, eph, &nSat);
    get_satpos(eph, sv, year, month, day, hour, minute, second, satpos);
    for (i = 0; i< 1; i+ + )
        printf("X = % 22.15E \nY = % 22.15E \nZ = % 22.15E \nt = % 22.15E\n", satpos
[0], satpos[1], satpos[2], satpos[3]);

    printf("Normal Finished\n");
    return 0;
  }

  int get_satpos(double ** eph, int sv, int year, int month, int day, int hour, int mi-
nute, double second, double * satpos) {
    double E, v, Omega, phi1, phi, omega, r, i;
    double ** R , satpos_in[3];
    double E_old, M, dE = 1.00, A, tk,t;
    int GPSW,k = 0;
    int RefT = find_nearest(eph, sv, year, month, day, hour, minute, second);

    int   svprn = (int)eph[RefT][0];
    double af0 = eph[RefT][7];
    double af1 = eph[RefT][8];
    double af2 = eph[RefT][9];
    double crs = eph[RefT][11];
    double deltan = eph[RefT][12];
    double M0 = eph[RefT][13];
    double cuc = eph[RefT][14];
    double ecc = eph[RefT][15];
    double cus = eph[RefT][16];
    double roota = eph[RefT][17];
    double toe = eph[RefT][18];
    double cic = eph[RefT][19];
    double Omega0 = eph[RefT][20];
    double cis = eph[RefT][21];
    double i0 = eph[RefT][22];
    double crc = eph[RefT][23];
    double omega0 = eph[RefT][24];
    double Omegadot = eph[RefT][25];
```

```
    double idot = eph[RefT][26];
    double toc = eph[RefT][36];

    R= matrix_create(3,3,0);

    UTC2GPST(year, month, day, hour, minute, second, &t, &GPSW);
    A = roota* roota;  // A为轨道长半轴
    tk = t-toe;    // 计算到参考历元的时间差
    M = M0 + (sqrt(GM / (A* A* A)) + deltan)* tk;  //计算 t时刻的卫星平近点角
    E_old = M;  // 利用开普勒公式迭代求解偏近点角
    while (dE > 1E-15) {
        E = M + ecc* sin(E_old);
        dE = fabs(E-E_old);
        E_old = E;
    }

    v = atan2(sqrt(1-ecc* ecc)* sin(E), cos(E)-ecc); // 计算真近点角
    // 计算改正后的升交点经度
    Omega = Omega0 + (Omegadot-Omegae_dot) * tk-Omegae_dot* toe;
    phi1 = omega0 + v;
    phi = phi1-(int)(phi1 / (2 * PI)) * 2 * PI;
    phi1 = 2 * phi; //  计算升交距角
    omega = omega0 + cuc* cos(phi1) + cus* sin(phi1);
    r = A* (1-ecc* cos(E)) + crc* cos(phi1) + crs* sin(phi1);  //  计算向径
    i = i0 + idot* tk + cic* cos(phi1) + cis* sin(phi1); // 计算倾角
    Gen_RotateMatrix(Omega,omega,i,R); // 旋转矩阵

    satpos_in[0] = r* cos(v); // 计算卫星在轨道平面坐标系下的坐标
    satpos_in[1] = r* sin(v);
    satpos_in[2] = 0;

    for (int j = 0; j< 3; j+ + ) {  // 利用旋转矩阵计算卫星在地心地固坐标系下的坐标
        satpos[j] = 0;
        for (int k = 0; k< 3; k+ + ) {
            satpos[j] + = R[j][k] * satpos_in[k];
        }
    }
    satpos[3] = af0 + af1* tk + af2* tk* tk; // 计算卫星钟差
    return 0;
}

int Gen_RotateMatrix(double Omega,double omega,double i,double ** R){
// 旋转矩阵,从卫星轨道平面坐标系转换到地心地固坐标系
//   Omega : 升交点赤经     omega  : 近地点角距
//     i : 轨道倾角        R        : output rotation matrix
    R[0][0] = cos(Omega)* cos(omega)-sin(Omega)* sin(omega)* cos(i);
```

```
    R[0][1] = -cos(Omega)* sin(omega)-sin(Omega)* cos(omega)* cos(i);
    R[0][2] = sin(Omega)* sin(i);
    R[1][0] = sin(Omega)* cos(omega) + cos(Omega)* sin(omega)* cos(i);
    R[1][1] = -sin(Omega)* sin(omega) + cos(Omega)* cos(omega)* cos(i);
    R[1][2] = -cos(Omega)* sin(i);
    R[2][0] = sin(omega)* sin(i);
    R[2][1] = cos(omega)* sin(i);
    R[2][2] = cos(i);
    return 0;
}

int UTC2GPST(int year, int month, int day, int hour, int minute, double second, doub-
le * GPSsecond, int * GPSweek) {
    double UT, JD;
    double MGPSweek;
    if (year< 1990) {
        if (year> 80) year = year + 1900;
        else      year = year + 2000;
    }
    if (month < = 2) {
        year = year-1;
        month = month + 12;
    }
    UT = hour + minute / 60.0 + second / 3600.0;
    JD = (int)(365.25* year) + (int)(30.6001* (month + 1)) + day + UT / 24.0 +
1720981.5;
    MGPSweek = (JD-2444244.5) / 7.0;
    * GPSsecond = (MGPSweek-(int)(MGPSweek)) * 604800;
    * GPSweek = (int)(MGPSweek);
    return 0;
}

int read_nav(char * rinexn, double ** eph, int * nSat) {
    FILE * fid;
    char line[90];
    int i = 0, n = 0;
    if ((fid = fopen(rinexn, "rt")) = = NULL) {
        printf("Can not open nav file\n");
        return 1 ;
    }

    while (fgets(line, 90, fid) ! = NULL) {
        if (! strcmp(substr(line, 60, 7), "END OF ")) break;
    }
    * nSat = 0;
    while (fgets(line, 90, fid) ! = NULL) {
```

```
eph[i][0] = atoi(substr(line, 0, 2)); //sv
eph[i][1] = atoi(substr(line, 3, 2)); //year
if (eph[i][1]> 80)  eph[i][1] + = 1900;
else              eph[i][1] + = 2000;
eph[i][2] = atoi(substr(line, 6, 2)); //month
eph[i][3] = atoi(substr(line, 9, 2)); //day
eph[i][4] = atoi(substr(line, 12, 2)); //hour
eph[i][5] = atoi(substr(line, 15, 2)); //minute
eph[i][6] = atof(substr(line, 19, 4));  // second
eph[i][7] = atof(substr2(line, 22, 19)); //clock_bias
eph[i][8] = atof(substr2(line, 41, 19)); //clock_drift
eph[i][9] = atof(substr2(line, 60, 19)); //clock_drift_rate
fgets(line, 90, fid);
eph[i][10] = atof(substr2(line, 3, 19));  //iode
eph[i][11] = atof(substr2(line, 22, 19)); //crs = sv_health
eph[i][12] = atof(substr2(line, 41, 19)); //deltan
eph[i][13] = atof(substr2(line, 60, 19)); //M0
fgets(line, 90, fid);
eph[i][14] = atof(substr2(line, 3, 19));  //cuc
eph[i][15] = atof(substr2(line, 22, 19)); //ecc
eph[i][16] = atof(substr2(line, 41, 19)); //cus
eph[i][17] = atof(substr2(line, 60, 19)); //roota
fgets(line, 90, fid);
eph[i][18] = atof(substr2(line, 3, 19));  //toe
eph[i][19] = atof(substr2(line, 22, 19)); //cic
eph[i][20] = atof(substr2(line, 41, 19)); //Omega0
eph[i][21] = atof(substr2(line, 60, 19)); //cis
fgets(line, 90, fid);
eph[i][22] = atof(substr2(line, 3, 19));  //i0
eph[i][23] = atof(substr2(line, 22, 19)); //crc
eph[i][24] = atof(substr2(line, 41, 19)); //omega
eph[i][25] = atof(substr2(line, 60, 19)); //Omegadot
fgets(line, 90, fid);
eph[i][26] = atof(substr2(line, 3, 19));  //idot
eph[i][27] = atof(substr2(line, 22, 19)); //codesL2
eph[i][28] = atof(substr2(line, 41, 19)); //gpsweek
eph[i][29] = atof(substr2(line, 60, 19)); //L2Pflag
fgets(line, 90, fid);
eph[i][30] = atof(substr2(line, 3, 19));  //sv_accuracy
eph[i][31] = atof(substr2(line, 22, 19)); //sv_health
eph[i][32] = atof(substr2(line, 41, 19)); //tgd
eph[i][33] = atof(substr2(line, 60, 19)); //iodc
fgets(line, 90, fid);
eph[i][34] = atof(substr2(line, 3, 19));
eph[i][35] = atof(substr2(line, 22, 19));
eph[i][36] = eph[i][4] + eph[i][5] / 60.0 + eph[i][6] / 3600.0; //toc
```

```
        i++;
    }
    *nSat = i;
    fclose(fid);
    return 0;
}

int find_nearest(double ** eph, int sv, int year, int month, int day, int hour, int minute, double second) {
    int i, j;
    double hms0, hmsMin, hmsMax, hmsTmp;
    if (!(eph[0][1] == year) && (eph[0][2] == month) && (eph[0][3] == day)) {
        printf("Not the right day,quit\n");
        return -1;
    }
    hms0 = hour * 3600 + minute * 60 + second;
    hmsMin = fabs(eph[0][4] * 3600 + eph[0][5] * 60 + eph[0][6]-hms0);
    hmsMax = fabs(eph[1][4] * 3600 + eph[1][5] * 60 + eph[1][6]-hms0);
    if (hmsMax< hmsMin) {
        hmsTmp = hmsMax;
        hmsMax = hmsMin;
        hmsMin = hmsTmp;
    }
    for (i = 2; i< EPOCHSVN; i++) {
        if (((int)(eph[i][0])) == sv) {
            hmsTmp = fabs(eph[i][4] * 3600 + eph[i][5] * 60 + eph[i][6]-hms0);
            if (hmsTmp< 0.001) return i;
            if (hmsTmp> hmsMax) continue;
            else {
                if (hmsTmp< hmsMin) {
                    hmsMax = hmsMin;
                    hmsMin = hmsTmp;
                }
                else hmsMax = hmsTmp;
                j = i;
            }
        }
    }
    return j;
}
```

运行举例：

在命令行中输入：

```
.\GetSatPosi.exe .\shao0010.18n 10 2018 1 1 11 0 0.0
```

程序名字 导航星历文件 卫星号 年 月 日 时 分 秒

获得卫星在该时刻的坐标和钟差：

$$\begin{cases} X=-1.474\ 692\ 327\ 255\ 092\times 10^{7} \\ Y=4.127\ 137\ 618\ 740\ 397\times 10^{6} \\ Z=-2.168\ 181\ 461\ 541\ 145\times 10^{7} \\ t=1.391\ 794\ 867\ 232\ 633\times 10^{-4} \end{cases}$$

## 二、精度衰减因子的计算

精度衰减因子(dilution of precision，DOP)，几何精度衰减因子(geometric dilution of precision, GDOP)、位置精度衰减因子(position dilution of precision, PDOP)、水平精度衰减因子(horizontal dilution of precision, HDOP)、垂直精度衰减因子(vertical dilution of precision，VDOP)和时间精度衰减因子(time dilution of precision，TDOP)等。计算的主要流程为：

(1)利用星历参数和卫星参考时间计算每颗卫星在地心地固坐标系下的坐标。

(2)计算接收机在地心地固坐标系下的坐标。

(3)对于每颗卫星，计算以下各项参数。

A. 计算卫地距：

$$R_i = \sqrt{(SV_{x_i} - Rx)^2 + (SV_{y_i} - Ry)^2 + (SV_{z_i} - Rz)^2} \tag{7-13}$$

B. 计算方向导数系数：

$$\begin{cases} Dx_i = \dfrac{SV_{x_i} - Rx}{R_i} \\ Dy_i = \dfrac{SV_{y_i} - Ry}{R_i} \\ Dz_i = \dfrac{SV_{z_i} - Rz}{R_i} \end{cases} \tag{7-14}$$

C. 估计接收机位置改正：

$$\begin{cases} \mathbf{A}=\begin{bmatrix} Dx_0 & Dy_0 & Dz_0 & Dt_0 \\ Dx_1 & Dy_1 & Dz_1 & Dt_1 \\ Dx_2 & Dy_2 & Dz_2 & Dt_2 \\ Dx_3 & Dy_3 & Dz_3 & Dt_3 \end{bmatrix} \\ P=(\mathbf{A}^{\mathrm{T}} \cdot \mathbf{A})^{-1} \end{cases} \tag{7-15}$$

D. 计算精度衰减因子项：

$$\begin{cases} \mathrm{GDOP} = \sqrt{P_{0,0} + P_{1,1} + P_{2,2} + P_{3,3}} \\ \mathrm{PDOP} = \sqrt{P_{0,0} + P_{1,1} + P_{2,2}} \\ \mathrm{HDOP} = \sqrt{P_{0,0} + P_{1,1}} \\ \mathrm{VDOP} = \sqrt{P_{2,2}} \\ \mathrm{TDOP} = \sqrt{P_{3,3}} \end{cases} \tag{7-16}$$

【例 7.6】精度衰减因子 DOP 计算：读取导航星历文件并存储于数组，设计观测数据头和观测数据体结构体，编写单点定位程序。

```
# define SATEPOCH 1536    //  1536 =  32* 24* 60/30
# define c   2.99792458E8 // light speed
# define WeDot 7.292115E-5   //地球自转速度
# define lu  3.9860050E14          //地球引力常数
# define EpochNUM 2880
# define MAXSAT  64

s truct EpochData {
        int          Counts;
        int          sPRN;
        double TOC;
        double a0;
        double a1;
        double a2;
        double IODE;
        double Crs;
        double dn;
        double M0;
        double Cuc;
        double e;
        double Cus;
        double sqrta;
        double toe;
        double Cic;
        double omg0;
        double Cis;
        double i0;
        double Crc;
        double w;
        double omgdot;
        double idot;
};

s truct LongDate {
    int year;
    int month;
    int day;
    int hour;
    int minute;
    double second;
};
//观测数据结构体
struct ObsOData {
```

```
    double TimeObs;
    int       SatSum;
    int       SatCode[MAXSAT];
    double  Obs_FreL1[MAXSAT];
    double  Obs_FreL2[MAXSAT];
    double  Obs_FreL5[MAXSAT];
    double  Obs_RangeC1[MAXSAT];
    double  Obs_RangeC2[MAXSAT];
    double  Obs_RangeC5[MAXSAT];
    double  Obs_RangeP1[MAXSAT];
    double  Obs_RangeP2[MAXSAT];
    double  Obs_RangeP5[MAXSAT];
};

struct ObsHeader{
   double       version;
   int            satsys;
   char           MarkerName[64];
   char           MarkerNum[64];
   double       ApproXYZ[3];
   double       Ant_HEN[3];
    int            Wavelengthfac[2];
    LongDate  Firstobs ;
    LongDate  Lastobs ;
    int            Numobstypes;
    char          Obstypes[15];
    double       Interval;
};

//DOPs.cpp
# include "DOPs.h"
int main() {
    char * NaviFile =  " shao0010.18n";
    char * ObsFile =  " shao0010.18o";
    ObsHeader * HeadODat;
    ObsOData  * ObsODat;
    EpochData * EphemerisData;
    int i ,j ,status ;
    int RecNo =  GetNaviRows(NaviFile);
    EphemerisData =  (EpochData * )malloc(sizeof(EpochData)* RecNo);
    for (i =  0; i <  RecNo; i+ + ) {
        EphemerisData[i].Counts =  0 ;
        EphemerisData[i].sPRN =  0;
        EphemerisData[i].TOC =  0.0;
        EphemerisData[i].a0 =  0.0;
        EphemerisData[i].a1 =  0.0;
```

```
        EphemerisData[i].a2 = 0.0;
        EphemerisData[i].IODE = 0.0;
        EphemerisData[i].Crs = 0.0;
        EphemerisData[i].dn = 0.0;
        EphemerisData[i].M0 = 0.0;
        EphemerisData[i].Cuc = 0.0;
        EphemerisData[i].e = 0.0;
        EphemerisData[i].Cus = 0.0;
        EphemerisData[i].sqrta = 0.0;
        EphemerisData[i].toe = 0.0;
        EphemerisData[i].Cic = 0.0;
        EphemerisData[i].omg0 = 0.0;
        EphemerisData[i].Cis = 0.0;
        EphemerisData[i].i0 = 0.0;
        EphemerisData[i].Crc = 0.0;
        EphemerisData[i].w = 0.0;
        EphemerisData[i].omgdot = 0.0;
        EphemerisData[i].idot = 0.0;
    }
    ReadNavi(NaviFile, EphemerisData);

    ObsODat  = (ObsOData * )malloc(sizeof(ObsOData)* (EpochNUM ));
    for (i = 0; i < EpochNUM ; i+ + ) {
        ObsODat[i].TimeObs = 0.0 ;
        ObsODat[i].SatSum = 0 ;
        for (j = 0; j < MAXSAT; j+ + ) {
            ObsODat[i].Obs_FreL1[j] = 0.0;
            ObsODat[i].Obs_FreL2[j] = 0.0;
            ObsODat[i].Obs_FreL5[j] = 0.0;
            ObsODat[i].Obs_RangeC1[j] = 0.0;
            ObsODat[i].Obs_RangeC2[j] = 0.0;
            ObsODat[i].Obs_RangeC5[j] = 0.0;
            ObsODat[i].Obs_RangeP1[j] = 0.0;
            ObsODat[i].Obs_RangeP2[j] = 0.0;
            ObsODat[i].Obs_RangeP5[j] = 0.0;
        }
    }

    HeadODat = (ObsHeader * )malloc(sizeof(ObsHeader) * 1);
    HeadODat[0].version = 2.11;
    HeadODat[0].satsys = 0;
    memset(HeadODat[0].MarkerName,0,sizeof(HeadODat[0].MarkerName));
    memset(HeadODat[0].MarkerNum, 0, sizeof(HeadODat[0].MarkerNum));
    memset(HeadODat[0].ApproXYZ,0,sizeof(HeadODat[0].ApproXYZ));
    memset(HeadODat[0].Ant_HEN, 0, sizeof(HeadODat[0].Ant_HEN));
    memset(HeadODat[0].Wavelengthfac,1,sizeof(HeadODat[0].Wavelengthfac));
```

```
    HeadODat[0].Firstobs.year= 2019;
    HeadODat[0].Firstobs.month =  1;
    HeadODat[0].Firstobs.day =  1;
    HeadODat[0].Firstobs.hour =  0;
    HeadODat[0].Firstobs.minute =  0;
    HeadODat[0].Firstobs.second =  0;
    HeadODat[0].Lastobs.year =  2019;
    HeadODat[0].Lastobs.month =  1;
    HeadODat[0].Lastobs.day =  1;
    HeadODat[0].Lastobs.hour =  0;
    HeadODat[0].Lastobs.minute =  0;
    HeadODat[0].Lastobs.second =  0;

    HeadODat[0].Numobstypes =  5;
    for(i= 0;i< 15;i+ + )
        HeadODat[0].Obstypes[i]= i;
    HeadODat[0].Interval =  30.0;
    printf("ReadOBSData : reading the observation data ,maybe need a while\n");
    status =  ReadOBSData(ObsFile, HeadODat, ObsODat);
    printf("Calc_SPP : Running \n");
    Calc_SPP(EphemerisData, HeadODat, ObsODat);
    return 0;
  }

  void Calc_SPP(EpochData * EphemerisData,ObsHeader * HeadODat, ObsOData  * ObsODat)
{
    int i,j,k,t;
    int epochNUM;
    double ** XYZk; // EpochNUM* 4;
    double * Px,* Py,* Pz,* sigma,* GDOP,* PDOP,* TDOP; // EpochNUM* 1;
    double ApproXYZ[3];
    double tr;
    int * Code;
    double * R;
    int Snum,row;
    double ** A,** Aone, ** AT,** ATA ,** Q,** ATL,** x,** xT,** Ax,** V,** VT,VTV=
0.0;
    double diagQ[4];
    double ** L ,* Dis,* dts ;
    int       SatCode;
    double ts0,ts;
    double Scoordinate[3], dt, num;
    double SatCoorD[5]= { 0.0, 0.0, 0.0, 0.0, 0.0 };
    double tDot, ** Rotation,** RotationT, Dis0; //3* 3
    double tmp, sigma0;
    double XYZ[3]= {0.0,0.0,0.0};
```

```
double avgXYZ[3] = { 0.0,0.0,0.0 };
double sumPXYZ[3] = { 0.0,0.0,0.0 };
double sigmaXYZ[3] = { 0.0,0.0,0.0 };
double ** DeltaXYZ;
FILE * fout;
fout= fopen("output_DOPs.txt","wt");

epochNUM = EpochNUM;
DeltaXYZ = matrix_create(epochNUM,3,0);
XYZk = matrix_create(epochNUM,4,0);

Px = (double * )malloc(sizeof(double )* epochNUM);
memset(Px,0,epochNUM);
Py = (double * )malloc(sizeof(double)* epochNUM);
memset(Py, 0, epochNUM);
Pz = (double * )malloc(sizeof(double)* epochNUM);
memset(Pz, 0, epochNUM);
sigma = (double * )malloc(sizeof(double)* epochNUM);
memset(sigma, 0, epochNUM);
GDOP = (double * )malloc(sizeof(double)* epochNUM);
memset(GDOP, 0, epochNUM);
PDOP = (double * )malloc(sizeof(double)* epochNUM);
memset(PDOP, 0, epochNUM);
TDOP = (double * )malloc(sizeof(double)* epochNUM);
memset(TDOP, 0, epochNUM);

for(i= 0;i< 3;i+ + )
    ApproXYZ[i] = HeadODat-> ApproXYZ[i];

Rotation  = matrix_create(3,3,0);
RotationT = matrix_create(3,3,0);

for(k = 0;k< epochNUM;k+ + ){

    tr = ObsODat[k].TimeObs;         //历元接收机接收数据时间
    Snum = ObsODat[k].SatSum ; // size(Code, 2); //该历元观测到的卫星数
    Code = (int * )malloc(sizeof(int)* Snum);
    for(i= 0;i< Snum;i+ + )
         Code[i] = ObsODat[k].SatCode[i];          //该历元观测到的卫星号组

    R = (double * )malloc(sizeof(double)* Snum);
    for (i = 0; i< Snum; i+ + )
         R[i] = ObsODat[k].Obs_RangeC1[i] ;        //取出 C1 观测值,列向量

    if (Snum< 4) {
        free(Code);
```

```
            free(R);
            continue;
        }

        x= (double ** )malloc(sizeof(double * )* 4);
        for (i = 0; i < 4; i+ + ) {
             x[i]= (double * )malloc(sizeof(double)* 1);
             x[i][0]= 10000.0;
        }

        row = 0;
        //对每个历元迭代解测站位置
        A = matrix_create(Snum,3,0);     //系数项
        Aone = matrix_create(Snum,4,0);
        Ax   = matrix_create(Snum,1,0);
        V    = matrix_create(Snum,1,0);
        L = matrix_create(Snum,1,0);     //常数项
        Dis  = matrix_create(Snum,3,0);
        dts = matrix_create(Snum,3,0);    //卫星钟差

        AT   = matrix_create(4,Snum,0);
        ATA  = matrix_create(4,4,0);
        Q    = matrix_create(4,4,0);
        ATL  = matrix_create(4,1,0);
        x     = matrix_create(4,1,0);

       VT     = matrix_create(1,Snum,0);
       xT      = matrix_create(1,4, 0);

        while ((fabs(x[0][0])> 10 || fabs(x[1][0])> 10 || fabs(x[2][0])> 10) && row<
100) { // 插值求卫星坐标
            for (i = 0; i < Snum; i+ + ) {
                for(j= 0;j< 3;j+ + ) A[i][j] = 0.0 ; //系数项
                L[i][0]    = 0.0 ; // 常数项
                Dis[i] = 0.0 ;
                dts[i] = 0.0 ; // 卫星钟差
            }

            for(t = 0;t< Snum;t+ + ){
                //卫星发射时间的迭代计算
                SatCode = Code[t];
                ts0 = tr;
                ts = tr-R[t]/ ( c ) ;     //  ts  GPS秒

                Calc_Coordinate(SatCode,ts,EphemerisData,epochNUM,SatCoorD);
```

```
        for(i= 0;i< 3;i+ + ) Scoordinate[i]= SatCoorD[i];
        dt= SatCoorD[3];
        num= SatCoorD[4];
        while (fabs(ts-ts0) > =  0.00000001) {
            ts0 =  ts;
            Calc_Coordinate(SatCode, ts0, EphemerisData, epochNUM, SatCoorD);

            for (i =  0; i< 3; i+ + ) Scoordinate[i] =  SatCoorD[i];
            dt =  SatCoorD[3];

            //卫星位置加地球自转改正
            tDot =  tr-ts0;

            Rotation[0][0] =  cos(WeDot* tDot);
            Rotation[0][1] =  sin(WeDot* tDot);
            Rotation[0][2] =  0;
            Rotation[1][0] =  -sin(WeDot* tDot);
            Rotation[1][1] =  cos(WeDot* tDot);
            Rotation[1][2] =  0;
            Rotation[2][0] =  0;
            Rotation[2][1] =  0;
            Rotation[2][2] =  1;

            Matrix_Trans(Rotation,3,3, RotationT);

            for (i =  0; i <  3; i+ + ) {
                tmp =  0.0 ;
                for(j= 0;j< 3;j+ + )
                    tmp + =  RotationT[i][j]* Scoordinate[i];
                Scoordinate[i]= tmp;
            }
            Dis0 =  Dist(Scoordinate,ApproXYZ);
            ts =  tr-Dis0 / c;
        }

        for(i= 0;i< 3;i+ + ){
            A[t][i]=  (Scoordinate[i]-ApproXYZ[i]) / Dis0;
        }
        Dis[t] =  Dis0;
        dts[t] =  dt;
    }

    //构建误差方程
    for (i =  0; i <  Snum; i+ + ) {
        for (j =  0; j <  3; j+ + ) Aone[i][j] =  -A[i][j];
```

```
            Aone[i][3] = 1.0;
        }

        for(i= 0;i< Snum;i+ + )
            L[i][0] = R[i]-Dis[i] + c* dts[i];

        //构造法方程并求解
        Matrix_Trans(Aone,Snum,4,AT);
        Matrix_Mul(AT,4,Snum,Aone,4,ATA);
        Matrix_Inv(ATA,4);

        assign_matrix(ATA,4,4,Q);

        Matrix_Mul(AT,4,Snum,L,1,ATL);
        Matrix_Mul(Q,4,4,ATL,1,x);
        //V = A* x-L;
        Matrix_Mul(Aone,Snum,4,x,1,Ax);
        for(i= 0;i< Snum;i+ + ){
            V[i][0] = Ax[i][0]-L[i][0];
        }

        if (Snum = = 4)  sigma0 = 0;
        else{
             Matrix_Trans(V,4,1,VT);
             for(i= 0;i< 4;i+ + )
                  VTV + = VT[0][i]* V[i][0];
             sigma0 =  sqrt(VTV/(Snum-4)); //sqrt(V'* V/(Snum-4));
        }
        Matrix_Trans(x,4,1,xT);
        for(i= 0;i< 3;i+ + ){
            XYZk[k][i] = ApproXYZ[i] + xT[0][i] ;
            fprintf(fout, "XYZk[% 04d][% d] = % 7.4f\t", i, j, XYZk[k][j]);
        }
        XYZk[k][i] = xT[0][i];
        fprintf(fout, "XYZk[% 04d][% d] = % 7.4f\t", i, j, XYZk[k][j]);
        for(i= 0;i< 3;i+ + )
             ApproXYZ[i] = ApproXYZ[i] + x[i][0] ;
        //Q = diag(Q);
        for(i= 0;i< 4;i+ + ) diagQ[i]= Q[i][i];
        row = row + 1;
    }

    Px[k] = 1 / diagQ[0] ; //Q(1, 1);
    Py[k] = 1 / diagQ[1] ; //Q(2, 1);
    Pz[k] = 1 / diagQ[2] ; //Q(3, 1);
    sigma[k] = sigma0;
```

```
        //GDOP 几何精度因子
        GDOP[k] =  0.0 ;
        for(i= 0;i< 4;i+ + )  GDOP[k] + =  diagQ[i];
        GDOP[k] =  sqrt(GDOP[k]);
        fprintf(fout,"GDOP[% 04d] =  % 7.4f\t", k, GDOP[k]);
        //PDOP 位置精度因子
        PDOP[k] =  0.0;
        for (i =  0; i< 3; i+ + )  PDOP[k] + =  diagQ[i];
        PDOP[k] =  sqrt(PDOP[k]);
        fprintf(fout,"PDOP[% 04d] =  % 7.4f\t", k, PDOP[k]);
      // TDOP 时间精度因子
        TDOP[k] =  sqrt(diagQ[3]) ;
        fprintf(fout,"TDOP[% 04d] =  % 7.4f\n", k, TDOP[k]);
    }
    fclose(fout);
}

# include "DOPs.h"
void Calc_Coordinate(int SatCode, double GPST, EpochData EphemerisData[], int Ep-
num,double SatCoor[]){
        int pos= 0,k= 0;
        double diffT1, diffT2;
        double a,n0,n,dt,tk,Mk,Ek1,Ek0,Ek,Vk,uk;
        double duk,drk,dik,u,r,i,x,y,W;
        double Xt,Yt,Zt,DDt ;

//查找最近的星历
        pos= 0;
        diffT1= EphemerisData[0].TOC;
        for(k = 0;k< Epnum;k+ + ){
            if (EphemerisData[k].sPRN = =  SatCode) {
                diffT2= fabs(EphemerisData[k].TOC- GPST);
                if (diffT1> diffT2){
                    diffT1= diffT2;
                    pos =  k;
                }
            }
        }

        //计算地球长半轴
        a =  EphemerisData[pos].sqrta *  EphemerisData[pos].sqrta ;
        //计算卫星运动的平均角速度
        n0 =  sqrt(lu / (a* a* a));
        //卫星摄动改正后的平运动角速度
        n =  n0 +  EphemerisData[pos].dn;
```

```
        dt = EphemerisData[pos].a0 + EphemerisData[pos].a1* (GPST-EphemerisData
[pos].TOC) + EphemerisData[pos].a2* (GPST-EphemerisData[pos].TOC) * (GPST-Ephemeris-
Data[pos].TOC);
        tk = GPST-dt-EphemerisData[pos].toe;
        //平近点角 Mk
        Mk = EphemerisData[pos].M0 + n* tk;

       //偏近点角 Ek,迭代解
        Ek1 = Mk;
        Ek0 = 0.0;
        while (fabs(Ek1-Ek0)> 1.0E-12){
            Ek0 = Ek1;
            Ek1 = Mk + EphemerisData[pos].e* sin(Ek0);
        }
        Ek = Ek1;
        //真近点角
        Vk = 2 * atan(sqrt((1 + EphemerisData[pos].e) / (1-EphemerisData[pos].e))
* tan(Ek / 2));
        //升交角距,升交点与卫星的夹角
        uk = Vk + EphemerisData[pos].w;
        //升交角距二阶摄动
        duk = EphemerisData[pos].Cuc* cos(2 * uk) + EphemerisData[pos].Cus* sin(2
* uk);
        //地心向径二阶摄动
        drk = EphemerisData[pos].Crc* cos(2 * uk) + EphemerisData[pos].Crs* sin(2
* uk);
        //倾角二阶摄动
        dik = EphemerisData[pos].Cic* cos(2 * uk) + EphemerisData[pos].Cis* sin(2
* uk);
        //改正后的升交角距
        u = uk + duk;
        //改正后的地心向径
        r = a* (1-EphemerisData[pos].e* cos(Ek)) + drk;
        i = EphemerisData[pos].i0 + dik + EphemerisData[pos].idot* tk;
        //卫星轨道平面坐标
        x = r* cos(u);
        y = r* sin(u);
        //改正后的升交点经度
        W = EphemerisData[pos].omg0 + (EphemerisData[pos].omgdot-WeDot)* tk-WeDot
* EphemerisData[pos].toe;
        //计算卫星在地心地固坐标系下的坐标
        Xt = x* cos(W)-y* cos(i)* sin(W);
        Yt = x* sin(W) + y* cos(i)* cos(W);
        Zt = y* sin(i);
        //相对论改正
```

```
        DDt = tk * (-4.443* 1.0E-10) * EphemerisData[pos].e * n * sqrt(a) * sin(Ek) /
(1-EphemerisData[pos].e* cos(Ek)) + (-4.443* 1.0E-10) * EphemerisData[pos].e * sqrt(a) *
sin(Ek);
        dt = dt + DDt;
        SatCoor[0] = Xt ;
        SatCoor[1] = Yt ;
        SatCoor[2] = Zt ;
        SatCoor[3] = dt ;            // dotT
        SatCoor[4] = 1.0* (pos+ 1) ;   // num
    }

    double Dist(double sp[3], double ep[3]) {
        double tmp= 0.0;
        int i;
        for(i= 0;i< 3;i+ + )
            tmp + = ((sp[i]-ep[i])* (sp[i]-ep[i]));
        return sqrt(tmp);
    }

    int GetNaviRows(char * NaviFile) {
        FILE * fid;
        char line1[81];
        int t = 0;
        int PRN;
        if ((fid = fopen(NaviFile, "rt")) = = NULL) {
            printf(" Can not open % s navigation file\n", NaviFile);
            exit(1);
        }
        while (1) {
            fgets(line1, 81, fid);
            if (! strcmp(substr(line1, 60, 13), "END OF HEADER"))
                break;
        }
        t = 0;
        while (! feof(fid)) {
            fgets(line1, 81, fid);
            PRN = atoi(substr(line1, 0, 2));
            if (PRN > 0) {
                fseek(fid, 8L, 1);
                t = t + 1;
            }
        }
        fclose(fid);
        return t  ;
    }
```

```
void ReadNavi(char * NaviFile, EpochData * EphemerisData) {
    FILE * fid;
    char line1[81];
    int year, month, day, hour, minute,t= 0;
    double second,outGPS[2];
    if ((fid= fopen(NaviFile, "rt")) = = NULL) {
        printf(" Can not open % s navigation file\n", NaviFile);
        exit(1);
    }

    while (1) {
        fgets(line1, 81, fid);
        if (! strcmp(substr(line1, 60, 13), "END OF HEADER"))
            break;
}

    t= 0;
    while (! feof(fid)) {
         fgets(line1, 81, fid);
        EphemerisData[t].sPRN= atoi(substr(line1, 0,2));
        year      = atoi(substr(line1, 3,2));
        month     = atoi(substr(line1, 6,2));
        day       = atoi(substr(line1, 9,2));
        hour      = atoi(substr(line1, 12,2));
        minute    = atoi(substr(line1, 15,2));
        second= atof(substr(line1, 18,4));
        UTC2GPST(year, month, day, hour, minute, second,outGPS);
        EphemerisData[t].TOC= outGPS[0];
        EphemerisData[t].a0    = atof(substr2(line1, 22,19));
        EphemerisData[t].a1    = atof(substr2(line1, 41,19));
        EphemerisData[t].a2    = atof(substr2(line1, 60,19));

        fgets(line1, 81, fid);
        EphemerisData[t].IODE  = atof(substr2(line1,  0, 22));
        EphemerisData[t].Crs    = atof(substr2(line1, 22, 19));
        EphemerisData[t].dn     = atof(substr2(line1, 41, 19));
        EphemerisData[t].M0    = atof(substr2(line1, 60, 19));

        fgets(line1, 81, fid);
        EphemerisData[t].Cuc    = atof(substr2(line1,  0, 22));
        EphemerisData[t].e       = atof(substr2(line1, 22, 19));
        EphemerisData[t].Cus   = atof(substr2(line1, 41, 19));
        EphemerisData[t].sqrta  = atof(substr2(line1, 60, 19));

        fgets(line1, 81, fid);
        EphemerisData[t].toe     = atof(substr2(line1,  0, 22));
```

```
        EphemerisData[t].Cic     =  atof(substr2(line1, 22, 19));
        EphemerisData[t].omg0   =  atof(substr2(line1, 41, 19));
        EphemerisData[t].Cis     =  atof(substr2(line1, 60, 19));

        fgets(line1, 81, fid);
        EphemerisData[t].i0        =  atof(substr2(line1, 0, 22));
        EphemerisData[t].Crc       =  atof(substr2(line1, 22, 19));
        EphemerisData[t].w         =  atof(substr2(line1, 41, 19));
        EphemerisData[t].omgdot    =  atof(substr2(line1, 60, 19));
        fgets(line1, 81, fid);
        EphemerisData[t].idot =  atof(substr2(line1, 0, 22));
        fgets(line1, 81, fid);
        fgets(line1, 81, fid);

        t+ + ;
    }
    fclose(fid);
}

int GetObsRows(char * ObsFile) {
    FILE * fid;
    char line1[81] ;
    int SatSum,ObsNo, Numobstypes;
    int   t =  0;

    if ((fid =  fopen(ObsFile, "rt")) = =  NULL) {
        printf(" Can not open % s observation file\n", ObsFile);
        exit(1);
    }

    Numobstypes =  4 ;
    while (1) {
        fgets(line1, 81, fid);
        ObsNo =  ObsHeaderStr2Num(substr(line1, 60, 13));
        if (ObsNo = =  25) break;
        if (! strcmp(substr(line1, 60, 19), "#  / TYPES OF OBSERV"))
              Numobstypes= atoi(substr(line1,0,6));
    }

    t =  0;
    while (! feof(fid)) {
        fgets(line1, 81, fid);
        t+ + ;
        SatSum =  atoi(substr(line1, 29, 2));
        if(Numobstypes< 6)  fseek(fid,SatSum* 5* sizeof(double),1);
        else  if (Numobstypes< 11)  fseek(fid, SatSum *  10 *  sizeof(double), 1);
```

```
        else  if (Numobstypes< 16)  fseek(fid, SatSum *  15 *  sizeof(double), 1);
    }
    fclose(fid);
    return t ;
}

int ReadOBSData(char * ObsFile, ObsHeader * HeadODat, ObsOData ObsODat[]){
    FILE * fid;
    char line[81] =  { '\0' },sg[81]= {'\0'},combline[162]= {'\0'};
    int year, month, day, hour, minute;
    double second,   obsValue;
    int   t = 0,i,j,k ;
    double outGPS[2];
    char ObsT[8];

    if ((fid= fopen(ObsFile, "rt")) = = NULL) {
        printf(" Can not open % s observation file\n", ObsFile);
        exit(1);
    }

 // read obs header
    while(1){
          fgets(line, 82, fid);
          if (strstr(line,"END OF HEADER")) break;
          if (strstr(line,"COMMENT")) continue;
          else if (strstr(line, "RINEX VERSION / TYPE")) {
                  if (strcmp(substr(line, 20, 1), "O")) {
                       printf("% s is not a rinex observation file,quit\n",ObsFile);
                       exit(1);
                  }
                HeadODat-> version =  atof(substr(line,0,20));
                HeadODat-> satsys   = Sys2No(substr(line,40,1));
                if (HeadODat-> version >  3.0){
                        printf("RINEX Version higher than 2.11\n");
                }
          }
          else if (strstr(line,"MARKER NAME"))
                  strcpy(HeadODat-> MarkerName,substr(line, 0, 60));
          else if (strstr(line, "MARKER NUMBER"))
                  strcpy(HeadODat-> MarkerNum ,substr(line, 0, 60));
          else if (strstr(line, "APPROX POSITION XYZ")){
                  HeadODat-> ApproXYZ[0] =  atof(substr(line,  0,14));
                  HeadODat-> ApproXYZ[1] =  atof(substr(line, 15, 14));
                  HeadODat-> ApproXYZ[2] =  atof(substr(line, 29, 14));
          }
          else if (strstr(line, "ANTENNA: DELTA H/E/N")){
```

```
            HeadODat-> Ant_HEN[0] = atof(substr(line, 0, 14));
            HeadODat-> Ant_HEN[1] = atof(substr(line, 15, 14));
            HeadODat-> Ant_HEN[2] = atof(substr(line, 29, 14));
        }
        else if (strstr(line, "WAVELENGTH FACT L1/2")){
            HeadODat-> Wavelengthfac[0] = atoi(substr(line,0,6));
            HeadODat-> Wavelengthfac[1] = atoi(substr(line,7, 6));
        }
        else if (strstr(line, "# / TYPES OF OBSERV")){
            HeadODat-> Numobstypes = atoi(substr(line,0,6));
            for (i = 0; i < HeadODat-> Numobstypes; i+ + ) {
                strcpy(ObsT,substr(line,6+ i* 6,6));
                if(strstr(ObsT,"L1")) HeadODat-> Obstypes[i] = 0;
                else if (strstr(ObsT, "L2")) HeadODat-> Obstypes[i] = 1;
                else if (strstr(ObsT, "C1")) HeadODat-> Obstypes[i] = 2;
                else if (strstr(ObsT, "P1")) HeadODat-> Obstypes[i] = 3;
                else if (strstr(ObsT, "P2")) HeadODat-> Obstypes[i] = 4;
                else if (strstr(ObsT, "D1")) HeadODat-> Obstypes[i] = 5;
                else if (strstr(ObsT, "D2")) HeadODat-> Obstypes[i] = 6;
                else if (strstr(ObsT, "S1")) HeadODat-> Obstypes[i] = 7;
                else if (strstr(ObsT, "S2")) HeadODat-> Obstypes[i] = 8;
                else if (strstr(ObsT, "L5")) HeadODat-> Obstypes[i] = 9;
                else if (strstr(ObsT, "C2")) HeadODat-> Obstypes[i] = 10;
                else if (strstr(ObsT, "C5")) HeadODat-> Obstypes[i] = 11;
                else if (strstr(ObsT, "P5")) HeadODat-> Obstypes[i] = 12;
                else if (strstr(ObsT, "D5")) HeadODat-> Obstypes[i] = 13;
                else if (strstr(ObsT, "S5")) HeadODat-> Obstypes[i] = 14;
                else continue;
            }
        }
        else if (strstr(line, "INTERVAL"))
            HeadODat-> Interval = atof(substr(line,0,15));
        else if (strstr(line, "TIME OF FIRST OBS")){
            HeadODat-> Firstobs.year    = atoi(substr(line,0,6));
            HeadODat-> Firstobs.month  = atoi(substr(line,6,6));
            HeadODat-> Firstobs.day     = atoi(substr(line, 12, 6));
            HeadODat-> Firstobs.hour    = atoi(substr(line, 18, 6));
            HeadODat-> Firstobs.minute = atoi(substr(line,  24, 6));
            HeadODat-> Firstobs.second = atof(substr(line, 30, 43));
        }
        else if (strstr(line, "TIME OF LAST OBS")){
            HeadODat-> Lastobs.year    = atoi(substr(line, 0, 6));
            HeadODat-> Lastobs.month = atoi(substr(line, 6, 6));
            HeadODat-> Lastobs.day     = atoi(substr(line, 12, 6));
            HeadODat-> Lastobs.hour    = atoi(substr(line, 18, 6));
            HeadODat-> Lastobs.minute = atoi(substr(line, 24, 6));
```

```
                HeadODat-> Lastobs.second = atof(substr(line, 30, 43));
            }
        else
            continue;
    }

// read obs data
    t= 0;
    while(! feof(fid)){
        memset(line,'\0', sizeof(line));
        fgets(line, 82, fid);
        year   = atoi(substr(line,0,3));
        month = atoi(substr(line,3,3));
        day    = atoi(substr(line,6,3));
        hour   = atoi(substr(line,9,3));
        minute = atoi(substr(line,12,3));
        second = atof(substr(line,15,10));
        UTC2GPST(year, month, day, hour, minute, second, outGPS);
        ObsODat[t].TimeObs = outGPS[0];
        ObsODat[t].SatSum = atoi(substr(line,29,3));
        for(k = 0; k< ObsODat[t].SatSum;k+ + )
            ObsODat[t].SatCode[k] = atoi(substr(line,33 + k * 3,2));

        //每个历元的观测数据,按卫星号先后顺序分行存储
        for(k = 0;k< ObsODat[t].SatSum;k+ + ){
            memset(line, '\0', sizeof(line));
            fgets(line,80,fid);
            memset(combline,'\0',sizeof(combline));
            if ((HeadODat-> Numobstypes)> 5) {
                fgets(sg,80,fid);
                strcat(combline,line);
                strcat(combline,sg);
            }
            for(j= 0;j< HeadODat-> Numobstypes;j+ + ){
                obsValue = atof(substr(combline, j * 16, 15));
                switch (HeadODat-> Obstypes[j]) {
                    case 0:  ObsODat[t].Obs_FreL1[k]= obsValue;
                             break;
                    case 1:  ObsODat[t].Obs_FreL2[k] = obsValue;
                             break;
                    case 2:  ObsODat[t].Obs_RangeC1[k] = obsValue;
                             break;
                    case 3:  ObsODat[t].Obs_RangeP1[k] = obsValue;
                             break;
                    case 4:  ObsODat[t].Obs_RangeP2[k] = obsValue;
                             break;
```

```
                    default: continue;
                }
            }
        }
        t+ + ;
    }
    fclose(fid);
    return 0 ;
}

int Sys2No(char * sys) {
    // 0 GPS ; 1 GLONASS ; 2 BDS; 3 Galileo ; 4 QZSS ; 5 IRNSS ; 6 SBAS;9 MIXED
    char syst[][2]= {"G","R","C","E","Q","I","S","M"};
    int i;
    for(i= 0;i< 8;i+ + ){
        if(! strcmp(syst[i],sys))
            return i;
    }
    return -1;
}

void UTC2GPST (int year, int month, int day, int hour, int minute, double second,
double outGPS[]) {
    double UT, JD, MGPSweek;
    if (year< 1990) {
        if (year> 80)
            year =  year +  1900;
        else
            year =  year +  2000;
    }
    if (month < =  2) {
        year =  year-1;
        month =  month +  12;
    }
    UT =  hour +  minute / 60.0 +  second / 3600.0;
    JD =  (int)(365.25* year) +  (int)(30.6001* (month +  1)) +  day +  UT / 24.0 +
1720981.5;
    MGPSweek =  (JD-2444244.5) / 7 ;
    outGPS[0] =  (MGPSweek-(int)(MGPSweek)) *  604800;
    outGPS[1] =   (int)(MGPSweek)  ;
}
```

# 第三节　摄影测量与遥感

## 一、解析空中三角测量

解析空中三角测量(analytic aerial triangulation，AAT)是指，在航空摄影测量中，利用像片内在的几何特性，在室内加密控制点的方法。它通过连续摄取具有一定重叠部分的航摄像片，依据少量野外控制点，以摄影测量方法建立同实地相应的航线模型或区域网模型(光学的或数字的)，从而获取加密点的平面坐标和高程。其基本思想是将多个立体像对构成的单个模型组合成一个航带模型，将航带模型视为单元模型进行解析，消除模型的累积误差，从而将模型整体纳入测图坐标系，最后确定加密点的地面坐标。其主要步骤为：①像点坐标量测及系统误差改正；②立体像对相对定向和建模；③模型联接，形成自由航带网；④绝对定向；⑤模型非线性改正；⑥计算加密点坐标。

**【例 7.7】**解析空中三角测量 AAT：设计 *xyz* 点和点对结构体，参照上述步骤①～⑥，完成 AAT 代码的编写工作。

```
struct XYZpair {
    int    code;
    double X1;
    double Y1;
    double Z1;
    double X2;
    double Y2;
    double Z2;
};

struct XYZpoint{
    int    code;
    double X;
    double Y;
    double Z;
};

void main() {
//给定摄影机参数
    double f =  0.153033;
    double bx =  0.2;
    double eps =  0.00003;
    double eps2 =  0.000001;
    int i,j,m, ii =  0;
    FILE * fp1, * fp2 ;
    XYZpair   data1[15], data2[8], data3[11],data12[15],data22[8],data32[11];
    XYZpoint P1[10] =  { 0 },P2[10] =  { 0 },P3[10] =  { 0 },P4[10] =  { 0 };
```

```
    XYZpoint data4[4],data43[4],data5[5];
    XYZpoint mddata1[15], mddata2[8], mddata3[11];
    XYZpoint finish1[15], finish2[8], finish3[11];
    XYZpoint down1[15], down2[8], down3[11];
    XYZpoint tp[4], p[4];
    double blc[6];//像点距离
    double blc5[6];//控制点坐标的距离
    double result1[5] = { 0 },result2[5] = { 0 },result3[5] = { 0 };
    double N11[15], N21[15], N12[8], N22[8], N13[11], N23[11];
    double data13[15][5],data14[5][5],data23[8][5],data24[5][5],data33[11][5],da-
ta34[5][5],D[5][4] = { 0 };
    double R1[5][15],R2[5][8],R3[5][11];
    double A1[5][15],A2[5][8],A3[5][11];
    double L1[15],L2[8],L3[11],L4[12] = { 0 };
    double Xps[3], Yps[3], Zps[3];
    int i1, i2, i3;
    double U1 = 0, V1 = 0, tra11 = 0, tra12 = 0, tra13 = 0;
    double U2 = 0, V2 = 0, tra21 = 0, tra22 = 0, tra23 = 0;
    double U3 = 0, V3 = 0, tra31 = 0, tra32 = 0, tra33 = 0;
    double a4, a5, a6, b4, b5, b6, c4, c5, c6;
    double a1, a2, a3, b1, b2, b3, c1, c2, c3;
    double by1,bz1,by2,bz2,by3,bz3,t, tt;

    double K1[3] = { 0 }, k1 = 0;
    double K2[3] = { 0 }, k2 = 0;
    int count1 = 0,count2 = 0,point1 = 0,point2 = 0;

    double dXt, dYt, dXp, dYp,a, b, T,o, h0;
    double T0 = 1, X0 = 0, Y0 = 0, Z0 = 0, tra1 = 0, tra2 = 0, tra3 = 0;
    double result4[7] = { 0 },H[6];
    double A[12][7] = { 0 },AT[7][12],ATA[7][7],AA[7][12];
    int n1,n2,n3,n4,n5;
  // Start reading file.
    if ((fp1 = fopen("data.txt", "r")) = = NULL) {
       printf("Can't open data.txt\n");
       exit(1);
    }

    fscanf(fp1,"% d",&n1);
    for(i= 0;i< n1;i+ + )
       fscanf(fp1, "% d % lf % lf % lf % lf", &data1[i].code, &data1[i].X1, &data1
[i].Y1, &data1[i].X2, &data1[i].Y2);
    fscanf(fp1, "% d", &n2);
    for (i = 0; i< n2; i+ + )
       fscanf(fp1, "% d % lf % lf % lf % lf ", &data2[i].code, &data2[i].X1, &data2
[i].Y1, &data2[i].X2, &data2[i].Y2);
```

```
        fscanf(fp1, "% d", &n3);
        for (i = 0; i< n3; i+ + )
            fscanf(fp1, "% d % lf % lf % lf % lf ", &data3[i].code, &data3[i].X1, &data3
[i].Y1, &data3[i].X2, &data3[i].Y2);
        fscanf(fp1, "% d", &n4);
        for (i = 0; i< n4; i+ + )
            fscanf(fp1, "% d % lf % lf % lf ", &data4[i].code, &data4[i].X, &data4[i].Y,
&data4[i].Z);
        fscanf(fp1, "% d", &n5);
        for (i = 0; i< n5; i+ + )
            fscanf(fp1, "% d % lf % lf % lf ", &data5[i].code, &data5[i].X, &data5[i].Y,
&data5[i].Z);
        fclose(fp1);
    // End read all input file
    // relative orientation
    //R1= E  R2 iterate
        for (i1 = 1;; i1+ + ) {
            U1    + = result1[0],
            V1    + = result1[1],
            tra11 + = result1[2],
            tra12 + = result1[3],
            tra13 + = result1[4];
            by1     = bx* U1;
            bz1     = bx* V1;

            a1 = cos(tra11)* cos(tra13)-sin(tra11)* sin(tra12)* sin(tra13);
            a2 = -cos(tra11)* sin(tra13)-sin(tra11)* sin(tra12)* cos(tra13);
            a3 = -sin(tra11)* cos(tra12);
            b1 = cos(tra12)* sin(tra13);
            b2 = cos(tra12)* cos(tra13);
            b3 = -sin(tra12);
            c1 = sin(tra11)* cos(tra13) + cos(tra11)* sin(tra12)* sin(tra13);
            c2 = -sin(tra11)* sin(tra13) + cos(tra11)* sin(tra12)* cos(tra13);
            c3 = cos(tra11)* cos(tra12);
            // calc xyz in phto-coord-sys
            for (i = 0; i< 15; i+ + ) {
                data12[i].code = data1[i].code;
                data12[i].X1 = data1[i].X1;
                data12[i].Y1 = data1[i].Y1;
                data12[i].Z1 = -f;
                data12[i].X2 = a1* data1[i].X2 + a2* data1[i].Y2 + a3* (-f);
                data12[i].Y2 = b1* data1[i].X2 + b2* data1[i].Y2 + b3* (-f);
                data12[i].Z2 = c1* data1[i].X2 + c2* data1[i].Y2 + c3* (-f);
                // calc prj para
                N11[i] = (bx* data12[i].Z2-bz1* data12[i].X2) / (data12[i].X1* data12
[i].Z2-data12[i].X2* data12[i].Z1);
```

```
        N21[i] = (bx* data12[i].Z1-bz1* data12[i].X1) / (data12[i].X1* data12
[i].Z2-data12[i].X2* data12[i].Z1);
        // A
        data13[i][0] = bx;
        data13[i][1] = -(data12[i].Y2 / data12[i].Z2)* bx;
        data13[i][2] = -(data12[i].X2* data12[i].Y2* N21[i]) / data12[i].Z2;
        data13[i][3] = -(data12[i].Z2 + (data12[i].Y2* data12[i].Y2) / data12[i].
Z2)* N21[i];
        data13[i][4] = data12[i].X2* N21[i];
        // L
        L1[i] = N11[i] * data12[i].Y1-N21[i] * data12[i].Y2-by1;
    }

    // AT
    for (i = 0; i< 15; i+ + ) {
        for (j = 0; j< 5; j+ + )
            R1[j][i] = data13[i][j];
    }

    for (i = 0; i< 5; i+ + ) {
        for (m = 0; m< 5; m+ + ) {
            t = 0;
            for (j = 0; j< 15; j+ + )
                t + = R1[i][j] * data13[j][m] ;
            data14[i][m] = t;
        }
    }
    matrix_inv (* data14, 5);
    for (i = 0; i< 5; i+ + ) {
        for (int m = 0; m< 15; m+ + ) {
            tt = 0;
            for (j = 0; j< 5; j+ + )
                tt + = data14[i][j] * R1[j][m]  ;
            A1[i][m] = tt;
        }
    }
    for (int i = 0; i< 5; i+ + ) {
        o = 0;
        for (j = 0; j< 15; j+ + )
            o + = A1[i][j] * L1[j];
        result1[i] = o;
    }
    if (fabs(result1[0])< eps && fabs(result1[1])< eps && fabs(result1[2])< eps
&& fabs(result1[3])< eps && fabs(result1[4])< eps) {
            tra11 + = result1[2],
            tra12 + = result1[3],
```

```
                tra13 += result1[4],
                a1 = cos(tra11)* cos(tra13)-sin(tra11)* sin(tra12)* sin(tra13),
                a2 = -cos(tra11)* sin(tra13)-sin(tra11)* sin(tra12)* cos(tra13),
                a3 = -sin(tra11)* cos(tra12),
                b1 = cos(tra12)* sin(tra13),
                b2 = cos(tra12)* cos(tra13),
                b3 = -sin(tra12),
                c1 = sin(tra11)* cos(tra13) + cos(tra11)* sin(tra12)* sin(tra13),
                c2 = -sin(tra11)* sin(tra13) + cos(tra11)* sin(tra12)* cos(tra13),
                c3 = cos(tra11)* cos(tra12),
                a4 = a1;
                a5 = a2;
                a6 = a3;
                b4 = b1;
                b5 = b2;
                b6 = b3;
                c4 = c1;
                c5 = c2;
                c6 = c3;
                break;
            }
        }
    // 2nd match
        for (i2 = 1;; i2++) {
            U2    += result2[0],
            V2    += result2[1],
            tra21 += result2[2],
            tra22 += result2[3],
            tra23 += result2[4];
            by2    = bx* U2;
            bz2    = bx* V2;

            // para
            a1 = cos(tra21)* cos(tra23)-sin(tra21)* sin(tra22)* sin(tra23);
            a2 = -cos(tra21)* sin(tra23)-sin(tra21)* sin(tra22)* cos(tra23);
            a3 = -sin(tra21)* cos(tra22);
            b1 = cos(tra22)* sin(tra23);
            b2 = cos(tra22)* cos(tra23);
            b3 = -sin(tra22);
            c1 = sin(tra21)* cos(tra23) + cos(tra21)* sin(tra22)* sin(tra23);
            c2 = -sin(tra21)* sin(tra23) + cos(tra21)* sin(tra22)* cos(tra23);
            c3 = cos(tra21)* cos(tra22);
            // calc xyz in photo-coord-sys
            for (i = 0; i< 8; i++) {
                data22[i].code = data2[i].code;
                data22[i].X1 = a4* data2[i].X1 + a5* data2[i].Y1 + a6* (-f);
```

```
        data22[i].X2 = a1* data2[i].X2 + a2* data2[i].Y2 + a3* (-f);
        data22[i].Y1 = b4* data2[i].X1 + b5* data2[i].Y1 + b6* (-f);
        data22[i].Y2 = b1* data2[i].X2 + b2* data2[i].Y2 + b3* (-f);
        data22[i].Z1 = c4* data2[i].X1 + c5* data2[i].Y1 + c6* (-f);
        data22[i].Z2 = c1* data2[i].X2 + c2* data2[i].Y2 + c3* (-f);

        // para
        N12[i] = (bx* data22[i].Z2-bz2* data22[i].X2) / (data22[i].X1* data22
[i].Z2-data22[i].X2* data22[i].Z1);
        N22[i] = (bx* data22[i].Z1-bz2* data22[i].X1) / (data22[i].X1* data22
[i].Z2-data22[i].X2* data22[i].Z1);
        // A
        data23[i][0] = bx;
        data23[i][1] = -(data22[i].Y2 / data22[i].Z2)* bx;
        data23[i][2] = -(data22[i].X2* data22[i].Y2* N22[i]) / data22[i].Z2;
        data23[i][3] = -(data22[i].Z2 + (data22[i].Y2* data22[i].Y2) / data22
[i].Z2)* N22[i];
        data23[i][4] = data22[i].X2* N22[i];
       // L
        L2[i] = N12[i] * data22[i].Y1-N22[i] * data22[i].Y2-by2;
    }
  //AT
    for (i = 0; i< 8; i+ + ) {
        for (j = 0; j< 5; j+ + )
            R2[j][i] = data23[i][j];
    }
    for (i = 0; i< 5; i+ + ) {
        for ( m = 0; m< 5; m+ + ) {
            t = 0;
            for (j = 0; j< 8; j+ + )
                t + = R2[i][j] * data23[j][m] ;
            data24[i][m] = t;
        }
    }

    matrix_inv(* data24, 5);
    // (int(ATA))AT
    for (i = 0; i< 5; i+ + ) {
        for (m = 0; m< 8; m+ + ) {
            tt = 0;
            for (j = 0; j< 5; j+ + )
                tt + = data24[i][j] * R2[j][m] ;
            A2[i][m] = tt;
        }
    }
```

```
        for (i = 0; i< 5; i+ + ) {
            o = 0;
            for (j = 0; j< 8; j+ + )
                o + = A2[i][j] * L2[j];
            result2[i] = o;
        }

        if (fabs(result2[0])< eps  && fabs(result2[1])< eps  && fabs(result2[2])<
eps && fabs(result2[3])< eps && fabs(result2[4])< eps) {
            tra21 + = result2[2];
            tra22 + = result2[3];
            tra23 + = result2[4];
            a1 =  cos(tra21)* cos(tra23)-sin(tra21)* sin(tra22)* sin(tra23);
            a2 = -cos(tra21)* sin(tra23)-sin(tra21)* sin(tra22)* cos(tra23);
            a3 = -sin(tra21)* cos(tra22);
            b1 =  cos(tra22)* sin(tra23);
            b2 =  cos(tra22)* cos(tra23);
            b3 = -sin(tra22);
            c1 =  sin(tra21)* cos(tra23) + cos(tra21)* sin(tra22)* sin(tra23);
            c2 = -sin(tra21)* sin(tra23) + cos(tra21)* sin(tra22)* cos(tra23);
            c3 =  cos(tra21)* cos(tra22);

            a4 = a1;
            a5 = a2;
            a6 = a3;
            b4 = b1;
            b5 = b2;
            b6 = b3;
            c4 = c1;
            c5 = c2;
            c6 = c3;
            break;
        }
    }
  // 3rd match
    for (i3 = 1;; i3+ + ) {
        U3 + = result3[0],
        V3 + = result3[1],
        tra31 + = result3[2],
        tra32 + = result3[3],
        tra33 + = result3[4];
        by3 = bx* U3;
        bz3 = bx* V3;
        //para
        a1 =  cos(tra31)* cos(tra33)-sin(tra31)* sin(tra32)* sin(tra33);
        a2 = -cos(tra31)* sin(tra33)-sin(tra31)* sin(tra32)* cos(tra33);
```

```
        a3 = -sin(tra31)* cos(tra32);
        b1 =  cos(tra32)* sin(tra33);
        b2 =  cos(tra32)* cos(tra33);
        b3 = -sin(tra32);
        c1 =  sin(tra31)* cos(tra33) + cos(tra31)* sin(tra32)* sin(tra33);
        c2 = -sin(tra31)* sin(tra33) + cos(tra31)* sin(tra32)* cos(tra33);
        c3 =  cos(tra31)* cos(tra32);
        for (i = 0; i< 11; i+ + ) {
            data32[i].code = data3[i].code;
            data32[i].X1 = a4* data3[i].X1 + a5* data3[i].Y1 + a6* (-f);
            data32[i].X2 = a1* data3[i].X2 + a2* data3[i].Y2 + a3* (-f);
            data32[i].Y1 = b4* data3[i].X1 + b5* data3[i].Y1 + b6* (-f);
            data32[i].Y2 = b1* data3[i].X2 + b2* data3[i].Y2 + b3* (-f);
            data32[i].Z1 = c4* data3[i].X1 + c5* data3[i].Y1 + c6* (-f);
            data32[i].Z2 = c1* data3[i].X2 + c2* data3[i].Y2 + c3* (-f);
            N13[i] = (bx* data32[i].Z2-bz3* data32[i].X2) / (data32[i].X1* data32
[i].Z2-data32[i].X2* data32[i].Z1);
            N23[i] = (bx* data32[i].Z1-bz3* data32[i].X1) / (data32[i].X1* data32
[i].Z2-data32[i].X2* data32[i].Z1);
            data33[i][0] = bx;
            data33[i][1] = -(data32[i].Y2 / data32[i].Z2)* bx;
            data33[i][2] = -(data32[i].X2* data32[i].Y2* N23[i]) / data32[i].Z2;
            data33[i][3] = -(data32[i].Z2 + (data32[i].Y2* data32[i].Y2) / data32
[i].Z2)* N23[i];
            data33[i][4] = data32[i].X2* N23[i];
            L3[i] = N13[i] * data32[i].Y1-N23[i] * data32[i].Y2-by3;
        }
        for (i = 0; i< 11; i+ + ) {
            for (j = 0; j< 5; j+ + )
                R3[j][i] = data33[i][j];
        }
        for (i = 0; i< 5; i+ + ) {
            for (int m = 0; m< 5; m+ + ) {
                t = 0;
                for (j = 0; j< 11; j+ + )
                    t + = R3[i][j] * data33[j][m] ;
                data34[i][m] = t;
            }
        }
        matrix_inv (* data34, 5);
        for (i = 0; i< 5; i+ + ) {
            for (int m = 0; m< 11; m+ + ) {
                tt = 0;
                for (j = 0; j< 5; j+ + )
                    tt + = data34[i][j] * R3[j][m]  ;
                A3[i][m] = tt;
```

```
            }
        }

        for (int i = 0; i< 5; i+ + ) {
            o = 0;
            for (j = 0; j< 11; j+ + )
                o = A3[i][j] * L3[j] + o;
            result3[i] = o;
        }

        if (fabs(result3[0])< eps && fabs(result3[1])< eps  &&  fabs(result3[2])<
eps  && fabs(result3[3])< eps  && fabs(result3[4])< eps) {
            break;
        }
    }

  //  calc model xyz without cali
    for (i = 0; i< 11; i+ + ) {
        mddata3[i].code = data3[i].code;
        mddata3[i].X = data32[i].X1* N13[i];
        mddata3[i].Z = data32[i].Z1* N13[i];
        mddata3[i].Y = (data32[i].Y1* N13[i] + data32[i].Y2* N23[i] + by3) / 2;
    }
    for (i = 0; i< 8; i+ + ) {
        mddata2[i].code = data2[i].code;
        mddata2[i].X = data22[i].X1* N12[i];
        mddata2[i].Z = data22[i].Z1* N12[i];
        mddata2[i].Y = (data22[i].Y1* N12[i] + data22[i].Y2* N22[i] + by2) / 2;
    }
    for (i = 0; i< 15; i+ + ) {
        mddata1[i].code = data1[i].code;
        mddata1[i].X = data12[i].X1* N11[i];
        mddata1[i].Z = data12[i].Z1* N11[i];
        mddata1[i].Y = (data12[i].Y1* N11[i] + data12[i].Y2* N21[i] + by1) / 2;
    }

  // calc 3 common point transform para
    for (i = 0; i< 15; i+ + ) {
        for (j = 0; j< 8; j+ + ) {
            if (data1[i].code = = data2[j].code) {
                K2[count2] = (mddata1[i].Z-bz1) / (mddata2[j].Z);
                k1 = k1 + K2[count2];
                count2+ + ;
            }
        }
    }
```

```
    for (i = 0; i< 8; i+ + ) {
        for (j = 0; j< 11; j+ + ) {
            if (data22[i].code = = data32[j].code) {
                K1[count1] = (mddata2[i].Z-bz2) / (mddata3[j].Z);
                k2 = k2 + K1[count1];
                count1+ + ;
            }
        }
    }
    k1 = k1 / 3;
    k2 = k2 / 3;
 // photo control point
    for (i = 0; i< 15; i+ + ) {
        for (j = 0; j< 4; j+ + ) {
            if (mddata1[i].code = = data4[j].code) {
                P1[point1].code = mddata1[i].code;
                P1[point1].X = mddata1[i].X;
                P1[point1].Y = mddata1[i].Y;
                P1[point1].Z = mddata1[i].Z;
                point1+ + ;
            }
        }
    }

    for (i = 0; i< 11; i+ + ) {
        for (j = 0; j< 4; j+ + ) {
            if (mddata3[i].code = = data4[j].code) {
                P2[point2].code = mddata3[i].code;
                P2[point2].X = mddata3[i].X;
                P2[point2].Y = mddata3[i].Y;
                P2[point2].Z = mddata3[i].Z;
                point2+ + ;
            }
        }
    }

    // dist on map
    i = 1;
    blc[0] = sqrt((P1[i].X-P1[i + 1].X)* (P1[i].X-P1[i + 1].X) + (P1[i].Y-P1[i +
1].Y)* (P1[i].Y-P1[i + 1].Y));
    blc[1] = sqrt((P1[i].X-P1[i-1].X)* (P1[i].X-P1[i-1].X) + (P1[i].Y-P1[i-1].Y)*
(P1[i].Y-P1[i-1].Y));
    blc[2] = sqrt((P1[i-1].X-P1[i + 1].X)* (P1[i-1].X-P1[i + 1].X) + (P1[i-1].Y-P1[i
+ 1].Y)* (P1[i-1].Y-P1[i + 1].Y));
    blc[3] = sqrt((P2[0].X-P1[i + 1].X)* (P2[0].X-P1[i + 1].X) + (P2[0].Y-P1[i +
1].Y)* (P2[0].Y-P1[i + 1].Y));
```

```
        blc[4] = sqrt((P2[0].X-P1[i].X)* (P2[0].X-P1[i].X) + (P2[0].Y-P1[i].Y)* (P2[0].
Y-P1[i].Y));
        blc[5] = sqrt((P2[0].X-P1[i-1].X)* (P2[0].X-P1[i-1].X) + (P2[0].Y-P1[i-1].Y)*
(P2[0].Y-P1[i-1].Y));
        // real dist between control point
        blc5[0] = sqrt((data4[0].X-data4[1].X)* (data4[0].X-data4[1].X) + (data4[0].Y-
data4[1].Y)* (data4[0].Y-data4[1].Y));
        blc5[1] = sqrt((data4[2].X-data4[1].X)* (data4[2].X-data4[1].X) + (data4[2].Y-
data4[1].Y)* (data4[2].Y-data4[1].Y));
        blc5[2] = sqrt((data4[3].X-data4[1].X)* (data4[3].X-data4[1].X) + (data4[3].Y-
data4[1].Y)* (data4[3].Y-data4[1].Y));
        blc5[3] = sqrt((data4[0].X-data4[2].X)* (data4[0].X-data4[2].X) + (data4[0].Y-
data4[2].Y)* (data4[0].Y-data4[2].Y));
        blc5[4] = sqrt((data4[0].X-data4[3].X)* (data4[0].X-data4[3].X) + (data4[0].Y-
data4[3].Y)* (data4[0].Y-data4[3].Y));
        blc5[5] = sqrt((data4[2].X-data4[3].X)* (data4[2].X-data4[3].X) + (data4[2].Y-
data4[3].Y)* (data4[2].Y-data4[3].Y));

        // scale
        H[0] = blc5[1] / blc[0];
        H[1] = blc5[0] / blc[1];
        H[2] = blc5[3] / blc[2];
        H[3] = blc5[5] / blc[3];
        H[4] = blc5[2] / blc[4];
        H[5] = blc5[4] / blc[5];
        h0 = (H[0] + H[1] + H[2]) / 3;   /* + H[3]+ H[4]+ H[5]* /
    // every model station xyz in photo-CS
        for (i = 0; i< 3; i+ + ) {
            if (i = = 0) {
                Xps[0] = 0;
                Yps[0] = 0;
                Zps[0] = h0* f;
            }
            else if (i = = 1) {
                Xps[i] = Xps[i-1] + h0  * bx;
                Yps[i] = Yps[i-1] + h0  * by1;
                Zps[i] = Zps[i-1] + h0  * bz1;
            }
            else {
                Xps[i] = Xps[i-1] + h0  * k1* bx;
                Yps[i] = Yps[i-1] + h0  * k1* by2;
                Zps[i] = Zps[i-1] + h0  * k1* bz2;
            }
        }
        // Final Model xyz
```

```
    for (i = 0; i< 15; i+ + ) {
        mddata1[i].X = mddata1[i].X* h0;
        mddata1[i].Z = mddata1[i].Z* h0 + h0* f;
        mddata1[i].Y = mddata1[i].Y* h0;
    }

    for (i = 0; i< 8; i+ + ) {
        mddata2[i].X = Xps[1] + k1* mddata2[i].X* h0;
        mddata2[i].Y = (Yps[1] + k1* h0* N12[i] * data22[i].Y1 + k1* h0* N22[i] *
data22[i].Y2 + Yps[2]) / 2;
        mddata2[i].Z = Zps[1] + k1* mddata2[i].Z* h0;
    }
    for (i = 0; i< 11; i+ + ) {
        mddata3[i].X =  Xps[2] + k2* k1* mddata3[i].X* h0;
        mddata3[i].Y = (Yps[2] + k2* k1* h0* N13[i] * data32[i].Y1 + k2* k1* h0*
N23[i] * data32[i].Y2 + Yps[2] + k2* k1* h0* by3) / 2;
        mddata3[i].Z =  Zps[2] + k2* k1* mddata3[i].Z* h0;
    }

    //  dx dy
    dXt = data4[0].X-data4[3].X;
    dYt = data4[0].Y-data4[3].Y;
    dXp = mddata1[0].X-mddata3[8].X;
    dYp = mddata1[0].Y-mddata3[8].Y;
     //para
    a = (dXp* dYt + dYp* dXt) / ((dXt* dXt) + (dYt* dYt));
    b = (dXp* dXt-dYp* dYt) / ((dXt* dXt) + (dYt* dYt));
    T = sqrt(a* a + b* b);

    // earth CS of Xtp
    for (i = 0; i< 4; i+ + ) {
        data43[i].X = b* (data4[i].X-data4[0].X) + (data4[i].Y-data4[0].Y)* a;
        data43[i].Y = a* (data4[i].X-data4[0].X) + (data4[i].Y-data4[0].Y)* (-b);
        data43[i].Z = T* (data4[i].Z-data4[0].Z);
    }

    // photo cs Xp
    point1 = 0;
    for (i = 0; i< 15; i+ + ) {
        for (j = 0; j< 4; j+ + ) {
            if (mddata1[i].code = = data4[j].code) {
                P3[point1].code = mddata1[i].code;
                P3[point1].X = mddata1[i].X;
                P3[point1].Y = mddata1[i].Y;
                P3[point1].Z = mddata1[i].Z;
                point1+ + ;
```

```
            }
        }
    }

    point2 = 0;
    for (i = 0; i< 11; i+ + ) {
        for (j = 0; j< 4; j+ + ) {
            if (mddata3[i].code = = data4[j].code) {
                P4[point2].code = mddata3[i].code;
                P4[point2].X = mddata3[i].X;
                P4[point2].Y = mddata3[i].Y;
                P4[point2].Z = mddata3[i].Z;
                point2+ + ;
            }
        }
    }

// Calc earth and photo coordinate
    for (i = 0; i< 4; i+ + ) {
        tp[i].X = data43[i].X;
        tp[i].Y = data43[i].Y;
        tp[i].Z = data43[i].Z;
    }
    for (i = 0; i< 3; i+ + ) {
        p[i].X = P3[i].X;
        p[i].Y = P3[i].Y;
        p[i].Z = P3[i].Z;
    }
    p[3].X = P4[0].X;
    p[3].Y = P4[0].Y;
    p[3].Z = P4[0].Z;

// Calc absolute orientation elements
//R1= E  R2 iterate
    for (ii = 1;; ii+ + ) {
        X0  + = result4[0],
        Y0  + = result4[1],
        Z0  + = result4[2],
        T0  + = result4[3],
        tra1 + =  result4[4],
        tra2 + = result4[5],
        tra3 + = result4[6];
        //parameter
        a1 = cos(tra1)* cos(tra3)-sin(tra1)* sin(tra2)* sin(tra3);
        a2 = -cos(tra1)* sin(tra3)-sin(tra1)* sin(tra2)* cos(tra3);
        a3 = -sin(tra1)* cos(tra2);
```

```
b1 = cos(tra2)* sin(tra3);
b2 = cos(tra2)* cos(tra3);
b3 = -sin(tra2);
c1 = sin(tra1)* cos(tra3) + cos(tra1)* sin(tra2)* sin(tra3);
c2 = -sin(tra1)* sin(tra3) + cos(tra1)* sin(tra2)* cos(tra3);
c3 = cos(tra1)* cos(tra2);

//L
for (i = 0; i< 4; i+ + ) {
    j = i * 3;
    L4[j] = tp[i].X-T0* (a1* p[i].X + a2* p[i].Y + a3* p[i].Z)-X0;
    L4[j + 1] = tp[i].Y-T0* (b1* p[i].X + b2* p[i].Y + b3* p[i].Z)-Y0;
    L4[j + 2] = tp[i].Z-T0* (c1* p[i].X + c2* p[i].Y + c3* p[i].Z)-Z0;
}

//A
for (i = 0; i< 12; i+ + ) {
    for (j = 0; j< 7; j+ + ) {
        if (i % 3 = = j)
            A[i][j] = 1;
        else if ((i = = 0 || i = = 3 || i = = 6 || i = = 9) && j = = 3)
            A[i][j] = p[i / 3].X;
        else if ((i = = 2 || i = = 5 || i = = 8 || i = = 11) && j = = 4)
            A[i][j] = p[i / 3].X;
        else if ((i = = 1 || i = = 4 || i = = 7 || i = = 10) && j = = 6)
            A[i][j] = p[i / 3].X;
        else if ((i = = 1 || i = = 4 || i = = 7 || i = = 10) && j = = 3)
            A[i][j] = p[i / 3].Y;
        else if ((i = = 2 || i = = 5 || i = = 8 || i = = 11) && j = = 5)
            A[i][j] = p[i / 3].Y;
        else if ((i = = 0 || i = = 3 || i = = 6 || i = = 9) && j = = 6)
            A[i][j] = -p[i / 3].Y;
        else if ((i = = 2 || i = = 5 || i = = 8 || i = = 11) && j = = 3)
            A[i][j] = p[i / 3].Z;
        else if ((i = = 1 || i = = 4 || i = = 7 || i = = 10) && j = = 5)
            A[i][j] = -p[i / 3].Z;
        else if ((i = = 0 || i = = 3 || i = = 6 || i = = 9) && j = = 4)
            A[i][j] = -p[i / 3].Z;
    }
}

//AT
for (i = 0; i< 12; i+ + ) {
    for (j = 0; j< 7; j+ + ) {
        AT[j][i] = A[i][j];
    }
}
```

```
        // Calc ATA
        for (i = 0; i< 7; i+ + ) {
            for (m = 0; m< 7; m+ + ) {
                t = 0;
                for (j = 0; j< 12; j+ + )
                    t + = AT[i][j] * A[j][m];
                ATA[i][m] = t;
            }
        }

        matrix_inv (* ATA, 7);

        // Calc (inv(ATA))AT
        for (i = 0; i< 7; i+ + ) {
            for ( m = 0; m< 12; m+ + ) {
                tt = 0;
                for (j = 0; j< 7; j+ + )
                    tt + = ATA[i][j] * AT[j][m]  ;
                AA[i][m] = tt;
            }
        }

        for (int i = 0; i< 7; i+ + ) {
            o = 0;
            for (j = 0; j< 12; j+ + )
                o + = AA[i][j] * L4[j];
            result4[i] = o;
        }
        if (fabs(result4[0])< eps2  &&  fabs(result4[1])< eps2  &&  fabs(result4
[2])< eps2 && fabs(result4[3])< eps2 && fabs(result4[4])< eps2  && fabs(result4[5])<
eps2 && fabs(result4[6])< eps2) {
            break;
        }
    }

  // transform photo to earth coordinate
      X0 = X0 + result4[0],
        Y0 = Y0 + result4[1],
        Z0 = Z0 + result4[2],
        T0 = T0 + result4[3],
        tra1 = tra1 + result4[4],
        tra2 = tra2 + result4[5],
        tra3 = tra3 + result4[6];

      for (i = 0; i< 15; i+ + ) {
        down1[i].code = mddata1[i].code;
```

```
        down1[i].X = T0* (mddata1[i].X-tra3* mddata1[i].Y-tra1* mddata1[i].Z)
+ X0;
        down1[i].Y = T0* (tra3* mddata1[i].X + mddata1[i].Y-tra2* mddata1[i].Z)
+ Y0;
        down1[i].Z = T0* (tra1* mddata1[i].X + tra2* mddata1[i].Y + mddata1[i].Z)
+ Z0;
    }
    for (i = 0; i< 8; i+ + ) {
        down2[i].code = mddata2[i].code;
        down2[i].X = T0* (mddata2[i].X-tra3* mddata2[i].Y-tra1* mddata2[i].Z)
+ X0;
        down2[i].Y = T0* (tra3* mddata2[i].X + mddata2[i].Y-tra2* mddata2[i].Z)
+ Y0;
        down2[i].Z = T0* (tra1* mddata2[i].X + tra2* mddata2[i].Y + mddata2[i].Z)
+ Z0;
    }
    for (i = 0; i< 11; i+ + ) {
        down3[i].code = mddata3[i].code;
        down3[i].X = T0* (mddata3[i].X-tra3* mddata3[i].Y-tra1* mddata3[i].Z)
+ X0;
        down3[i].Y = T0* (tra3* mddata3[i].X + mddata3[i].Y-tra2* mddata3[i].Z)
+ Y0;
        down3[i].Z = T0* (tra1* mddata3[i].X + tra2* mddata3[i].Y + mddata3[i].Z)
+ Z0;
    }
  //Calc final XYZ
    for (i = 0; i< 15; i+ + ) {
        finish1[i].code = down1[i].code;
        finish1[i].X = (b* down1[i].X + a* down1[i].Y) / T / T + data4[0].X;
        finish1[i].Y = (a* down1[i].X-b* down1[i].Y) / T / T + data4[0].Y;
        finish1[i].Z = (down1[i].Z) / T + data4[0].Z;
    }
    for (i = 0; i< 8; i+ + ) {
        finish2[i].code = down2[i].code;
        finish2[i].X = (b* down2[i].X + a* down2[i].Y) / T / T + data4[0].X;
        finish2[i].Y = (a* down2[i].X-b* down2[i].Y) / T / T + data4[0].Y;
        finish2[i].Z = (down2[i].Z) / T + data4[0].Z;
    }

    for (i = 0; i< 11; i+ + ) {
        finish3[i].code = down3[i].code;
        finish3[i].X = (b* down3[i].X + a* down3[i].Y) / T / T + data4[0].X;
        finish3[i].Y = (a* down3[i].X-b* down3[i].Y) / T / T + data4[0].Y;
        finish3[i].Z = (down3[i].Z) / T + data4[0].Z;
    }
```

```
//Diff Calc
    for (i = 0; i< 5; i+ + ) {
        for (j = 0; j< 15; j+ + ) {
            if (data5[i].code = = finish1[j].code) {
                D[i][0] = data5[i].code;
                D[i][1] = data5[i].X-finish1[j].X;
                D[i][2] = data5[i].Y-finish1[j].Y;
                D[i][3] = data5[i].Z-finish1[j].Z;
                break;
            }
        }
        for (j = 0; j< 8; j+ + ) {
            if (data5[i].code = = finish2[j].code) {
                D[i][0] = data5[i].code;
                D[i][1] = data5[i].X-finish2[j].X;
                D[i][2] = data5[i].Y-finish2[j].Y;
                D[i][3] = data5[i].Z-finish2[j].Z;
                break;
            }
        }
        for (j = 0; j< 11; j+ + ) {
            if (data5[i].code = = finish3[j].code) {
                D[i][0] = data5[i].code;
                D[i][1] = data5[i].X-finish3[j].X;
                D[i][2] = data5[i].Y-finish3[j].Y;
                D[i][3] = data5[i].Z-finish3[j].Z;
                break;
            }
        }
    }

    fp2 = fopen("result.txt", "wt");
    fprintf(fp2, " Relative orientation results:\n ");
    fprintf(fp2, "\t% 12.8f\t% 12.8f\t% 12.8f\t% 12.8f\t% 12.8f\n", U1, V1, tra11,
tra12, tra13);
    fprintf(fp2, "\t% 12.8f\t% 12.8f\t% 12.8f\t% 12.8f\t% 12.8f\n", U2, V2, tra21,
tra22, tra23);
    fprintf(fp2, "\t% 12.8f\t% 12.8f\t% 12.8f\t% 12.8f\t% 12.8f\n", U3, V3, tra31,
tra32, tra33);
    fprintf(fp2, "Iteration Times :\n\t% 3d\t% 3d\t% 3d\n", i1, i2, i3);
    fprintf(fp2, "Variants of last iteration( 1E-6 ) :\n ");
    fprintf(fp2, "                U                        V                        φ0
             ω0                     k0 \n");
    for (j = 0; j< 5; j+ + )
        fprintf(fp2, "\t% 22.18f\t", 1E6* result1[j]);
    fprintf(fp2, " \n");
```

```
    for (j = 0; j< 5; j+ + )
        fprintf(fp2, "\t% 22.18f\t", 1E6* result2[j]);
    fprintf(fp2, " \n");
    for (j = 0; j< 5; j+ + )
        fprintf(fp2, "\t% 22.18f\t", 1E6* result3[j]);
    fprintf(fp2, "\nCalculated Scale : \th0 = % 12.6f ", h0);
    fprintf(fp2, "\nCalculated [ k1 and k2 ] : \tk1 = % 12.6f\tk2 = % 12.6f ", k1, k2);
    fprintf(fp2, "\nCalculated [ a  b  T ]  \t a = % 12.6f\t b = % 12.6f\t T = % 12.
6f", a, b, T);
    fprintf(fp2, "\nCalculated Absolute Orientation Elements\n");
    fprintf(fp2, "  T0          X0          Y0          Z0              tra1
tra2            tra3\n");
    fprintf(fp2, "\t% 15.6f\t% 15.6f\t% 15.6f\t% 15.6f\t% 15.6f\t% 15.6f\t% 15.6f\
n", T0, X0, Y0, Z0, tra1, tra2, tra3);
    fprintf(fp2, "\n Final Coordinates \n");
    for (j = 0; j< 15; j+ + )
        fprintf(fp2, "\t% 15.6f\t% 15.6f\t% 15.6f\n", finish1[i].X, finish1[i].Y,
finish1[i].Z);
    fprintf(fp2, "\n");
    for (j = 0; j< 8; j+ + )
        fprintf(fp2, "\t% 15.6f\t% 15.6f\t% 15.6f\n", finish2[i].X, finish2[i].Y,
finish2[i].Z);
    fprintf(fp2, "\n");
    for (j = 0; j< 11; j+ + )
        fprintf(fp2, "\t% 15.6f\t% 15.6f\t% 15.6f\n", finish3[i].X, finish3[i].Y,
finish3[i].Z);
    fprintf(fp2, "\nDiffs wrt Unknown Points \n");
    for (j = 0; j< 5; j+ + )
        fprintf(fp2, "\t% 15.6f\t% 15.6f\t% 15.6f\n", D[j][1], D[j][2], D[j][3]);
    fprintf(fp2, "\n");
    fclose(fp2);
    printf("Normal Finished\n");
}
```

## 二、空间后方前方交会

由立体像对中两像片的内、外方位元素和像点坐标来确定相应地面点在物方空间坐标系中坐标的方法即空间前方交会；利用像片上三个及以上的像点坐标及对应的地面控制点坐标，计算像片的外方位元素的方法即空间后方交会。

空间后方交会的基本公式主要由共线方程式决定：

$$\begin{cases} x = -f\dfrac{a_1(X-X_s)+b_1(Y-Y_s)+c_1(Z-Z_s)}{a_3(X-X_s)+b_3(Y-Y_s)+c_3(Z-Z_s)} \\ y = -f\dfrac{a_2(X-X_s)+b_2(Y-Y_s)+c_2(Z-Z_s)}{a_3(X-X_s)+b_3(Y-Y_s)+c_3(Z-Z_s)} \end{cases} \tag{7-17}$$

式中，$X_s$、$Y_s$、$Z_s$、$a_1$、$a_2$、$a_3$、$b_1$、$b_2$、$b_3$、$c_1$、$c_2$、$c_3$ 为待求值；$f$、$X$、$Y$、$Z$ 为已知值；$x$、$y$ 为观测值。

一个地面控制点可以列两个方程，至少需要三个控制点求解六个外方位元素，通过共线方程式线性化求解。其计算过程为：

(1)获取已知数据。包括平均航高、内方位元素。从外业测量成果中，获取控制点的地面测量坐标，并转化成地面摄影测量坐标。

(2)量测控制点的像点坐标。将控制点刺在像片上，利用立体坐标量测仪量测控制点在框标坐标系中的坐标，并转化成以像主点为坐标原点的坐标。

(3)确定未知数的初始值。在竖直摄影情况下有以下两种。

A. 角元素：

$$\varphi_0 = \omega_0 = \kappa_0 = 0 \tag{7-18}$$

B. 线元素：

$$\begin{cases} X_{S0} = \dfrac{1}{n}\sum\limits_{i=1}^{n} X_{tpi} \\ Y_{S0} = \dfrac{1}{n}\sum\limits_{i=1}^{n} Y_{tpi} \\ Z_{S0} = mf \end{cases} \tag{7-19}$$

(4)计算旋转矩阵 $\boldsymbol{R}$。利用角元素的近似值按计算方向余弦，组成旋转矩阵。

(5)逐点计算像点坐标近似值。利用未知数的近似值代入共线方程，计算控制点像点坐标的近似值$(x,y)$。

(6)组成误差方程式。按公式组成误差方程式，组成法方程式，解算未知数的改正数。

(7)改正数小于指定值，则完成；改正数不小于指正值，则将解算的未知数加上初始值，作为新的初始值，重复步骤(4)～步骤(6)。

空间前方交会算法流程如图 7-3 所示。

空间前方交会的基本方程：

$$\begin{bmatrix} X \\ Y \\ Z \end{bmatrix} = \begin{bmatrix} X_{s1} \\ Y_{s1} \\ Z_{s1} \end{bmatrix} + N_1 \begin{bmatrix} u_1 \\ v_1 \\ w_1 \end{bmatrix} \left( = \begin{bmatrix} X_{s2} \\ Y_{s2} \\ Z_{s2} \end{bmatrix} + N_2 \begin{bmatrix} u_2 \\ v_2 \\ w_2 \end{bmatrix} \right) \tag{7-20}$$

式中，$(X,Y,Z)$为物点的物方坐标(通常为地面摄测坐标)；$(X_s \quad Y_s \quad Z_s)$为投影中心的物方坐标；$(u \quad v \quad w)$为像点的像空间辅助坐标。$N$ 为投影系数。

投影系数的计算式：

$$\begin{cases} N_1 = \dfrac{B_u w_2 - B_w u_2}{u_1 w_2 - u_2 w_1} \\ N_2 = \dfrac{B_u w_1 - B_w w_1}{u_1 w_2 - u_2 w_1} \end{cases} \tag{7-21}$$

空间前方交会的基本步骤及其计算公式如下。

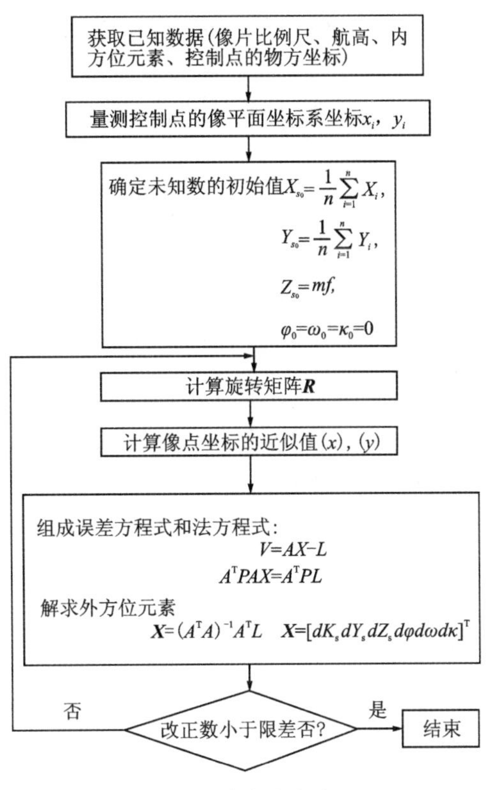


图 7-3　前方交会流程

(1)由已知外方位角元素及像点坐标计算像点在像空间辅助坐标系中的坐标。

$$\begin{bmatrix} u_1 \\ v_1 \\ w_1 \end{bmatrix} = R_1 \begin{bmatrix} x_1 \\ y_1 \\ -f \end{bmatrix} \quad \begin{bmatrix} u_2 \\ v_2 \\ w_2 \end{bmatrix} = R_2 \begin{bmatrix} x_2 \\ y_2 \\ -f \end{bmatrix} \tag{7-22}$$

(2)由外方位线元素计算投影基线分量。

$$\begin{cases} B_u = X_{S2} - X_{S1} \\ B_v = Y_{S2} - Y_{S1} \\ B_w = Z_{S2} - Z_{S1} \end{cases} \tag{7-23}$$

(3)计算点投影系数。

$$\begin{cases} N_1 = \dfrac{B_u w_2 - B_w u_2}{u_1 w_2 - u_2 w_1} \\[2ex] N_2 = \dfrac{B_u w_1 - B_w u_1}{u_1 w_2 - u_2 w_1} \end{cases} \tag{7-24}$$

(4)计算地面点的坐标。

$$\begin{cases} X = N_1 u_1 + X_{S1} = N_2 u_2 + X_{S2} \\ Y = \dfrac{1}{2}(N_1 v_1 + Y_{S1} + N_2 v_2 + Y_{S2}) \\ Z = N_1 w_1 + Z_{S1} = N_2 w_2 + Z_{S2} \end{cases} \tag{7-25}$$

**【例 7.8】**空间后方交会的计算:参照图 7-3 和式(7-19)～式(7-24)等,完成像片的空间前方交会计算。使用通用求逆、矩阵转置和矩阵相乘等主要函数,读取外方位元素和控制参数等,计算投影系数和旋转矩阵,完成空间后方交会和前方交会等功能。

```
# define PI  3.14159265358932
# define RU 206265
int main() {
    double * Ctrl_Par; // m= Ctrl_Par[0], H= Ctrl_Par[1] ;  //航摄比例尺、航高
                    // x0= Ctrl_Par[2], y0= Ctrl_Par[3], f= Ctrl_Par[4] ;  //内方位元素
    double ** XYZt; //控制点地面测量坐标(控制测量得到)
    double ** XYZp; //控制点地面摄影测量坐标
    double ** Ctrl_LXY; // 控制点左片坐标
    double ** LeftXY;  // 待测点像片坐标(立体量测得到)
    double ** RightXY; // 待测点像片坐标(立体量测得到)
    double ** XYZ; // 待测点地面测量坐标(前方交会结果)
    double eps =  0.0004 ;
    double * In_ParL; // //左片外方位元素
    double * In_ParR; // //左片外方位元素
    int i,j,n; // unknown points
    double ** Ori_ParL,** Ori_ParR ; //
//= = = = = = = = = = = = = = = = = = 前方交会= = = = = = = = = = = = = = = = = = = = = =
    char LeftElements[]  = " LeftElements.txt" ;
    char RightElements[] =  " RightElements.txt";
    char UnknPoints[]    =  " UnknPoints.txt";
    char Ori_FileL[]     =  " LeftOrients.txt";
    char Ori_FileR[]     =  " RightOrients.txt";
    char ImgPara_File[]  =  " ImgParmeters.txt";
    char GCP_File[]      =  " GCP_para.txt";

    In_ParL =  vector_create(9,0);
    In_ParR =  vector_create(9,0);

    printf("\nRead Left Image Elements\n");
    Get_Element(LeftElements,In_ParL);
    for (i =  0; i <  9; i+ + ) {
        printf("In_ParL[% d] =  % 15.6f\n", i, In_ParL[i]);
    }
    printf("\nRead Right Image Elements\n");
    Get_Element(RightElements, In_ParR);
    for (i =  0; i <  9; i+ + ) {
        printf("In_ParR[% d] =  % 15.6f\n", i, In_ParR[i]);
    }
    printf("\nRead Unknown Points \n");
    n =  Get_FileRows(UnknPoints);
    printf("Unknown Points : % d \n",n);
    LeftXY =  (double ** )malloc(sizeof(double * )* n);
```

```
        RightXY =  (double ** )malloc(sizeof(double * )* n);
        for (i =  0; i <  n; i+ + ) {
            LeftXY[i] =  (double * )malloc(sizeof(double)* 2);
            RightXY[i] =  (double * )malloc(sizeof(double) *  2);
            for (j =  0; j <  2; j+ + ) {
                LeftXY[i][j] =  0.0 ;
                RightXY[i][j] =  0.0;
            }
        }
        Get_Unknown(UnknPoints,n,LeftXY,RightXY);
        for (i =  0; i <  n; i+ + ) {
            for (j =  0; j <  2; j+ + ) {
                printf("LeftXY[% d][% d] =  % 15.6f\tRightXY[% d][% d] =  % 15.6f\t", i,
j, LeftXY[i][j], i, j, RightXY[i][j]);
            }
            printf("\n");
        }
    // Orient parameters
        Ori_ParL =  (double ** )malloc(sizeof(double * )* 4);
        Ori_ParR =  (double ** )malloc(sizeof(double * ) *  4);
        for (i =  0; i <  4; i+ + ) {
            Ori_ParL[i] =  (double * )malloc(sizeof(double)* 2);
            Ori_ParR[i] =  (double * )malloc(sizeof(double) *  2);
            for (j =  0; j <  2; j+ + ) {
                Ori_ParL[i][j] =  0.0 ;
                Ori_ParR[i][j] =  0.0;
            }
        }

        printf("\nRead Left Parameters Elements\n");
        Get_OrientPar(Ori_FileL, Ori_ParL);
        for (i =  0; i <  4; i+ + ) {
            for (j =  0; j <  2; j+ + ) {
                printf("Ori_ParL[% d][% d] =  % 15.6f\t", i, j, Ori_ParL[i][j]);
            }
            printf("\n");
        }
        printf("\n");
        printf("\nRead Right Parameters Elements\n");
        Get_OrientPar(Ori_FileR, Ori_ParR);
        for (i =  0; i <  4; i+ + ) {
            for (j =  0; j <  2; j+ + ) {
                printf("Ori_ParR[% d][% d] =  % 15.6f\t", i, j, Ori_ParR[i][j]);
            }
            printf("\n");
        }
```

```
    printf("\n");
// 改化坐标
    printf("\nChange the coordinates \n");
    Coord_Modify(Ori_ParL,n,LeftXY);
    for (i = 0; i < n; i+ + ) {
        for (j = 0; j < 2; j+ + ) {
            printf("LeftXY[% d][% d] = % 15.6f\t", i, j, LeftXY[i][j]);
        }
        printf("\n");
    }
    printf("\n");
    Coord_Modify(Ori_ParR, n, RightXY);
    for (i = 0; i < n; i+ + ) {
        for (j = 0; j < 2; j+ + ) {
            printf("RightXY[% d][% d] = % 15.6f\t",  i, j, RightXY[i][j]);
        }
        printf("\n");
    }
    printf("\n");
// 调用空间前方交会
    XYZ = (double ** )malloc(sizeof(double * )* n);
    for (i = 0; i < n; i+ + ) {
         XYZ[i] = (double * )malloc(sizeof(double)* 3);
         for (j = 0; j < 3; j+ + ) {
             XYZ[i][j] = 0.0 ;
         }
    }
    printf("Space intersection \n");
    SpaceIntersection(In_ParL,In_ParR,n,LeftXY,RightXY,XYZ);
// 显示结果 XYZ
    printf("  X\t\tY\t\tZ\n");
    for (i = 0; i < n; i+ + ) {
        for (j = 0; j < 3; j+ + ) {
            printf("% 10.4f\t",XYZ[i][j]);
        }
        printf("\n");
   }
    printf("\n1 Space Intersection Normal Finished\n\n");
// = = = = = = = = = = = = = = = = = = = = 后方交会= = = = = = = = = = = = = = = = = = = =
// 输入像片有关信息
    printf("Input the image para and control coordinates\n");
    Ctrl_Par  =  (double * )malloc(sizeof(double) *  5);
    for (i = 0; i < 5; i+ + ) {
        Ctrl_Par[i] = 0.0 ;
    }
    Ctrl_LXY = (double ** )malloc(sizeof(double * )* 4);
```

```
    for (i = 0; i < 4; i+ + ) {
        Ctrl_LXY[i] = (double * )malloc(sizeof(double)* 2);
        for (j = 0; j < 2; j+ + ) {
            Ctrl_LXY[i][j] = 0.0 ;
        }
    }
    Get_Para(ImgPara_File,Ctrl_Par,Ctrl_LXY);
    for (i = 0; i < 5; i+ + ) {
        printf("Ctrl_Par[% d] = % 15.6f\n", i, Ctrl_Par[i]);
    }
    printf("\n");
    for (i = 0; i < 4; i+ + ) {
        for (j = 0; j < 2; j+ + ) {
            printf("Ctrl_LXY[% d][% d] = % 15.6f\t", i, j, Ctrl_LXY[i][j]);
        }
        printf("\n");
    }
    printf("\n");
//  control points' coordinates
    XYZt = (double ** )malloc(sizeof(double * )* 4);
    XYZp = (double ** )malloc(sizeof(double * ) * 4);
    for (i = 0; i < 4; i+ + ) {
        XYZt[i] = (double * )malloc(sizeof(double) * 3);
        XYZp[i] = (double * )malloc(sizeof(double) * 3);
        for (j = 0; j < 3; j+ + ) {
            XYZt[i][j] = 0.0 ;
            XYZp[i][j] = 0.0;
        }
    }

    Get_GCP(GCP_File,XYZt);
    for (i = 0; i < 4; i+ + ) {
        for (j = 0; j < 3; j+ + ) {
            printf("XYZt[% d][% d] = % 15.6f\t", i, j, XYZt[i][j]);
        }
        printf("\n");
    }
    printf("\n");
//空间后方交会的计算过程
   printf("Space bear section\n");
   for (i = 0; i < 9; i+ + ) {
       In_ParL[i] = 0.0;
       printf("In_ParL[% d] = % 7.6f\n", i, In_ParL[i]);
   }
   printf("\n");
   SpaceResection(Ctrl_Par, XYZt, Ctrl_LXY, eps, In_ParL, XYZp);
```

```
    for (i = 0; i < 5; i+ + )
        printf("Ctrl_Par[% d] = % 15.6f\n", i, Ctrl_Par[i]);
    printf("\n");

    for (i = 0; i < 4; i+ + ) {
        for (j = 0; j < 3; j+ + )
            printf("XYZt[% d][% d] = % 15.6f\t", i, j, XYZt[i][j]);
        printf("\n");
    }
    printf("\n");

    for (i = 0; i < 9; i+ + )
        printf("In_ParL[% d] = % 15.6f\n", i, In_ParL[i]);
    printf("\n");

    for (i = 0; i < 4; i+ + ) {
        for (j = 0; j < 2; j+ + )
            printf("Ctrl_LXY[% d][% d] = % 15.6f\t", i, j, Ctrl_LXY[i][j]);
        printf("\n");
    }
    printf("\n");
    for (i = 0; i < 4; i+ + ) {
        for (j = 0; j < 3; j+ + )
            printf("XYZp[% d][% d] = % 15.6f\t", i, j, XYZp[i][j]);
        printf("\n");
    }
    printf("\n");

     printf("  Normal Finished\n");
     return 0 ;
  }

  int MatrixTrans(double ** src, int row, int col, double ** dest) {
     int i, j;
     for (i = 0; i< row; i+ + ) {
        for (j = 0; j< col; j+ + )
           dest[j][i] = src[i][j];
     }
     return 0;
  }

  int MatrixMulti(double ** src, int row, int col, double ** opt, int row1, int col1,
double ** dest) {
     int i, j, k;
     for (i = 0; i< row; i+ + ) {
```

```
        for (j = 0; j< col1; j+ + ) {
            dest[i][j] = 0.0;
            for (k = 0; k< col; k+ + ) {
                dest[i][j] = dest[i][j] + src[i][k] * opt[k][j];
            }
        }
    }
    return 0;
}

int Get_RotateMatrix(double fai, double omg, double kap, double ** RotateMatrix) {
    // 根据输入的旋转角计算旋转矩阵:
    // 输入旋转角 fai、omg、kap
    //                |a1 a2 a3 | |R11 R12 R13|
    // 输出旋转矩阵 R= |b1 b2 b3 |= |R21 R22 R23|
    //                |c1 c2 c3 | |R31 R32 R33|
    double cF = cos(fai);
    double sF = sin(fai);
    double cO = cos(omg);
    double sO = sin(omg);
    double cK = cos(kap);
    double sK = sin(kap);
    RotateMatrix[0][0] = cF * cK-sF * sO * sK;
    RotateMatrix[0][1] = -cF * sK-sF * sO * cK;
    RotateMatrix[0][2] = -sF * cO;
    RotateMatrix[1][0] = cO * sK;
    RotateMatrix[1][1] = cO * cK;
    RotateMatrix[1][2] = -sO;
    RotateMatrix[2][0] = sF * cK + cF * sO * sK;
    RotateMatrix[2][1] = -sF * sK + cF * sO * cK;
    RotateMatrix[2][2] = cF * cO;
    return 0;
}

int Get_OrientPar(char * Ori_File, double ** Ori_Par) {
    double a0, a1, a2, a3;
    FILE * fin;
    if ((fin = fopen(Ori_File, "rt")) = = NULL) {
        printf("Can not open orient Para files\n");
        return -1;
    }
    fscanf(fin, "% lf% lf% lf% lf", &a0, &a1, &a2, &a3);
    Ori_Par[0][0] = a0;
    Ori_Par[0][1] = a1;
    Ori_Par[0][2] = a2;
    Ori_Par[0][3] = a3;
```

```
    fscanf(fin, "% lf% lf% lf% lf", &a0, &a1, &a2, &a3);
    Ori_Par[1][0] = a0;
    Ori_Par[1][1] = a1;
    Ori_Par[1][2] = a2;
    Ori_Par[1][3] = a3;
    fclose(fin);
    return 0;
}

int Get_GCP(char * GCP_File, double ** XYZt) {
    FILE * fin;
    int i;
    if ((fin = fopen(GCP_File, "rt")) = = NULL) {
        printf("Can not open GCP files\n");
        return -1;
    }

    for (i = 0; i< 4; i+ + )
        fscanf(fin, "% lf% lf% lf", &XYZt[i][0], &XYZt[i][1], &XYZt[i][2]);
    fclose(fin);
    return 0;
}

int Get_Para(char * ImgPara_File, double * Ctrl_Par, double ** Ctrl_LXY) {
    FILE * fin;
    int i;
    if ((fin = fopen(ImgPara_File, "rt")) = = NULL) {
        printf("Can not open Para files\n");
        return -1;
    }
    for (i = 0; i< 5; i+ + )
        fscanf(fin, "% lf", &Ctrl_Par[i]);
    for (i = 0; i< 4; i+ + )
        fscanf(fin, "% lf% lf", &Ctrl_LXY[i][0], &Ctrl_LXY[i][1]);
    fclose(fin);
    return 0;
}

int Get_Element(char * IO_File, double * In_Par) {
    FILE * fin;
    int i;
    if ((fin = fopen(IO_File, "rt")) = = NULL) {
        printf("Can not open Para files\n");
        return -1;
    }
    for (i = 0; i< 9; i+ + )
```

```
        fscanf(fin, "% lf", &In_Par[i]);
    fclose(fin);
    return 0;
}

int Get_Unknown(char * Unkn_File, int nRow, double ** LeftXY, double ** RightXY) {
    // 读取待测点像片坐标
    FILE * fin;
    int i;
    if ((fin = fopen(Unkn_File, "rt")) = = NULL) {
        printf("Can not open Unknown Points files\n");
        return -1;
    }
    for (i = 0; i< nRow; i+ + )
        fscanf(fin, "% lf% lf% lf% lf", &LeftXY[i][0], &LeftXY[i][1], &RightXY[i]
[0], &RightXY[i][1]);
    fclose(fin);
    return 0;
}

int Coord_Modify(double ** Ori_Par, int nRow, double ** XY) {
    int i;
    double tempX, tempY;
    for (i = 0; i< nRow; i+ + ) {
        tempX = XY[i][0];
        tempY = XY[i][1];
        XY[i][0] = Ori_Par[0][0] + Ori_Par[0][1] * tempX + Ori_Par[0][2] * tempY;
        XY[i][1] = Ori_Par[1][0] + Ori_Par[1][1] * tempX + Ori_Par[1][2] * tempY;
    }
    return 0;
}

int InDirectAdjust(double ** A, int Row, int Col, double ** P, double ** L, double *
* X) {
    //通用的间接平差解算过程:
    //输入:系数矩阵 A[Row][Col]
    //权矩阵         P[Row][Row]
    //常数向量       L[Row][1]
    //输出 : 解向量 X[Col]
    int i, j,k, iPos;
    double ** At, ** AtP, ** Naa, ** W,** L0;
    // Col* Row,  Col* Row,  Col* Col,  Col* 1
    double sumAX, temp;
    At = (double ** )malloc(sizeof(double * )* Col);
    AtP = (double ** )malloc(sizeof(double * )* Col);
    Naa = (double ** )malloc(sizeof(double * )* Col);
```

```
    W =  (double ** )malloc(sizeof(double * )* Col);
    for (i =  0; i< Col; i+ + ) {
        At[i] =  (double * )malloc(sizeof(double)* Row);
        AtP[i] =  (double * )malloc(sizeof(double)* Row);
        Naa[i] =  (double * )malloc(sizeof(double)* Col);
        W[i] =  (double * )malloc(sizeof(double) *  1);
        for (j =  0; j< Row; j+ + ) {
            At[i][j] =  0.0;
            AtP[i][j] =  0.0;
        }
        for (j =  0; j< Col; j+ + ) {
            Naa[i][j] =  0.0;
        }
        W[i][0] =  0.0;
    }
    // 组成法方程并计算
    MatrixTrans(A, Row, Col, At);                  // 求 A 的转置矩阵
    MatrixMulti(At, Col, Row, P, Row, Row, AtP);  // 求 AtP
    MatrixMulti(AtP, Col, Row, A, Row, Col, Naa); // 法方程系数矩阵
    MatrixMulti(AtP, Col, Row, L, Row, 1, W);     // 法方程常数向量
  // Column Guass

    L0 =  (double ** )malloc(sizeof(double * )* Row);
    for (i=  0; i< Row; i+ + ) {
        L0[i] =  (double * )malloc(sizeof(double) *  1);
        L0[i][0] =  0.0;
    }

    // process
    for (k =  0; k< Row; k+ + ) {
        // column
        iPos =  0;
        for (i=  k; i< Row; i+ + ) {
            if (fabs(Naa[i][k]) >  fabs(Naa[k][k]))  iPos =  i;
        }
        if (iPos >  k) {    // 需要换主元
            for (j =  k; j< Row; j+ + ) {
                temp =  Naa[k][j];
                Naa[k][j] =  Naa[iPos][j];
                Naa[iPos][j] =  temp;
            }
            temp =  W[k][0];
            W[k][0] =  W[iPos][0];
            W[iPos][0] =  temp;
        }
        // 约化过程
```

```
        for (i = k; i< Row; i+ + ) {
            L0[i][0] = Naa[i][k] / Naa[k][k];
            for (j= k; j< Row; j+ + )
                Naa[i][j] = Naa[i][i]-L0[i][0] * Naa[k][j];
            W[i][0] = W[i][0]-L0[i][0] * W[k][0];
        }
    }
    // 回代过程
    X[Row-1][0] = W[Row-1][0] / Naa[Row-1][Row-1];
    for (i= Row-1; i> = 0; i--) {
        sumAX = 0;
        for (j = Row-1; j> = i; j--)
            sumAX = sumAX + Naa[i][j] * X[j][0];
        X[i][0] = (W[i][0]-sumAX) / Naa[i][i];
    }
    return 0;
}

int Get_FileRows(char * inp) {
    int c, lines = 0;
    FILE * fp;
    if ((fp = fopen(inp, "rt")) = = NULL) {
        return -1;
    }
    while ((c = fgetc(fp)) ! = EOF)
        if (c = = '\n') lines+ + ;
    fclose(fp);
    return (lines);
}

int SpaceIntersection(double * In_ParL, double * In_ParR, int n, double ** LeftXY,
double ** RightXY, double ** XYZ) {
    //空间前方交会计算过程 space intersection
    double X_L, Y_L, Z_L, X_R, Y_R, Z_R;        //像空辅助坐标
    double NL, NR; //点投影系数
    double temp;
    int i, j;
    double Bx = In_ParR[6]-In_ParL[6]; //求基线分量
    double By = In_ParR[7]-In_ParL[7];
    double Bz = In_ParR[8]-In_ParL[8];
    double ** R_L, ** R_R;
    R_L = (double ** )malloc(sizeof(double * ) * 3);
    R_R = (double ** )malloc(sizeof(double * ) * 3);
    for (i = 0; i < 3; i+ + ) {
        R_L[i] = (double * )malloc(sizeof(double) * 3);
        R_R[i] = (double * )malloc(sizeof(double) * 3);
```

```
        for (j =  0; j <  3; j+ + ) {
            R_L[i][j] =  0;
            R_R[i][j] =  0;
        }
    }
    //求方向余弦(旋转矩阵)和基线分量
    Get_RotateMatrix(In_ParL[3], In_ParL[4], In_ParL[5], R_L);    //fai_L, omg_L,
kap_L, R_L
    Get_RotateMatrix(In_ParR[3], In_ParR[4], In_ParR[5], R_R); //fai_R, omg_R, kap_
R, R_R
    for (i =  0; i< n; i+ + ) { //求像空辅助坐标
        X_L =  R_L[0][0] *  LeftXY[i][0] +  R_L[0][1] *  LeftXY[i][1]-R_L[0][2] *  In_
ParL[2]; //f   //左片
        Y_L =  R_L[1][0] *  LeftXY[i][0] +  R_L[1][1] *  LeftXY[i][1]-R_L[1][2] *  In_
ParL[2]; //f
        Z_L =  R_L[2][0] *  LeftXY[i][0] +  R_L[2][1] *  LeftXY[i][1]-R_L[2][2] *  In_
ParL[2]; //f
        X_R =  R_R[0][0] *  RightXY[i][0] +  R_R[0][1] *  RightXY[i][1]-R_R[0][2] *  In
_ParL[2]; //f   //右片
        Y_R =  R_R[1][0] *  RightXY[i][0] +  R_R[1][1] *  RightXY[i][1]-R_R[1][2] *  In
_ParL[2]; //f
        Z_R =  R_R[2][0] *  RightXY[i][0] +  R_R[2][1] *  RightXY[i][1]-R_R[2][2] *  In
_ParL[2]; //f
    //求点投影系数
        NL =  (Bx *  Z_R-Bz *  X_R) / (X_L *  Z_R-X_R *  Z_L);
        NR =  (Bx *  Z_L-Bz *  X_L) / (X_L *  Z_R-X_R *  Z_L);
        //求地面摄影测量坐标
        XYZ[i][0] =  (NL *  X_L +  NR *  X_R +  In_ParL[6] +  In_ParR[6]) / 2.0;
        XYZ[i][1] =  (NL *  Y_L +  NR *  Y_R +  In_ParL[7] +  In_ParR[7]) / 2.0;
        XYZ[i][2] =  (NL *  Z_L +  NR *  Z_R +  In_ParL[8] +  In_ParR[8]) / 2.0;
        temp =  XYZ[i][0];
        XYZ[i][0] =  XYZ[i][1];
        XYZ[i][1] =  temp;
    }
    return 0;
}

int SpaceResection(double * Ctrl_Par, double ** XYZt, double ** XYZ, double eps,
double * In_Par, double ** XYZp) {
    // 空间后方交会的计算过程 xyz= ctrl_xyz
    double ** dX; //[6];  //空间后方交会中的未知数向量,对应 6 个外方位元素的改正数
    double ** A; // [8][6];   //误差方程的系数矩阵
    double ** L; //[8][1];              //误差方程的常数向量
    double ** R; // [3][3];       //旋转矩阵
    double ** P; //8* 8
    int  i, j, bLoop =  1;
```

```
double Tx, Ty, Tz, t;
double m = Ctrl_Par[0];
double H = Ctrl_Par[1];
double f = Ctrl_Par[4];
dX = (double ** )malloc(sizeof(double * ) * 6);
for (i = 0; i < 6; i+ + ) {
    dX[i] = (double * )malloc(sizeof(double) * 1);
    dX[i][0] = 0;
}
A = (double ** )malloc(sizeof(double * ) * 8);
L = (double ** )malloc(sizeof(double * ) * 8);
for (i = 0; i < 8; i+ + ) {
    A[i] = (double * )malloc(sizeof(double) * 6);
    L[i] = (double * )malloc(sizeof(double) * 1);
    for (j = 0; j < 6; j+ + ) {
        A[i][j] = 0;
    }
    L[i][0] = 0;
}
R = (double ** )malloc(sizeof(double * ) * 3);
for (i = 0; i< 3; i+ + ) {
    R[i] = (double * )malloc(sizeof(double) * 3);
    for (j = 0; j< 3; j+ + ) R[i][j] = 0.0;
}
P = (double ** )malloc(sizeof(double * ) * 8);
for (i = 0; i< 8; i+ + ) {
    P[i] = (double * )malloc(sizeof(double) * 8);
    for (j = 0; j< 8; j+ + ) P[i][j] = 0.0;
}
for (i = 0; i< 4; i+ + ) {
    XYZp[i][0] = XYZt[i][1];
    XYZp[i][1] = XYZt[i][0];
    XYZp[i][2] = XYZt[i][2];
}
In_Par[3] = 1;
In_Par[4] = 0;
In_Par[5] = 0;
In_Par[6] = 0;
In_Par[7] = 0;
In_Par[8] = m* f;
for (i = 0; i< 4; i+ + ) {
    In_Par[6] + = XYZp[i][0];
    In_Par[7] + = XYZp[i][1];
}
In_Par[6] /= 4.0;
In_Par[7] /= 4.0;

while (bLoop) {
```

```
        Get_RotateMatrix(In_Par[3], In_Par[4], In_Par[5], R); //    fai, omg, kap
        for (i = 0; i< 4; i+ + ) {
            A[2 * i][0] = (R[0][0] * f + R[0][2] * XYZ[i][0]) / H * RU;
            A[2 * i][1] = (R[1][0] * f + R[1][2] * XYZ[i][0]) / H * RU;
            A[2 * i][2] = (R[2][0] * f + R[2][2] * XYZ[i][0]) / H * RU;
            A[2 * i][3] = XYZ[i][1] * sin(In_Par[4])-(XYZ[i][0] * (XYZ[i][0] * cos
(In_Par[5])-XYZ[i][1] * sin(In_Par[5])) / f + f * cos(In_Par[5])) * cos(In_Par[4]);
            A[2 * i][4] = -f * sin(In_Par[5])-XYZ[i][0] * (XYZ[i][0] * sin(In_Par
[5]) + XYZ[i][1] * cos(In_Par[5])) / f;
            A[2 * i][5] = XYZ[i][1];
            A[2 * i + 1][0] = (R[0][1] * f + R[0][2] * XYZ[i][1]) / H * RU;
            A[2 * i + 1][1] = (R[1][1] * f + R[1][2] * XYZ[i][1]) / H * RU;
            A[2 * i + 1][2] = (R[2][1] * f + R[2][2] * XYZ[i][1]) / H * RU;
            A[2 * i + 1][3] = -XYZ[i][0] * sin(In_Par[4])-(XYZ[i][0] * (XYZ[i][0] *
cos(In_Par[5])-XYZ[i][1] * sin(In_Par[5])) / f-f * sin(In_Par[5])) * cos(In_Par[4]);
            A[2 * i + 1][4] = -f * cos(In_Par[5])-XYZ[i][1] * (XYZ[i][0] * sin(In_
Par[5]) + XYZ[i][1] * cos(In_Par[5])) / f;
            A[2 * i + 1][5] = -XYZ[i][0];
        }
        // coefficient
        for (i = 0; i< 4; i+ + ) {
            Tx = XYZp[i][0]-In_Par[6]; //Xs;
            Ty = XYZp[i][1]-In_Par[7]; //Ys;
            Tz = XYZp[i][2]-In_Par[8]; //Zs;
            t = R[0][2] * Tx + R[1][2] * Ty + R[2][2] * Tz;
            L[2 * i][0] = XYZ[i][0] + f * (R[0][0] * Tx + R[1][0] * Ty + R[2][0] * Tz) / t;
            L[2 * i + 1][0] = XYZ[i][1] + f * (R[0][1] * Tx + R[1][1] * Ty + R[2][1] * Tz) / t;
        }
        for (i = 0; i< 8; i+ + ) {
            for (j = 0; j< 8; j+ + )  P[i][j] = 0.0;
        }
        for (i = 0; i< 8; i+ + ) P[i][i] = 1;
        InDirectAdjust(A, 8, 6, P, L, dX);
        bLoop = 0;
        for (i = 0; i< 3; i+ + ) {
            if (fabs(dX[i][0]) > eps) bLoop = 1;
        }
        for (i = 3; i< 6; i+ + ) {
            if (fabs(dX[i][0]) > eps * 1000) bLoop = 1;
        }
        In_Par[3] + = dX[0][0];
        In_Par[4] + = dX[1][0];
        In_Par[5] + = dX[2][0];
        In_Par[6] + = dX[3][0];
        In_Par[7] + = dX[4][0];
        In_Par[8] + = dX[5][0];
    }
    return 0;
}
```

# 第八章　测绘程序设计大赛

## 第一节　测绘程序设计大赛介绍

测绘程序设计大赛由教育部高等学校测绘类专业教学指导委员会、国家测绘地理信息局职业技能指导中心和中国测绘地理信息学会联合举办，每两年一次。各个参赛小组同时全封闭进行测量程序设计竞赛，在规定时间内根据现场随机抽取的题目完成程序设计，提交软件开发文档（应包括程序功能简介、算法设计与流程图、主要函数和变量说明等）、程序源代码、可执行文件与计算结果，并进行现场演示、回答评委提出的问题。

### 一、大赛要求

测绘程序设计大赛要求如下。

(1)每队参加竞赛选手 2 人。

(2)程序设计竞赛中使用的数据文件在竞赛题目确定后分发给参赛选手。

(3)竞赛完成后，按照规定要求提交源程序、运算结果和开发文档。开发文档内容应包括功能简介、算法设计与流程图、主要函数和变量说明等。

(4)编程语言限制为 VB、VC、C＃，不允许使用二次开发平台（MATLAB、AutoCAD 等）。

(5)数据输入要求具有手工输入和文件导入两种功能。

### 二、成果内容

大赛提交的成果包含以下材料：①程序源代码；②程序可执行文件；③程序计算成果（计算报告、DXF 文件等）；④代码开发文档。

将这些文件打包成一个压缩文件，文件名为参赛编号，如 A01. zip。

## 第二节　程序设计样题

### 例　坐标转换

### 一、评分规则

评委评分标准如表 8-1 所示。

表 8-1 评分规则细化表

| 评测内容 | 评分细则及标准 |
|---|---|
| 程序正确性（30 分） | 地球椭球基本公式(3 分) |
| | 大地坐标($BLH$)转换为空间坐标($XYZ$)(3 分) |
| | 空间坐标($XYZ$)转换为大地坐标($BLH$)(4 分) |
| | 子午线弧长(公式 7)计算结果(2 分) |
| | 辅助量计算(公式 10)计算结果(2 分) |
| | 高斯正算计算(6 分) |
| | 辅助量计算(公式 13)计算结果(4 分) |
| | 高斯投影反算(6 分) |
| 程序完整性与规范性（15 分） | 数据导入正确(4 分) |
| | 计算报告显示与保存功能齐全(4 分) |
| | 程序结构完整(主要是函数与类结构)设计清晰(2 分) |
| | 注释规范(3 分) |
| | 类、函数和变量命名规范(2 分) |
| 程序优化性（15 分） | 人机交互界面设计(5 分) |
| | 图形绘制并保存(8 分) |
| | 容错性、鲁棒性好(2 分) |
| 开发文档（10 分） | 程序功能简介(2 分) |
| | 算法设计与流程图 (2 分) |
| | 主要函数和变量说明(2 分) |
| | 主要程序运行界面(2 分) |
| | 使用说明(2 分) |
| 完成时间（30 分） | $S=(1-\frac{T_i-T_1}{T_n-T_1}\times 40\%)\times 30$<br>( $T_1$、$T_i$、$T_n$ 分别表示第一组、第 $i$ 组和最后一组提交作品的时间) |

## 二、算法实现

空间位置可以大地坐标、空间直角坐标、高斯平面坐标等多种格式表示，通过坐标转换实现不同表示格式之间的转换。本试题考查：①大地坐标($BLH$)与空间直角坐标($XYZ$)之间的相互转换，②大地坐标($B,L$)与平面坐标($x,y$)之间的转换。

### 1. 地球椭球基本公式

地球椭球是地球的数学代表，由椭圆绕其短半轴旋转而成的几何形体：用 $a$ 表示椭球长半径，$b$ 为椭球短半轴。椭球扁率 $f$、椭球第一偏心率平方 $e^2$、椭球第二偏心率平方 $e'^2$ 的计算公式为：

$$\begin{cases} f = \dfrac{a-b}{a} \\ e^2 = \dfrac{a^2-b^2}{b^2} \\ e'^2 = \dfrac{e^2}{1-e^2} \end{cases} \tag{8-1}$$

辅助计算公式为：

$$\begin{cases} W = \sqrt{1-e^2\sin^2 B} \\ \eta^2 = e'^2\cos^2 B \\ t = \tan B \end{cases} \tag{8-2}$$

式中，$B$ 为纬度。

卯酉圈的曲率半径 $N$、子午圈曲率半径 $M$、子午圈赤道处的曲率半径 $M_0$ 的计算公式为：

$$\begin{cases} N = \dfrac{a}{W} \\ M = \dfrac{a(1-e^2)}{W^3} \\ M_0 = a(1-e^2) \end{cases} \tag{8-3}$$

说明：根据数据中的长半轴、扁率倒数和纬度测试数据，在报告中输出式(8-1)～式(8-3)的计算结果，修约至小数点后第六位。

### 2. 大地坐标(*BLH*)转换为空间坐标(*XYZ*)

如图 8-1 所示，已知点 $P$ 的大地坐标为$(B,L,H)$，计算其空间直角坐标$(X,Y,Z)$：

$$\begin{cases} X = (N+H)\cos B\cos L \\ Y = (N+H)\cos B\sin L \\ Z = [N(1-e^2)+H]\sin B \end{cases} \tag{8-4}$$

说明：

(1)使用文件“坐标数据. txt”中的 $BLH$ 数据进行计算，计算结果输出到计算报告中，结果保留 3 位有效数据。

(2)计算结果插入表格中。

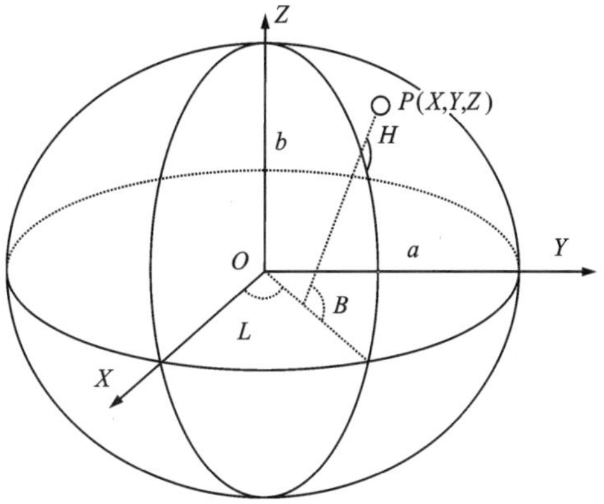

图 8-1　大地坐标与空间直角坐标

$X$、$Y$、$Z$ 是空间直角坐标系的三个分量；$B$ 是纬度；$L$ 是经度；$H$ 是椭球高；$a$ 是椭球长半径；$b$ 是椭球短半径

### 3. 空间直角坐标(*XYZ*)转换为大地坐标(*BLH*)

已知空间直角坐标为$(X,Y,Z)$，计算其大地坐标$(B,L,H)$：

$$\begin{cases} L = \arctan(\dfrac{Y}{X}) \\ B = \arctan(\dfrac{Z + Ne^2 \sin B}{\sqrt{X^2 + Y^2}}) \\ H = \dfrac{\sqrt{X^2 + Y^2}}{\cos B} - N \end{cases} \tag{8-5}$$

说明：

(1)利用大地坐标(BLH)转换为空间坐标(XYZ)中的计算结果($X,Y,Z$)，令

$$\begin{aligned} X &= X + 2018 \\ Y &= Y + 2018 \\ Z &= Z + 2018 \end{aligned} \tag{8-6}$$

将增加2018后的值作为起算数据进行计算，计算结果输出到计算报告中。$B$和$L$输出格式为dd°mm′ss.ssss″，其中dd表示度(°)，mm表示分(′)，ss.ssss表示秒(″)；$H$值保留3位有效数据。

(2)将计算结果插入表格中。

#### 4. 高斯投影正算

已知大地坐标($B,L$)，计算其平面坐标($X,Y$)，步骤如下。

(1)计算子午线弧长。

$$\begin{cases} A_c = 1 + \dfrac{3}{4}e^2 + \dfrac{45}{64}e^4 + \dfrac{175}{256}e^6 + \dfrac{11\ 025}{16\ 384}e^8 + \dfrac{43\ 659}{65\ 536}e^{10} \\ B_c = \dfrac{3}{4}e^2 + \dfrac{15}{64}e^4 + \dfrac{525}{512}e^6 + \dfrac{2205}{2048}e^8 + \dfrac{72\ 765}{65\ 536}e^{10} \\ C_c = \dfrac{15}{64}e^4 + \dfrac{105}{256}e^6 + \dfrac{2205}{4096}e^8 + \dfrac{10\ 395}{16\ 384}e^{10} \\ D_c = \dfrac{35}{512}e^6 + \dfrac{315}{2048}e^8 + \dfrac{31\ 185}{131\ 072}e^{10} \\ E_c = \dfrac{315}{16\ 384}e^8 + \dfrac{3465}{65\ 536}e^{10} \\ F_c = \dfrac{693}{131\ 072}e^{10} \end{cases} \tag{8-7}$$

$$\begin{cases} \alpha = A_c M_0 \\ \beta = -\dfrac{1}{2}B_c M_0 \\ \gamma = \dfrac{1}{4}C_c M_0 \\ \delta = -\dfrac{1}{6}D_c M_0 \\ \varepsilon = \dfrac{1}{8}E_c M_0 \\ \zeta = -\dfrac{1}{10}F_c M_0 \end{cases} \tag{8-8}$$

子午弧长为：

$$X = \alpha B + \beta\sin(2B) + \gamma\sin(4B) + \delta\sin(6B) + \varepsilon\sin(8B) + \zeta\sin(10B) \tag{8-9}$$

说明：将式(8-7)的计算结果输出到计算报告中，结果保留 6 位小数。

(2)计算经差。

$$l = L - L_0 \tag{8-10}$$

式中，$l$ 为经差；$L$ 为待求点点位的大地经度；$L_0$ 为中央子午线经度。

(3)计算辅助量。

$$\begin{cases} a_0 = X \\ a_1 = N\cos B \\ a_2 = \dfrac{1}{2}N\cos^2 Bt \\ a_3 = \dfrac{1}{6}N\cos^3 B(1 - t^2 + \eta^2) \\ a_4 = \dfrac{1}{24}N\cos^4 B(5 - t^2 + 9\eta^2 + 4\eta^4)t \\ a_5 = \dfrac{1}{120}N\cos^5 B(5 - 18t^2 + t^4 + 14\eta^2 - 58\eta^2 t^2) \\ a_6 = \dfrac{1}{720}N\cos^6 B(61 - 58t^2 + t^4 + 270\eta^2 - 330\eta^2 t^2)t \end{cases} \tag{8-11}$$

说明：将式(8-11)的计算结果输出到计算报告中，结果保留 6 位小数。

(4)高斯投影正算。

$$\begin{cases} x = a_0 l_0 + a_2 l^2 + a_4 l^4 + a_6 l^6 \\ y = a_1 l^1 + a_3 l^3 + a_5 l^5 \end{cases} \tag{8-12}$$

说明：

(1)利用文件"坐标数据.txt"中的 $B$、$L$ 数据进行计算，不用考虑带号，计算结果中 $y$ 坐标加 500km，将式(8-12)计算结果输出到计算报告中，结果保留 3 位小数。

(2)将式(8-12)计算结果插入表格中。

**5. 高斯投影反算**

已知高斯平面坐标$(x,y)$，计算大地坐标$(B,L)$，步骤如下。

(1)计算底点纬度。令 $\mathrm{X} = x, B_0 = \dfrac{X}{\alpha}$，通过迭代计算底点纬度 $B_f$：

$$\begin{cases} B_f = \dfrac{X - \Delta}{\alpha} \\ \Delta = \beta\sin(2B_0) + \gamma\sin(4B_0) + \delta\sin(6B_0) + \varepsilon\sin(8B_0) + \zeta\sin(10B_0) \end{cases} \tag{8-13}$$

在每次计算结束后，若 $|B_f - B_0| \leqslant \varepsilon$（程序中取 $\varepsilon = 1.0 \times 10^{-8}$），则停止计算，否则令 $B_0 = B_f$ 继续进行迭代计算，直到条件满足。

(2)计算辅助量。

$$\begin{cases} b_0 = B_f \\ b_1 = \dfrac{1}{N_f \cos B_f} \\ b_2 = \dfrac{t_f}{2M_f N_f} \\ b_3 = \dfrac{1 + 2t_f^2 + n_f^2}{6N_f^2} b_1 \\ b_4 = \dfrac{5 + 3t_f^2 + n_f^2 - 9\eta_f^2 t_f^2}{12N_f^2} b_2 \\ b_5 = \dfrac{5 + 28t_f^2 + 24t_f^4 + 6\eta_f^2 + 8\eta_f^2 t_f^2}{120N_f^2} b_1 \\ b_6 = \dfrac{61 + 90t_f^2 + 45t_f^4}{360N_f^2} b_2 \end{cases} \tag{8-14}$$

式中，$N_f$、$\eta_f^2$、$M_f$、$t_f$ 是将 $B_f$ 带入式(8-3)和式(8-4)的计算结果。

说明：将式(8-14)的计算结果输出到计算报告中，结果保留 6 位小数。

(3)计算 $B$、$L$。

$$\begin{cases} B = b_0 y^0 + b_2 y^2 + b_4 y^4 + b_6 y^6 \\ L = b_1 y^1 + b_3 y^3 + b_5 y^5 + L_0 \end{cases} \tag{8-15}$$

式中，$L_0$ 为中央子午线经度。

说明：

(1)利用“高斯投影正算”中的计算结果$(x, y)$，令 $x = x + 2018$，$y = y + 2018$，作为起算数据进行计算。将式(8-15)的计算结果输出到计算报告中，在计算时不用考虑带号，$B$ 和 $L$ 输出格式为 dd°mm′ss.ssss″，其中 dd 表示度(°)，mm 表示分(′)，ss.ssss 表示秒(″)。

(2)将式(8-15)计算结果插入表格中。

## 三、数据文件读取和计算报告输出

### 1. 数据文件读取

编写程序，读取“坐标数据.txt”文件，数据内容和数据格式如表 8-2 所示。

表 8-2　数据内容和数据格式

| 数据内容 | 数据格式 |
|---|---|
| a,6378137.000 | 长半轴 a,数值 |
| 1/f,298.3 | 扁率倒数 $1/f$,数值 |
| $L_0$,111 | 中央子午线经度 $L_0$,数值 |
| B,32.385066 | 椭球计算测试点,纬度 $B$(dd°mm′ss.ssss″) |
| Q71,36.082771,109.191366,33.025<br>P91,33.445550,110.154237,85.906<br>Q42,38.372964,108.023609,53.323<br>Q34,39.305664,111.361612,58.386<br>B99,37.264007,108.385066,57.617<br>A89,37.371094,112.321633,82.713<br>P90,36.035483,111.145753,55.860<br>P60,33.334965,109.295619,96.801<br>Q89,35.411290,112.303315,56.113<br>P72,36.456890,112.472570,66.878<br>A05,38.085189,109.182573,47.183<br>A46,35.221248,110.24663,52.175<br>Q03,36.182447,112.254924,26.659 | 点名,纬度 $B$(dd°mm′ss.ssss″),经度 $L$(dd°mm′ss.ssss″),椭球高 $H$(m) |

**2. 计算报告的显示与保存**

(1)将相关统计信息、计算报告在用户界面中显示,在“开发文档”中给出 1 张相关截图。

(2)保存为文本文件(＊.txt),并将计算结果的全部内容插入“开发文档”中。

## 四、程序优化

**1. 人机交互界面设计与实现**

(1)包括菜单(包括五项以上的功能)、工具条(包括五个以上的功能)、表格(显示前面要求的数据)、图形(显示“图形绘制”要求的内容)、文本(显示计算报告内容)等功能,要求功能正确、可正常运行,布局合理、直观美观、人性化。

(2)在“开发文档”中给出一两张相关的界面截图。

**2. 图形绘制并保存**

1)图形绘制

其要求如下:

(1) 以高斯正算的计算结果为基础($x$,$y$)进行图形绘制,以 $y$ 为横坐标、$x$ 为纵坐标,绘制散点图。

(2) 在“开发文档”中给出一张用图形显示界面的截图。

### 2. 图形文件保存

其要求如下：

(1)将图形绘制的图形保存为 DXF 格式的文件。

(2)在“开发文档”中给出一张用 CAD 打开的保存图形文件的界面截图。

## 五、开发文档

其内容包括①程序功能简介；②算法设计与流程图；③主要函数和变量说明；④主要程序运行界面；⑤使用说明。

## 六、计算报告参考答案

(1)计算椭球相关参数。

```
f:0.003353
e^2:0.006694
e^'2:0.006740
W:0.998787
η^2:0.004299
t:0.753465
N:6385885.072313
M:6358549.984050
M0:6335442.275259
```

(2)大地坐标(BLH)转换为空间坐标(XYZ)。

```
------------------------------------------
点名 B L H X Y Z
Q52 39°21′02.6102″101°18′19.8392″ 76.2460 -968203.1165 4842958.9850 4022551.8548
A36 36°57′00.9010″101°29′14.3549″ 72.8740 -1016342.5384 5001147.7984 3813027.9687
P09 41°53′05.2310″100°10′20.9531″ 69.5010 -839897.6864 4680850.6538 4236133.5672
Q60 42°43′29.3847″102°24′24.8587″ 62.7380 -1008261.3842 4583201.9732 4305139.7875
P69 40°38′24.6672″100°43′39.4053″ 66.9940 -902177.3164 4762057.9006 4132230.2837
```

(3)空间坐标(XYZ)转换为大地坐标(BLH)。

```
------------------------------------------
点名 X Y Z B L H
Q52 -966185.1165 4844976.9850 4024569.8548 39°21′20.6395″101°16′40.7039″ 2580.5370
A36 -1014324.5384 5003165.7984 3815045.9687 36°57′22.4705″101°27′38.2130″ 2545.6398
P09 -837879.6864 4682868.6538 4238151.5672 41°53′18.6384″100°08′39.3789″ 2630.6548
Q60 -1006243.3842 4585219.9732 4307157.7875 42°43′43.6063″102°22′39.2095″ 2561.7058
P69 -900159.3164 4764075.9006 4134248.2837 40°38′40.3579″100°41′59.0732″ 2601.2762
```

(4)高斯正算。

```
-----------------------------------------------------------
点名   B               L                X              Y
Q52  39°21′02.6102″  101°18′19.8392″  4390493.3812  1216396.4076
A36  36°57′00.9010″  101°29′14.3549″  4124824.0236  1256723.5568
P09  41°53′05.2310″  100°10′20.9531″  4663795.0217  1095482.4749
Q60  42°43′29.3847″  102°24′24.8587″  4775281.6529  1270724.0711
P69  40°38′24.6672″  100°43′39.4053″  4529435.8143  1153983.0896
```

(5)式(8-7)计算结果如下。

```
α:6367452.13278806
β:-16038.5282283732
γ:16.8326463342618
δ:-0.0219844337095729
ε:3.11417328062609E-05
ζ:-4.50353635991156E-08
```

(6)式(8-10)计算结果如下。

```
Q52 a0: 4357443. 102502 a1: 4938733. 302358 a2: 1565740. 743476 a3: 161275. 189407 a4: 337658.695091 a5:-97868.882017
A36 a0: 4090991. 798683 a1: 5103316. 278799 a2: 1533856. 170162 a3: 235873. 655036 a4: 361993.285672 a5:-84380.659407
P09 a0:4638842.018441 a1:4755554.524274 a2:1587487.076707 a3:86024.037017 a4:307661.805128 a5:-107492.030741
Q60 a0:4732153.339268 a1:4692749.596871 a2:1591963.870253 a3:62055.455357 a4:296910.443928 a5:-109642.279558
P69 a0: 4500617. 816187 a1: 4846712. 966641 a2: 1578348. 034240 a3: 122466. 853845 a4: 322887.449937 a5:-103358.178299
```

(7)高斯反算。

```
-----------------------------------------------------------
点名   x              y              B                L
Q52  4392511.3812  1218414.4076  39°22′01.3522″  101°19′48.1319″
A36  4126842.0236  1258741.5568  36°57′59.8198″  101°30′39.3051″
P09  4665813.0217  1097500.4749  41°54′04.6627″  100°11′53.6637″
Q60  4777299.6529  1272742.0711  42°44′26.6438″  102°25′56.4109″
P69  4531453.8143  1156001.0896  40°39′23.7528″  100°45′10.0040″
```

(8)式(8-13)计算结果如下。

```
Q52    b0:0.692312    b1: 2. 03399907781556E-07    b2:-1. 0204747183834E-14    b3: -1.97395496302061E-21
b4:1.47239057012925E-28  b5:-3.62651521651422E-35  b6: -2.45587496641032E-42
A36    b0:0.650542    b1: 1. 9678511013513E-07    b2:-9. 37091928643294E-15    b3: -1.73590252980152E-21
b4:1.29017211536035E-28  b5:-2.88614851422744E-35  b6: -2.00698361795334E-42
P09    b0:0.735265    b1: 2. 11081560460001E-07    b2:-1. 11239978393506E-14    b3: -2.27276903515406E-21
b4:1.69343811972938E-28  b5:-4.64488670634835E-35  b6: -3.05734951084035E-42
```

```
    Q60    b0: 0. 752782    b1: 2. 14500147769262E-07    b2:-1. 15193131563657E-14    b3:
-2.41370435431223E-21
    b4:1.79546090162161E-28  b5:-5.15835397953262E-35  b6: -3.35565440438808E-42
    P69    b0: 0. 714151    b1: 2. 071863558628E-07    b2:-1. 06636615884215E-14    b3:
-2.11819148624586E-21
    b4:1.57998742311764E-28  b5:-4.10597004229128E-35  b6: -2.74092516509084E-42
```

## 七、原始数据参考图

原始数据参考图形如图 8-2 所示。其基本要求为大小适中,图形美观。

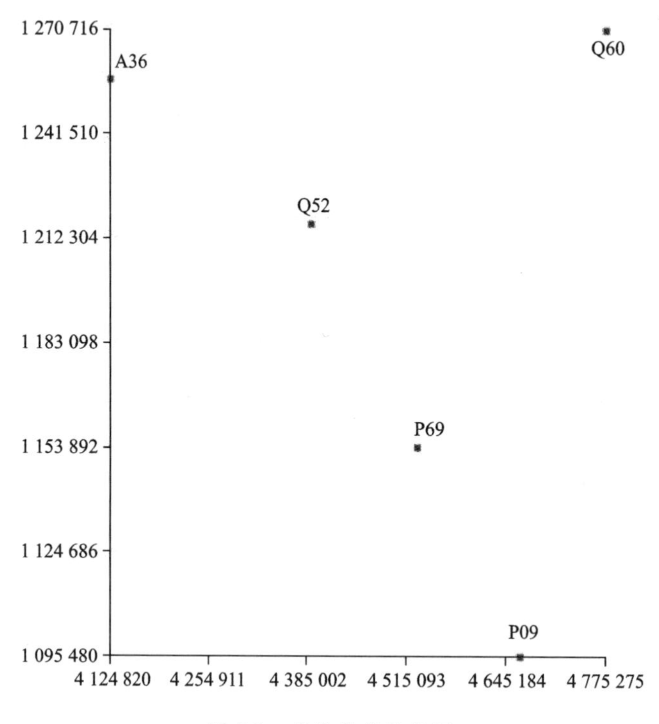


图 8-2　点位分布参考图

## 八、参考数据

(1)样例坐标转换数据.txt。

```
a,6378140.000
1/f,298.257
L0,93.00
B,36.59482249
Q52,39.20626102,100.77798392,76.246
A36,36.56609010,101.28743549,72.874
P09,41.52652310,100.09809531,69.501
Q60,42.43293847,101.83848587,62.738
P69,40.38246672,100.42994053,66.994
```

(2)坐标转换.txt。

```
a,6378245.000
1/f,298.300
L0,108.00
B,47.43089859
B47,40.43406439,108.79296499,75.649
A62,37.75209893,109.22899082,63.039
P28,42.58319498,108.57436414,83.761
Q61,43.56107970,109.92111024,82.232
P52,41.57434715,108.29515681,68.223
P73,41.59143126,110.71279232,55.612
B39,40.28369145,109.84931474,77.048
B46,37.64744892,108.69993139,56.325
P70,39.64148660,110.68680680,60.797
A56,40.69691060,110.74352597,71.863
B92,42.39854236,108.59226356,84.474
P91,39.46053973,109.63361178,63.751
Q37,40.41299897,110.65979811,84.619
B75,42.39531008,108.64587034,72.009
P56,39.69306268,109.35483403,59.398
P29,45.59407602,108.56322601,73.262
Q20,47.39322035,109.78155353,77.193
A11,43.71204894,108.43431045,64.583
B99,44.58211165,110.15795832,68.078
P43,43.57111700,110.72721036,80.688
A42,44.67430552,109.71272613,69.767
```

## 九、转换数据参考图

转换数据参考图形如图 8-3 所示。其基本要求为大小适中，图形美观。

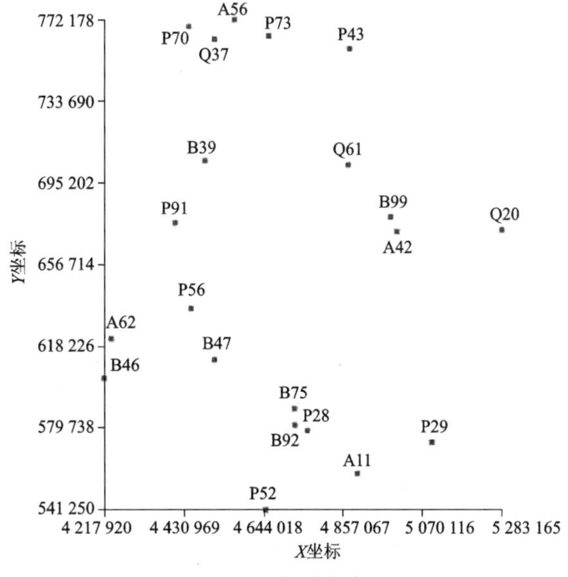


图 8-3　点位分布参考图

# 第三节　程序范围

测绘程序设计大赛组织委员会提前发布程序设计竞赛的选题范围和数据文件格式范围，竞赛监督在竞赛现场随机抽取程序设计竞赛题目、输入和输出数据文件格式，参赛选手采用规定的编程语言进行程序设计。

## 一、选题内容

选题内容主要为测绘基础知识，除完成计算外，还需进行图形绘制。选题范围：①附合导线近似平差的计算；②附合水准路线近似平差的计算；③三角高程近似平差的计算（包括高差计算）；④测角交会定点（包括前方交会和后方交会）的计算；⑤规则格网法体积的计算；⑥不规则三角网法体积的计算；⑦线路曲线（包括圆曲线和缓和曲线）要素的计算；⑧坐标转换（大地坐标、空间直角坐标、平面坐标）；⑨大地坐标正算、反算；⑩纵断面、横断面的计算。

## 二、数据文件格式

输入数据、输出数据的文件格式类型主要有文本文件（*.txt）、Excel 文件（*.xls 或 *.xlsx）和 AutoCAD 图形交换文件（*.dxf）。

# 第四节　程序编码及优化

程序设计竞赛给出的范围涉及大地测量、平差、工程测量等多个学科。在前面的各个章节中，我们已经穿插给出了大部分的代码，实现其需要的主要功能，本节我们以测角交会定点编码为例详细说明。

## 一、交会定点的计算

交会测量是加密图根控制点的常用方法。它可以在数个（2～4 个）已知控制点上设站向待定点观测方向或距离，也可以在待定点上设站向数个已知点控制点观测方向或距离，而后计算待定点的坐标。常用的交会测量方法有前方交会、侧方交会、后方交会和测边交会等。

## 二、算法实现

### 1. 前方交会

在已知点 $A$、点 $B$ 上架站，观测水平角度，根据已知点坐标和观测角值，计算待定点 $P$ 的坐标：

$$\begin{cases} x_P = \dfrac{x_A \cdot \cot\beta + x_B \cdot \cot\alpha + (y_B - y_A)}{\cot\alpha + \cot\beta} \\ y_P = \dfrac{y_A \cdot \cot\beta + y_B \cdot \cot\alpha - (x_B - x_A)}{\cot\alpha + \cot\beta} \end{cases} \tag{8-16}$$

式中，点 $A$、点 $B$、点 $P$ 逆时针排列，若为顺时针排列，则点 $A$、点 $B$ 对应位置进行调换调整即可。

**2. 侧方交会**

一般侧方交会只需将另外一个已知点的角度计算出来，再利用前方交会的方式进行计算；单三角形则是需要进行三个角度的简单角度分配计算，再采用前方交会进行处理。

**3. 后方交会**

后方交会仅在待定点上设站，向三个已知控制点观测两个水平角，从而计算待定点的坐标。

$$\begin{cases} x_p = \dfrac{P_A \cdot x_A + P_B \cdot x_B + P_C \cdot x_C}{P_A + P_B + P_C} \\ y_p = \dfrac{P_A \cdot y_A + P_B \cdot y_B + P_C \cdot y_C}{P_A + P_B + P_C} \end{cases} \tag{8-17}$$

其中：

$$\begin{cases} P_A = \dfrac{1}{\cot A - \cot\alpha} \\ P_B = \dfrac{1}{\cot B - \cot\beta} \\ P_C = \dfrac{1}{\cot C - \cot\gamma} \end{cases} \tag{8-18}$$

**4. 测边交会**

测边交会一般采用三边交会法，在两个已知点上分别观测各已知点至待定点的距离。

$$\cos A = \frac{S_{AB}^2 + a^2 - b^2}{2a \cdot S_{AB}} \tag{8-19}$$

由于 $\alpha_{AP} = \alpha_{AB} - A$，则：

$$\begin{cases} x_p = x_A + a \cdot \cos\alpha_{AP} \\ y_p = y_A + a \cdot \sin\alpha_{AP} \end{cases} \tag{8-20}$$

## 三、输入与输出

交会测量输入的数据通常有已知点和观测角度或边长。为此可以设计相应的文件格式（表 8-3）。

交会类型：1～6，分别代表前方交会、后方交会和测边交会等。

已知点数：整型，两三个已知点。

$X$ 坐标 $Y$ 坐标：双精度，依据已知点数列出。

$X$ 坐标 $Y$ 坐标

……

观测角度个数:整型。

度分秒:整型,依据观测角度个数给出,如果为 0,也需要补齐。

度分秒

……

**表 8-3 文件格式设计说明**

| 前方交会输入格式设计样例 | 说明 | 后方交会输入格式 |
| --- | --- | --- |
| 1 | 整型 | 5 |
| 2 | 整型 | 3 |
| 52 874.730,85 918.350 | 双精度 | 100.000,100.000 |
| 52 845.150,86 244.670 | $X$ 坐标、$Y$ 坐标 | 600.000,200.000 |
| | | 400.000,500.000 |
| 2 | 整型 | 3 |
| 69 01 00 | 度分秒 | 116 33 54 |
| 72 06 12 | | 123 41 24 |
| | | 119 44 42 |

这样统一了输入的格式,方便代码的编写;结果的输出为待定点的坐标。

变量设计如表 8-4 所示。

**表 8-4 变量设计说明**

| 变量名称 | 类型 | 说明 |
| --- | --- | --- |
| $p$ | 整型 | 交会类型:1~6,分别代表前方交会、侧后交会、单三角形、后方交会、测边交会 |
| $n$Known | 整型 | 已知点个数 |
| $xy$[Max_Data][2] | 双精度型二维数组 | 已知点坐标($X$,$Y$) |
| $n$Obs | 整型 | 观测数据个数 |
| obsAdata[Max_Data][3] | 整型二维数据 | 观测角度(度分秒) |

## 四、程序代码及优化

**【例 8.1】**交会定点计算:设计角度和边长的文件,综合前面章节的度分秒转换、前方交会、后方交会等程序实例,整理得出交会定点代码。

```
# define MAX_Data  10
# define PI     (atan(1.0)* 4.0)

int read_intersect_angle_data(char * filename, int * p, int * nKnown, double ** xy,
int * nObs, int ** obsData) {
```

```
    FILE * fin;
    int i;
    if ((fin = fopen(filename, "rt")) = = NULL) {
        printf("Can not open the % s file\n", filename);
        return -1;
    }
    fscanf(fin, "% d", p);
    fscanf(fin, "% d", nKnown);
    for (i = 0; i < * nKnown; i+ + )
        fscanf(fin, "% lf% lf", &xy[i][0], &xy[i][1]);
    fscanf(fin, "% d", nObs);
    for (i = 0; i < * nObs; i+ + ) {
        fscanf(fin, "% d% d% d", &obsData[i][0], &obsData[i][1], &obsData[i][2]);
    }
    fclose(fin);
    return 0;
}

int read_intersect_edge_data(char * filename, int * p, int * nKnown, double ** xy,
int * nObs, double * obsData) {
    FILE * fin;
    int i;
    if ((fin = fopen(filename, "rt")) = = NULL) {
        printf("Can not open the % s file\n", filename);
        return -1;
    }
    fscanf(fin, "% d", p);
    fscanf(fin, "% d", nKnown);
    for (i = 0; i < * nKnown; i+ + )
        fscanf(fin, "% lf% lf", &xy[i][0], &xy[i][1]);
    fscanf(fin, "% d", nObs);
    for (i = 0; i < * nObs; i+ + )
        fscanf(fin, "% lf", &obsData[i]);
    fclose(fin);
    return 0;
}

int deg2rad(int ** dms, int n, double * rad) {
    int i;
    for (i = 0; i < n; i+ + ) {
        rad[i] = (dms[i][0] + dms[i][1] / 60.0 + dms[i][2] / 3600.0)* PI / 180;
    }
    return 0;
}
```

```
int ForeIntersect(double xa, double ya, double xb, double yb, double alpha, double
beta, double * x, double * y) {
    double ctgA = 1.0 / tan(alpha);
    double ctgB = 1.0 / tan(beta);
    double ctgAB = (ctgA + ctgB);
    * x = (xa * ctgB + xb * ctgA + ya-yb) / ctgAB;
    * y = (ya * ctgB + yb * ctgA + xb-xa) / ctgAB;
    return 0;
}

int RearIntersect(double xa, double ya, double xb, double yb, double xc, double yc,
double alpha, double beta, double gama, double * x, double * y) {
    double xba = xb-xa;
    double xca = xc-xa;
    double xcb = xc-xb;
    double yba = yb-ya;
    double yca = yc-ya;
    double ycb = yc-yb;
    double cotA, cotB, cotC;
    double Pa, Pb, Pc;
    double sp = 0.0;
    double ctgA = 1.0 / tan(alpha);
    double ctgB = 1.0 / tan(beta);
    double ctgC = 1.0 / tan(gama);
    cotA = (xba* xca + yba* yca) / (xba* yca-yba* xca);
    cotB = (xcb* xba + ycb* yba) / (xcb* yba-ycb* xba);
    cotC = (xca* xcb + yca* ycb) / (xca* ycb-yca* xcb);
    Pa = 1.0 / (cotA-ctgA);
    Pb = 1.0 / (cotB-ctgB);
    Pc = 1.0 / (cotC-ctgC);
    sp = Pa + Pb + Pc;
    * x = (Pa * xa + Pb * xb + Pc * xc) / sp;
    * y = (Pa * ya + Pb * yb + Pc * yc) / sp;
    return 0;
}

int EdgeIntersect(double xa, double ya, double xb, double yb, double ap, double bp,
double * x, double * y) {
    double dx = xb-xa; //  0
    double dy = yb-ya; // 10
    double ab = sqrt(dx * dx + dy * dy); // 10
    double S = sqrt((ab + ap + bp)* (-ab + ap + bp)* (ab-ap + bp)* (ab + ap-bp));
  * x = 0.5* (xa* (ab* ab + bp* bp-ap* ap) + xb* (ab* ab + ap* ap-bp* bp)-S* (ya-yb))
/ (ab* ab);
  * y = 0.5* (ya* (ab* ab + bp* bp-ap* ap) + yb* (ab* ab + ap* ap-bp* bp)-S* (xb-xa))
/ (ab* ab);
```

```
    return 0;
}

int main() {
    char inp[20] = "Edge_Data.txt";
    int p, nKnown, nObs;
    double ** xy;
    double * obsEdata;
    double a[5][2] = { 0, 0, 0, 0, 0, 0, 0, 0, 0, 0 };
    double ang[4] = { 0, 0, 0, 0 };
    int ** obsAdata;
    int i, j;
    int tflag = 0; // 1 for angles ;
    double xa, ya, xb, yb, xc, yc;
    double ap, bp;
    double alpha, beta, gama, w;
    double x = 0, y = 0;
    int r, q;
    int dms[3] = { 0,0,0 };
    obsAdata = (int ** )malloc(sizeof(int)* MAX_Data);
    for (i = 0; i < MAX_Data; i+ + ) {
        obsAdata[i] = (int * )malloc(sizeof(int) * 3);
        for (j = 0; j < 3; j+ + )  obsAdata[i][j] = 0;
    }
    xy = matrix_create(MAX_Data,2,0);
    obsEdata = vector_create(MAX_Data,0);

    if (tflag)
        read_intersect_angle_data(inp, &p, &nKnown, xy, &nObs, obsAdata);
    else
        read_intersect_edge_data(inp, &p, &nKnown, xy, &nObs, obsEdata);
    for (i = 0; i < nKnown; i+ + ) {
        for (j = 0; j < 2; j+ + )
            a[i][j] = xy[i][j];
    }
    xa = a[0][0];
    ya = a[0][1];
    xb = a[1][0];
    yb = a[1][1];
    xc = a[2][0];
    yc = a[2][1];
    deg2rad(obsAdata, nObs, ang);
    ap = obsEdata[0];
    bp = obsEdata[1];
    alpha = ang[0];
    beta = ang[1];
```

```
gama = ang[2];
if (p == 6) {// Edge Intersection Position
    EdgeIntersect(xa, ya, xb, yb, ap, bp, &x, &y);
    printf("\n\tx = %12.4f\n\ty = %12.4f\n\n", x, y);
    return 0;
}
if (p == 5) { // Rear Intersection Position
    RearIntersect(xa, ya, xb, yb, xc, yc, alpha, beta, gama, &x, &y);
    printf("\n\tx = %12.4f\n\ty = %12.4f\n\n", x, y);
    return 0;
}
else {
    switch (p) {
    case 1: { // Fore Intersection Position
        r = 0;
        q = 1;
        break;
    }
    case 2: { // Single Triangulation Position
        w = PI-ang[0]-ang[1]-ang[2];
        for (i = 0; i < 3; i++)
            ang[i] += w / 3.0;
        r = 0;
        q = 1;
        break;
    }
    case 3: { // Side Intersection ,case 1st,
        ang[2] = PI-ang[0]-ang[1];
        r = 0;
        q = 2;
        break;
    }
    case 4: { // Side Intersection ,case 2nd,
        ang[2] = PI-ang[0]-ang[1];
        r = 2;
        q = 0;
        break;
    }
    }
    alpha = ang[r];
    beta = ang[q];
    ForeIntersect(xa, ya, xb, yb, alpha, beta, &x, &y);
    printf("\n\tx = %12.4f\n\ty = %12.4f\n\n", x, y);
    return 0;
}
// CleanUp
```

```
    free(obsEdata);
    for (i = 0; i < MAX_Data; i+ + ) {
        free(* obsAdata + i);
        free(* xy + i);
    }
    return 0;
}
```

# 第五节　程序文档编写

程序文档的编写主要体现了编程者的思想，对整个代码的设计充分体现了编码者的思维是否清晰、算法是否正确可行、程序是否稳定可靠，以及结果是否正确等。以下报告为纵横断面计算的开发文档示例。

RoadRowAndColumnCal
程序开发文档实例

## 一、功能简介

(1)该程序利用反距离加权法和纵横断面计算公式较好地实现了纵横断面的有关计算，计算精度高，满足计算要求，能得到精确的纵横断面的计算报告，报告内容齐全，横纵断面面积，横断面全长等内容一应俱全，人机交互界面美观简洁，使用方便，程序鲁棒性、容错性好。

(2)人机交互界面有4个主菜单栏、9个工具条。菜单栏分别是“文件”“计算”“生成”和“帮助”，可使用快捷键一键打开和运行相应的功能。文件菜单栏有5个子菜单栏：导入数据(TXT格式)、手动输入、导出输出报告(TXT格式)、导出BMP图形(横纵断面图和数据散点图)和清除数据。

计算菜单栏有2个子菜单：纵断面计算、横断面计算。

生成菜单栏有6个子菜单：生成计算报告、生成数据点集图、生成纵(横)断面图形，清除数据和清除计算报告。

帮助菜单可以获取程序有关内容的帮助。

各项菜单皆有报错功能，例如：点击导入数据，但是不导入数据，界面会弹出提示窗口，提示导入数据，若导出的数据是错的，界面会弹出报错窗口，提示数据错误。

工具条的选项分别为打开文件(TXT格式)、保存文件(TXT格式)、计算、适应屏幕(选中要放大缩小的屏幕区域即可放大缩小)、帮助、参考面高程、高程值、道路中心点点名(后面3个工具条为显示栏)，使用方便快捷，直接点击即可使用。

(3)人机交互界面中有4个显示界面：编辑、结果、图形和计算报告。编辑里面显示导入的数据，显示形式为表格，同时也具备手动输入数据功能；结果界面用于显示计算的结果，显示形式为表格；图形界面用以显示绘制出来的图形(纵横断面图和数据点集图)；计算报告界面显示由已知数据计算得到的计算报告成果，显示样式美观、简洁和大方。

## 二、主要函数与变量说明

### 1. 主要函数

(1)点与平面的距离函数。

(2)点与目标点的 $X$、$Y$ 平面的坐标方位角。

(3)反距离加权法求内插点高程。

(4)计算面积。

### 2. 变量定义

各变量名称和意义如表 8-5 所示。

**表 8-5　变量说明表**

| 变量名称 | 说明 |
|---|---|
| $X,Y,Z$ | 坐标 |
| $d$ | 距离 |
| Azumith | 方位角 |
| phSum | 高程加权总和 |
| pSum | 权总和 |
| invDist | 距离倒数 |
| startID | 参考面高程 |
| startE | 参考面高程值 |
| middleP | 道路中心线点集 |
| roadP | 道路数据点集 |
| lP | 纵断面数据点集 |
| hP | 横断面数据点集 |
| lS | 纵断面面积 |
| lDistSum | 纵断面全长 |
| hS | 横断面面积 |
| hDistSum | 横断面全长 |
| lReport，hReport | 纵横断面报告 |
| intervalL | 纵断面内插点间隔 |
| invPNum | 反距离加权点个数 |
| roadWidth | 横断面路宽 |
| interval$H$ | 横断面内插点间隔 |

## 三、算法设计与流程图

算法设计如图 8-4 和图 8-5 所示。图 8-4 为纵横断面计算流程图。

IDW 流程如图 8-5 所示。

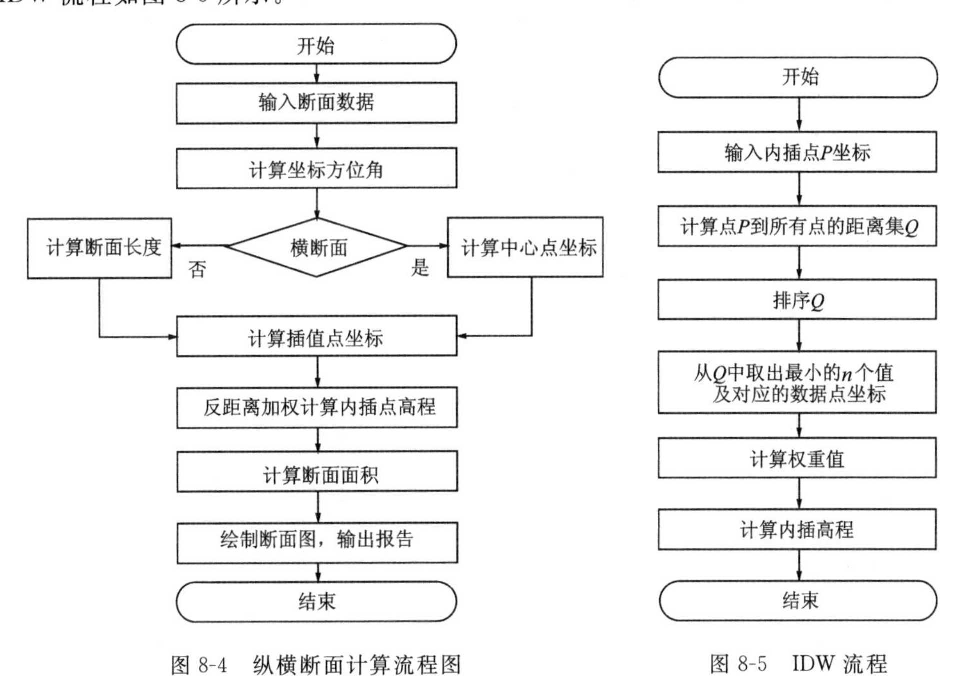


图 8-4　纵横断面计算流程图　　图 8-5　IDW 流程

## 四、主程序运行界面

### 1. 主程序

程序的运行界面如图 8-6 所示。

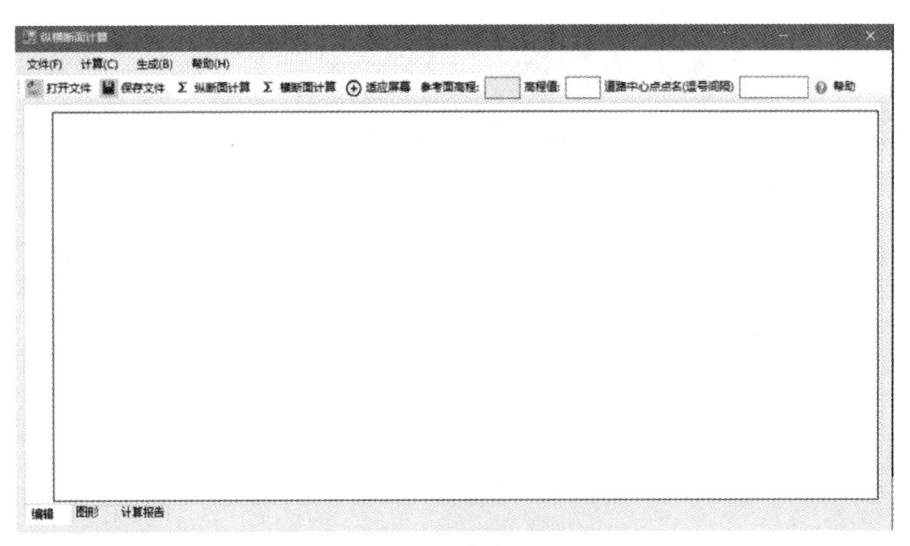


图 8-6　程序主界面

**2. 计算报告**

计算报告的显示界面如图 8-7 所示。

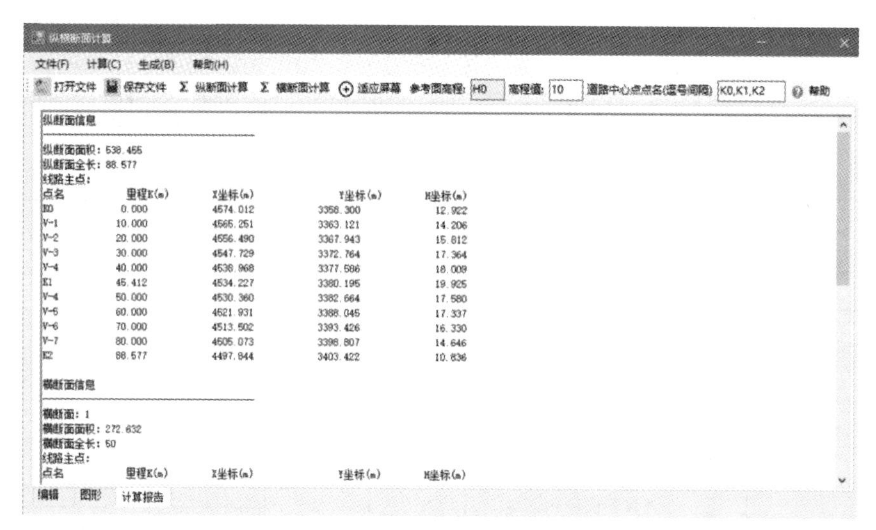


图 8-7　计算报告显示界面

**3. 显示纵断面图形**

显示纵断面图形界面如图 8-8 所示。

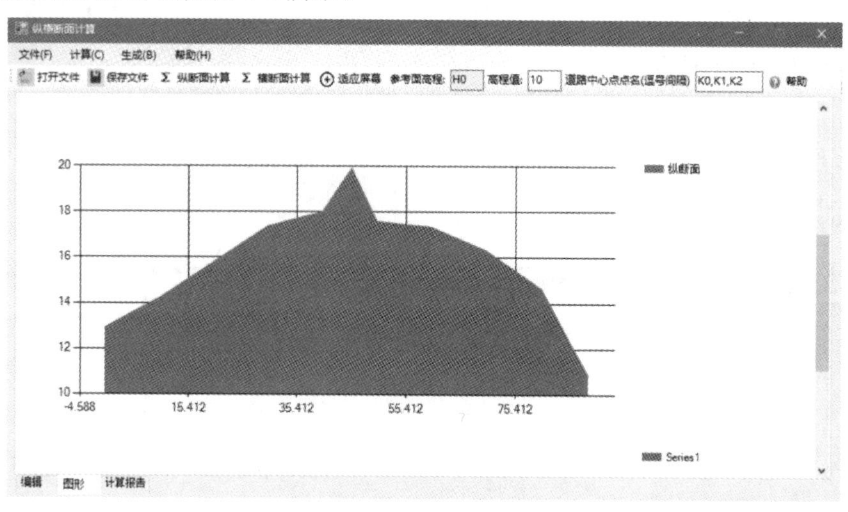


图 8-8　纵断面图形界面

**4. 显示横断面图形**

显示横断面图形界面如图 8-9 所示。

**5. 散点图**

数据平面散点图如图 8-10 所示。

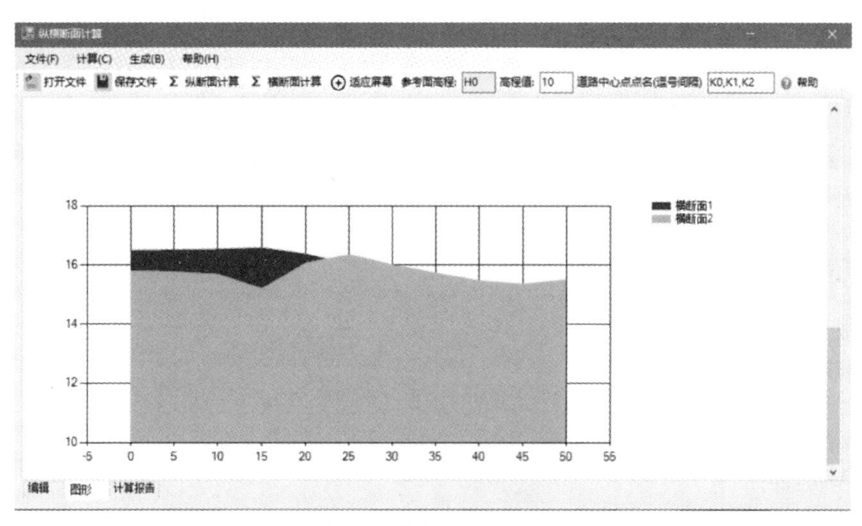


图 8-9　横断面图形界面

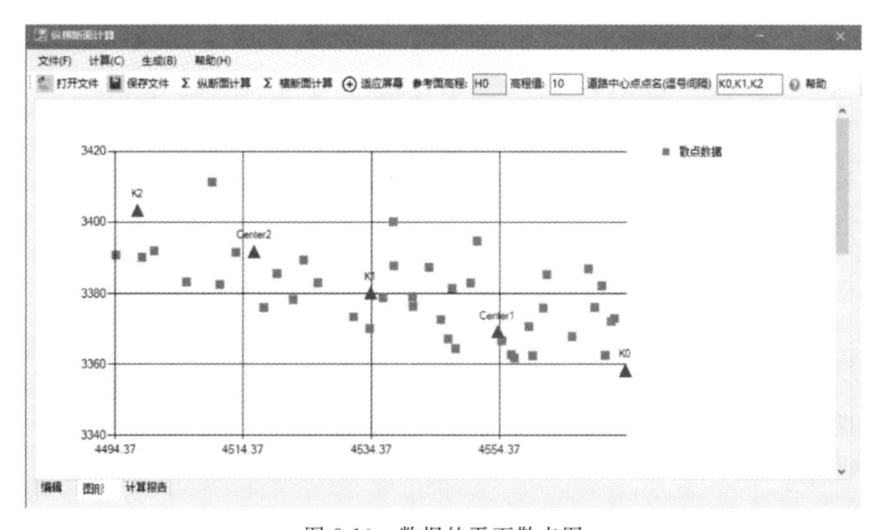


图 8-10　数据的平面散点图

## 五、使用说明

(1)程序在 Windows 7 系统.NET Framework 4.5.2 环境下使用 VS 2015 编写,程序语言为 C#,在 Windows 7 系统及其以后的操作系统能完美运行。

(2)点击程序文件夹的 bin 文件下的 EXE 文件,即可运行程序,点击"文件"(或使用快捷键 Alt+F)选择"导入数据",在计算机中选择你所要导入的数据文件,程序暂只支持 TXT 格式,导入数据后,导入的数据可以在编辑窗口中查看,在编辑界面中支持手动输出数据,若未添加数据,界面将会弹出提示窗口。

(3)点击计算(快捷键为 Alt+C)下的纵横断面计算(或者点击下方的横纵断面计算工具条),进行横纵断面计算,计算结果在结果窗口中可以看到。

(4)然后点击"生成菜单栏"(快捷键为 Alt+B),选择你想生成的部分,然后导出。点击"生成计算报告",可以在计算报告窗口看到计算报告,点击"导出计算报告"(或者使用下面的保存文件工具条)，保存的格式暂只支持 TXT 文件格式，选择报告保存的路径点击“确定”即可保存。若点击生成纵横断面图形，则在图形窗口中可以看到该图形。导出图形的格式分为 BMP，选择你所需的图形格式进行保存即可。

(5)程序中点击适应屏幕后只需选中要放大(缩小)的图形区域，拉大拉小即可完成图形显示的放大(缩小)。

## 六、计算报告结果

计算报告结果如下。

(1)纵断面信息。

--------------------------------------------

纵断面面积:538.455

纵断面全长:88.577

线路主点:

| 点名 | 里程 K/m | X坐标/m | Y坐标/m | H坐标/m |
|---|---|---|---|---|
| K0 | 0.000 | 4 574.012 | 3 358.300 | 12.922 |
| V-1 | 10.000 | 4 565.251 | 3 363.121 | 14.206 |
| V-2 | 20.000 | 4 556.490 | 3 367.943 | 15.812 |
| V-3 | 30.000 | 4 547.729 | 3 372.764 | 17.364 |
| V-4 | 40.000 | 4 538.968 | 3 377.586 | 18.009 |
| K1 | 45.412 | 4 534.227 | 3 380.195 | 19.925 |
| V-4 | 50.000 | 4 530.360 | 3 382.664 | 17.580 |
| V-5 | 60.000 | 4 521.931 | 3 388.045 | 17.337 |
| V-6 | 70.000 | 4 513.502 | 3 393.426 | 16.330 |
| V-7 | 80.000 | 4 505.073 | 3 398.807 | 14.646 |
| K2 | 88.577 | 4 497.844 | 3 403.422 | 10.836 |

(2)横断面信息。

A. 横断面 1 井。

--------------------------------------------

横断面:1

横断面面积:272.632

横断面全长:50

线路主点:

| 点名 | 里程 K/m | X坐标/m | Y坐标/m | H坐标/m |
|---|---|---|---|---|
| C-5 | 0.000 | 4 542.066 | 3 347.345 | 16.496 |
| C-4 | 5.000 | 4 544.477 | 3 351.726 | 16.510 |
| C-3 | 10.000 | 4 546.887 | 3 356.106 | 16.532 |
| C-2 | 15.000 | 4 549.298 | 3 360.487 | 16.577 |
| C-1 | 20.000 | 4 551.709 | 3 364.867 | 16.377 |
| Center1 | 25.000 | 4 554.120 | 3 369.248 | 16.021 |
| C+ 1 | 30.000 | 4 556.530 | 3 373.628 | 15.344 |
| C+ 2 | 35.000 | 4 558.941 | 3 378.008 | 14.667 |
| C+ 3 | 40.000 | 4 561.352 | 3 382.389 | 14.021 |
| C+ 4 | 45.000 | 4 563.762 | 3 386.769 | 13.470 |
| C+ 5 | 50.000 | 4 566.173 | 3 391.150 | 13.520 |

B. 横断面 2 井。

```
-----------------------------------------------------------------
横断面:2
横断面面积:286.310
横断面全长:50
线路主点:
点名        里程 K/m     X 坐标/m      Y 坐标/m       H 坐标/m
C-5         0.000       4 502.583     3 370.736      15.792
C-4         5.000       4 505.274     3 374.951      15.762
C-3         10.000      4 507.964     3 379.165      15.677
C-2         15.000      4 510.655     3 383.380      15.191
C-1         20.000      4 513.345     3 387.594      16.055
Center2     25.000      4 516.036     3 391.809      16.353
C+ 1        30.000      4 518.726     3 396.023      16.007
C+ 2        35.000      4 521.416     3 400.237      15.735
C+ 3        40.000      4 524.107     3 404.452      15.470
C+ 4        45.000      4 526.797     3 408.666      15.364
C+ 5        50.000      4 529.488     3 412.881      15.505
```

# 主要参考文献

陈本富，邹自力，2009. 基于 VB6.0 的加权自由水准网平差程序的开发[J]. 测绘科学，34(S1)：161-162.

陈永奇，2016. 工程测量学[M]. 4 版. 北京：测绘出版社.

戴吾蛟，王中伟，范冲，等，2014. 测绘程序设计基础(VC++.net 版)[M]. 长沙：中南大学出版社.

董春来，2012. MATLAB 语言及测绘数据处理应用[M]. 成都：西南交通大学出版社.

郭九训，2004. 控制网平差程序设计[M]. 北京：原子能出版社.

孔祥元，郭际明，刘宗泉，2017. 大地测量学基础[M]. 2 版. 武汉：武汉大学出版社.

李建松，唐雪华，2015. 地理信息系统原理[M]. 2 版. 武汉：武汉大学出版社.

李征航，黄劲松，2016. GPS 测量与数据处理[M]. 3 版. 武汉：武汉大学出版社.

吕翠华，2013. VB 语言与测量程序设计[M]. 北京：测绘出版社.

潘正风，程效军，成枢，等，2015. 数字地形测量学[M]. 武汉：武汉大学出版社.

谭浩强，2016. C 程序设计[M]. 4 版. 北京：清华大学出版社.

佟彪，2007. VB 语言与测量程序设计基础[M]. 北京：中国电力出版社.

王佩军，徐亚明，2016. 摄影测量学[M]. 3 版. 武汉：武汉大学出版社.

武汉大学测绘学院测量平差学科组，2016. 误差理论与测量平差基础[M]. 3 版. 武汉：武汉大学出版社.

翟翊，2019. 测绘技能竞赛指南[M]. 北京：测绘出版社.

TAKASU T, 2013. RTKLIB ver. 2.4.2 manual[EB/OL]. (2013-04-29)[2020-10-20]. https://www.rtklib.com/prog/manual_2.4.2.pdf.

WANG G Q, YAN B, GAN W J, et al., 2018. NChina16: a stable geodetic reference frame for geological hazard studies in North China[J]. Journal of Geodynamics, 115(8): 10-22.